TRAINING

Abschlussprüfung 2012

W0356112

Mathematik

Mittelschule Sachsen
Realschulabschluss

STARK

Bildnachweis:
Umschlag: Kugelhaus am Wiener Platz, Dresden
S. 1: Christian Kudler/www.photocase.com
S. 5: Apfel: © Gaston THAUVIN/sxc.hu; Birne: Marcelo Terraza/sxc.hu;
Äpfel und Birne: © Alex Kotlov/Dreamstime.com
S. 20: http://commons.wikimedia.org/wiki/Image:Perseid_and_Milky_Way.jpg. Foto: Mila. This file is licensed under the Creative Commons Attribution ShareAlike 3.0, Attribution ShareAlike 2.5, Attribution ShareAlike 2.0 and Attribution ShareAlike 1.0 License.
S.24: © Eric Isselée/Dreamstime.com
S. 25: © Alexey Stiop/Dreamstime.com
S. 26: © Olaf Klärner
S. 27: © Maksym Dragunov/Dreamstime.com
S. 28: © Raddiscount
S. 29: Sparschwein: © PhotoCase.com; Saftkaraffe: © Tomboy2290/Dreamstime.com
S. 30: © Oleksandr Kalyna/Dreamstime.com
S. 32: © Rafa Irusta/Dreamstime.com
S. 38: © Jimmy Lopes/Dreamstime.com
S. 51: © PhotoCase.com
S. 53: © George Spade/Dreamstime.com
S. 58: © Carmen Rother/www.carminaro.de
S. 65: © Alexander Popov/Dreamstime.com
S. 71: © Olaf Klärner
S. 74: © Weihenstephan
S. 75: © Adrian Wettenschwyler/Visipix.com
S. 76: © Philippe Ramakers/www.sxc.hu
S. 88: © vom Fass, Freising
S. 89: http://commons.wikimedia.org/wiki/Image:Taxameter.jpg. Foto: Stefan Kühn. Diese Datei wurde unter der GNU-Lizenz für freie Dokumentation veröffentlicht.
S. 93: © Gustavo Fadel/Dreamstime.com
S. 113: http://commons.wikimedia.org/wiki/Image:Dresden_Rathaus_1.jpg?uselang=de. Foto: X-Weinzar. Diese Datei ist lizenziert unter der Creative Commons-Lizenz Attribution ShareAlike 2.5.
S. 135: © Olaf Klärner
S. 141: Modelllokomotive: © Winterling/Dreamstime.com; Eiffelturm: Verlag
S. 155: © Stephen Bazely/www.sxc.hu
S. 157: © Alex Flint/photocase.com
S. 161: Pyramide: © Fabrizio Turco/www.sxc.hu; Lkw: © Lars Christensen/Dreamstime.com
S. 166: © NASA/Visipix.com
S. 167: © Wolfgang Matschke, Marc Möllers
S. 171: © Redaktion
S. 178: © Kriss Szkurlatowski/sxc.hu
S. 186:© CASIO Computer Co., Ltd.
S. 195: © Volodymyr Vasylkiv – Fotolia.com

ISBN 978-3-89449-942-6

3. ergänzte Auflage
www.stark-verlag.de

Inhalt

Autoren: Olaf Klärner
unter Mitarbeit von Peter Böhm, Margot Feiste, Hans Joachim Grueter, Siegfried Koch, Karl-Heinz Kuhlmann, Wolfgang Matschke, Marc Möllers, Dietmar Steiner

Vorwort

Liebe Schülerin, lieber Schüler,

mit dem vorliegenden Buch kannst du dich in Mathematik auf die **schriftlichen Abschlussprüfungen** zum **Realschulabschluss** an **Mittelschulen** vorbereiten.

- Das Buch beginnt mit allgemeinen **Hinweisen** zum Ablauf der Prüfung und grundsätzlichen **Tipps**, wie du dich auf die Prüfung vorbereiten kannst. Dabei wird auch eine mögliche Herangehensweise an das Lösen einer mathematischen Aufgabe erläutert.
- Der **ausführliche Trainingsteil** startet mit einer **Wiederholung der Grundlagen des Rechnens**. Leider kommt es immer wieder vor, dass ein richtiger Lösungsansatz durch falsches Umformen von Termen und Gleichungen nicht zum richtigen Ergebnis führt. Daher haben wir großen Wert auf eine **anschauliche Darstellung** der Rechenregeln gelegt. Die nachfolgenden zwölf Kapitel behandeln intensiv alle für die Prüfung wichtigen Themen wie **Funktionen**, **Geometrie** und **Wahrscheinlichkeitsrechnung**. Die Inhalte werden allgemein verständlich erklärt und es gibt über 300 Übungsaufgaben, anhand derer du überprüfen kannst, ob du den Stoff sicher beherrschst.
- Nach dem Trainingsteil findest du die **Original-Prüfungsaufgaben 2011**. Hier sind die Aufgaben aus den verschiedensten Bereichen zusammengestellt. Es kommt darauf an zu erkennen, welchem Themengebiet die jeweilige Aufgabe zuzuordnen ist. Der Rest sollte mit deinem Vorwissen aus dem Trainingsteil ganz einfach sein.
- Zu allen Aufgaben des Trainingsteils und zu den Aufgaben der Abschlussprüfung gibt es **ausführliche Lösungen** mit allen Rechenschritten und zusätzlichen Tipps und Hinweisen. Diese Lösungen liegen in einem separaten Buch bei, damit die Versuchung, sofort nachzuschlagen, nicht zu groß ist. Zuerst solltest du selbst die Lösung finden und dann mit der Musterlösung im Buch vergleichen. Nur wenn du dich selbst anstrengst, bleibt der Stoff auch im Gedächtnis und du lernst dazu. Halte dich deswegen daran, konsequent jede Aufgabe zunächst selbst zu rechnen.
- Wenn du **noch mehr üben** möchtest, findest du in dem Buch „Abschluss-Prüfungsaufgaben – Mathematik Realschulabschluss Sachsen“ (Best.-Nr. 141500) die zentral gestellten Prüfungsaufgaben der letzten Jahre sowie weitere Aufgabengruppen auf Prüfungsniveau – alles natürlich mit ausführlichen Lösungen.

Wenn du den Inhalt dieses Buches beherrschst, bist du bestens auf die Prüfung vorbereitet. Du wirst sehen: Übung macht den Meister.

Für die Abschlussprüfung wünschen der Verlag und der Autor viel Erfolg!

O. Klein

Hinweise und Tipps

1 Hinweise zur Prüfung

Die Prüfung enthält zwei Prüfungsteile:

Teil A
- Dauer: 30 Minuten für 10 kleine Aufgaben
- Hilfsmittel: nur Zeichengeräte (kein Taschenrechner, keine Formelsammlung)
- Schwerpunkt: Basiswissen, einfache Rechenaufgaben (auch leichte Brüche)

Teil B
- Dauer: 210 Minuten
- Umfang: 5 Pflichtaufgaben und 3 Wahlaufgaben
- Von den Wahlaufgaben muss nur eine gelöst werden.
- Hilfsmittel: Zeichengeräte, Taschenrechner, Formelsammlung
- Schwerpunkt: komplexe Aufgaben

In diesem Buch erkennst du Übungsaufgaben speziell für den **Teil A** an der Formulierung „Berechne *ohne Taschenrechner*“. Solche Aufgaben musst du auch ohne Formelsammlung lösen können. Da hilft nur Auswendiglernen der Regeln. Es gibt aber einen Trost: Menschen sind keine Computer – bei uns führt eine „volle Festplatte“ zu einer *höheren* Leistung. Wenn Mutti dein Lieblingsgericht kocht, schaut sie sicherlich auch nicht ins Kochbuch, denn das „hat sie so drauf“.

Das Lösen komplexer Aufgaben im **Teil B** ist schon eher mit dem Kochen aufwendiger Gerichte vergleichbar. Bei schwierigen Stellen darfst du ins „Kochbuch“ (Formelsammlung) schauen. Aber auch hier gilt: je mehr du auswendig kannst und je besser du dich in deinem Buch (Formelsammlung) auskennst, umso größer wird dein Erfolg sein.

Sollten nach Erscheinen dieses Bandes noch wichtige Änderungen in der Abschlussprüfung 2012 vom Kultusministerium bekannt gegeben werden, findest du aktuelle Informationen dazu im Internet unter www.stark-verlag.de/info.asp?zentrale-pruefung-aktuell

2 Wie man für die Prüfung lernen kann

Ganz ohne Arbeit wird die Vorbereitung auf die Prüfung wohl keinem gelingen. Beherzigt man aber einige Grundregeln, dann fällt das Lernen leichter und es stellen sich rasch Erfolge ein – und Erfolg bringt meistens auch Spaß bei der Sache.

Vorbereitung auf die Abschlussprüfung

Wichtig ist die innere Einstellung: Betrachte die Mathematik nicht als deinen Gegner.
Wer sich selbst etwas zutraut und mit gesundem Selbstvertrauen an eine Sache herangeht, wer sich positiv einer Aufgabe nähert, wer bereit ist zu lernen und sich anzustrengen, lernt leichter und erfolgreicher.
Wer immer an sich selbst zweifelt, lernt verunsichert, tut sich schwer und hat meistens weniger Erfolg.
Allerdings: Ein Überschätzen der Fähigkeiten – typische Aussage: „Alles kein Problem" – und die späte Erkenntnis, dass doch nicht alles sitzt, führen zu dem Ergebnis, dass die Prüfungsvorbereitung zu spät beginnt.

Ein realistischer Blick auf das, was zu leisten ist, sowie langfristiges, systematisches Lernen und Arbeiten, gepaart mit einer positiven inneren Einstellung – „Ich werde das schaffen" – führen am sichersten zum Erfolg.

Regeln zur Vorbereitung auf die Abschlussprüfung

- Rechtzeitig mit den Prüfungsvorbereitungen beginnen (ca. 12 Wochen vor dem Prüfungstermin)
  - Überblick über die Themengebiete verschaffen
  - Persönliche Schwierigkeiten mit bestimmten Themengebieten selbstkritisch erkennen
  - Persönliches Zeitraster entwickeln – wann lerne ich was?

Strategien beim Lösen von Aufgaben – Vorbereitung auf die Prüfung

- Lerne nach dem „ICH-DU-WIR"-Prinzip
  - ICH: Beim Lösen von Aufgaben musst du dich immer zuerst selbst auf den Weg machen. Es gehört zu einer sicheren Prüfungsvorbereitung, Aufgaben und Problemstellungen alleine zu lösen. Versuche also immer zuerst selbst, ohne Hilfen, das Problem bzw. die Aufgabe zu lösen, das stärkt mit der Zeit dein Selbstvertrauen. Hilfen – in diesem Buch sind es die Lösungen und die Lösungswege – sind sparsam einzusetzen. Also: Nur dann in der Lösung nachschauen, wenn du überhaupt nicht mehr weiterkommst.
  - DU: Um Fortschritte in den Themengebieten zu machen, ist es oft auch sinnvoll, mit einem Partner zu arbeiten. Ihr lernt dabei, über Aufgaben und Lösungswege zu diskutieren. Du kannst deine Lösungsideen mit den Ideen anderer vergleichen und merkst dabei, was man anders machen könnte.
  - WIR: Erst wenn du ein Themengebiet richtig erkundet und deine persönlichen Lern- und Lösungswege gefunden hast, ist es sinnvoll, in Gruppen – nicht mehr als vier oder fünf Personen – noch einmal spezielle Fragen zu besprechen.

- Lege dir einen eigenen Ordner für die Prüfungsvorbereitung an.
- Ständiges Wiederholen ist notwendig.
  - Beim Üben und Vertiefen von Themengebieten musst du die bereits gelernten Themengebiete zwischendurch immer wiederholen.
  - Löse die alten Aufgaben ein paar Tage später noch einmal. Du wirst sehen: du brauchst immer weniger Hilfe und schaffst es immer schneller. Damit es nicht ganz so langweilig wird, kannst du ja die Zahlen verändern.
- Auswendig lernen?
  - Wichtige Definitionen, Regeln und Formeln zu den einzelnen Themengebieten solltest du auswendig lernen – auch hier gilt: in kleinen „Portionen" speichern und immer wieder wiederholen.

3 Das Lösen einer mathematischen Aufgabe

Das Lösen einer mathematischen Aufgabe lässt sich in der Regel in vier Phasen unterteilen:

1. Phase

Lesen und Verstehen der Aufgabe

Habe ich alle Wörter verstanden?
- Ist die Aufgabe klar und deutlich?
- Finde ich in der Aufgabe eine Fragestellung?
- Was ist gegeben?
- Was ist gesucht?
- Sind bestimmte Informationen unwichtig?

2. Phase

Suchen eines Lösungsweges und Entwerfen eines Lösungsplanes

Für das Lösen von Aufgaben gibt es zwei Strategien, die auch miteinander kombiniert werden können:

- **Das Vorwärtslösen:** Der Lösungsweg geht davon aus, was **gegeben** ist.
- **Das Rückwärtslösen:** Der Lösungsweg geht davon aus, was **gesucht** ist.

Zwei Fragen können dir behilflich sein:

1. Welches **Themengebiet** wird angesprochen?
   (Welche Regeln, Sätze, Formeln kannst du bei der Lösung der Aufgabe verwenden?)
2. Wie kommst du vom Gegebenen zum Gesuchten?
   - Arbeite mit Skizzen, Figuren etc.
   - Markiere Größen/Stücke, die du berechnen willst, farbig.
   - Entwickle einen **Lösungsplan** und halte die einzelnen Schritte zur Lösung in der zu bearbeitenden Reihenfolge fest.

3. Phase

Das Lösen der Aufgabe

1. Bearbeite die Aufgabe nach deinem Lösungsplan.
2. Löse die Aufgabe sauber und klar strukturiert – lieber einen Zwischenschritt mehr machen.

4. Phase

Kontrolle – Überprüfung der gefundenen Lösung

Überprüfe, ob deine Lösung mit der Aufgabenstellung übereinstimmen kann. Führe, falls möglich, eine Probe durch. Schreibe zu Fehlern, die du gemacht hast, eine Korrektur und markiere sie deutlich.

Der Umgang mit Formeln

Alle vier Phasen zum Lösen einer Aufgabe sind ganz wichtig. Die meisten Schwierigkeiten und Probleme hast du vermutlich mit der 2. Phase (Suchen eines Lösungsweges und Entwerfen eines Lösungsplanes) und der 3. Phase (Lösen der Aufgabe), in der du häufig mit Formeln umgehen musst.

Damit du gezielt üben kannst, wollen wir an einem Beispiel zeigen, wie du mit **wenigen Schritten** zum Erfolg kommen kannst.

Schritt 1

Welcher Themenbereich?

Überlege zunächst, zu welchem Themenbereich diese Aufgabe gehört. Am besten klebst du vorher an jede Seite deiner Formelsammlung eine kurze Inhaltsangabe. So hast du stets einen schnellen Überblick über alle Themen.

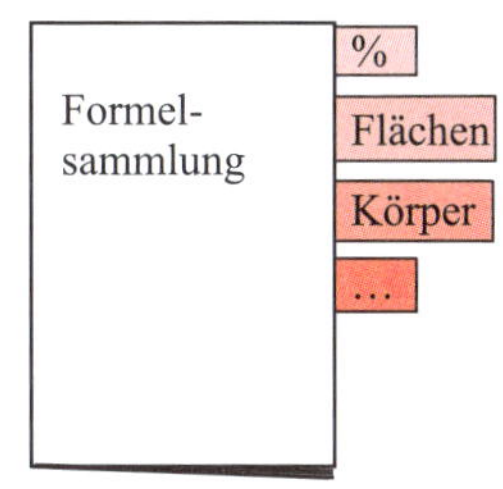

Schritt 2

Welche Formel passt?

Suche aus der Formelsammlung eine geeignete Formel heraus, die einen Zusammenhang zwischen den gegebenen und gesuchten Größen beschreibt.

Schritt 3

Muss ich die Formel anpassen?

Häufig stimmen die Bezeichnungen in der Aufgabe und in der Formel nicht überein. Das liegt meistens daran, dass denselben Angaben unterschiedliche Namen gegeben werden können. Der eine sagt „Pyramidenhöhe“, ein anderer spricht von „Höhe h des Körpers“; beide meinen das Gleiche.
Dann musst du die Bezeichnungen oder die Formel anpassen. Tipp: Benutze die Bezeichnungen, die du im Unterricht kennengelernt hast. Manchmal muss die Formel zusätzlich nach einer anderen Variablen umgestellt werden.

Diese drei Schritte sollen an einer Beispielaufgabe verdeutlicht werden.

Beispiel

Berechne die Körperhöhe einer quadratischen Pyramide, deren Grundseiten je 6,0 cm und deren Seitenhöhen je 5,0 cm lang sind.

Schritt 1

Welcher Themenbereich?

Klar, diese Aufgabe kommt aus dem Themenbereich Körperberechnung → Pyramiden → quadratische Pyramiden. Die Formelsammlung bietet uns allerdings keinen Zusammenhang zwischen a, h_S und h_K.
Beim Markieren der gegebenen und gesuchten Stücke stellst du fest, dass h_S, h_K und $\frac{a}{2}$ ein rechtwinkliges Dreieck bilden. Jetzt sind wir im Themenbereich Flächen → Dreieck → rechtwinkliges Dreieck.

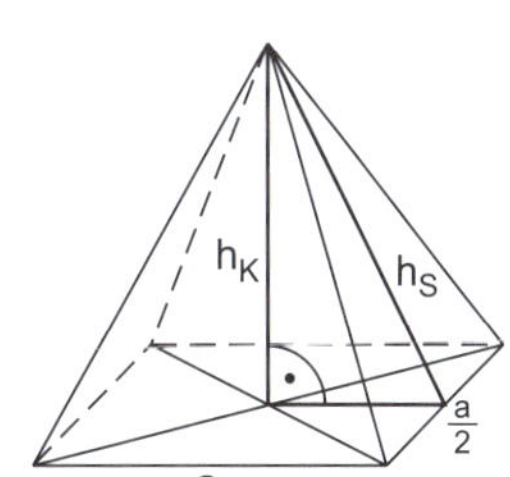

gegeben: $a = 6{,}0$ cm
$h_S = 5{,}0$ cm
gesucht: $h_K = ?$

Schritt 2

Welche Formel passt?

In rechtwinkligen Dreiecken besteht zwischen den drei Seitenlängen ein besonderer Zusammenhang. Du kennst ihn unter dem Begriff „Satz des Pythagoras“:

$a^2 + b^2 = c^2$

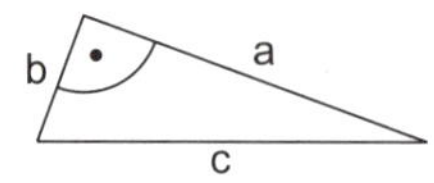

Schritt 3

Muss ich die Formel anpassen?

Die Bezeichnungen in der Formel stimmen nicht mit denen in der Aufgabe überein. Du musst die Formel also anpassen. Die Hypotenuse ist in diesem Fall nicht c, sondern h_S, die Katheten heißen in dieser Aufgabe dann h_K und $\frac{a}{2}$.

Deine Formel lautet also:

$$h_K^2 + \left(\frac{a}{2}\right)^2 = h_S^2$$

Jetzt musst du die Formel noch nach h_K umstellen.

$$h_K^2 + \left(\frac{a}{2}\right)^2 = h_S^2 \quad \left| -\left(\frac{a}{2}\right)^2\right.$$

$$h_K^2 = h_S^2 - \left(\frac{a}{2}\right)^2 \quad |\sqrt{}$$

$$h_K = \sqrt{h_S^2 - \left(\frac{a}{2}\right)^2}$$

Jetzt kannst du die Zahlen einsetzen:

$$h_K = \sqrt{(5{,}0\text{ cm})^2 - \left(\frac{6{,}0\text{ cm}}{2}\right)^2}$$

$$h_K = 4{,}0\text{ cm}$$

Die Pyramide hat eine Körperhöhe von 4,0 cm.

Der wichtigste – aber auch schwierigste – Teil der Lösung war die **Einordnung in den richtigen Themenbereich**, also der 1. Schritt.

Je mehr Aufgaben du bearbeitest, umso leichter wird dir die vollständige Lösung fallen.

Bei der folgenden Aufgabe, die wie ein Aufgabenblock in der Abschlussprüfung aussieht, sollst du dich ganz besonders mit diesen drei Lösungsschritten befassen. Löse die Teilaufgaben und beschreibe jeden Schritt wie in der obigen Beispielaufgabe.

Getreidemühle

Die beiden Bilder zeigen eine Getreidemühle. Der Trichter hat die Form einer auf dem Kopf stehenden quadratischen Pyramide mit einer 15 cm langen Grundseite und einer Körperhöhe von 15 cm.

a) Zeichne ein maßstabgetreues Schrägbild des Trichters.

b) Die Mühle mahlt das Getreide gleichmäßig. Zeichne einen Grafen, der den Zusammenhang von Füllhöhe des Trichters und Zeit während des Mahlvorgangs beschreibt.

c) Paul überlegt: „Wie hoch ist die Mühle gefüllt, wenn noch die Hälfte der Getreidemenge des ursprünglich vollen Trichters gemahlen werden muss?"
Kennst du die Antwort?
Berechne zunächst die Getreidefüllmenge – der Trichter ist zu Beginn gestrichen voll (glatte Oberfläche).

d) Die Seitenteile des Trichters werden aus Rechteckplatten mit dem Maß 16 cm × 18 cm hergestellt.
Begründe, warum eine quadratische Platte von 15 cm × 15 cm dafür zu klein wäre.

Bedenke: Erst selbst lösen, dann mit der Musterlösung vergleichen.

Lösung:

a) Du solltest das Schrägbild einer auf den Kopf gestellten Pyramide zeichnen – beachte dabei, dass das Erscheinungsbild deiner Pyramide vom gewählten Maßstab abhängt. Hier ein Beispiel im Maßstab 1 : 3.

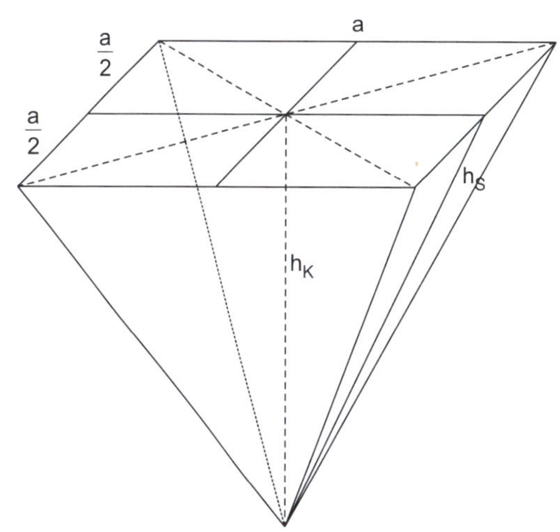

b) Diese Teilaufgabe kommt aus dem Themenbereich Zuordnung. Du solltest beachten: Der Trichter leert sich für das Auge zunächst sehr langsam, dann immer schneller (wobei man annimmt, dass in gleichen Zeitintervallen immer die gleiche Kornmenge gemahlen wird). Deshalb könnte der Graf wie nebenstehend aussehen.

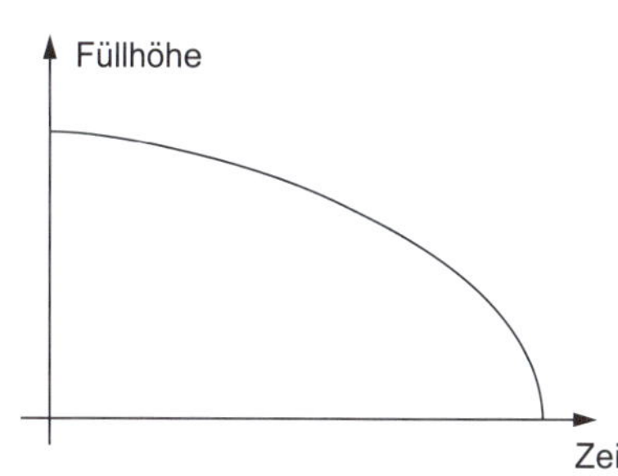

c) Berechne zunächst die Getreidefüllmenge bzw. das Volumen des vollen Trichters.

Schritt 1

Welcher Themenbereich?
Diese Teilaufgabe kommt aus dem Themenbereich Körperberechnung → Volumen einer Pyramide.

Aus der Aufgabenstellung ist bekannt:
Grundseite a der Pyramide: Innenseitenlänge $a = 15\text{ cm}$
Körperhöhe h_K der Pyramide: Innenhöhe $h_K = 15\text{ cm}$

Schritt 2

Welche Formel passt?
Die Formel für das Volumen einer Pyramide lautet: $V = \frac{1}{3} \cdot A_G \cdot h$

Schritt 3

Muss ich die Formel anpassen?
Da die Pyramide eine quadratische Grundfläche hat, forme um zu:

$V = \frac{1}{3} \cdot a^2 \cdot h_K$

Durch Einsetzen der Werte erhältst du:

$V = \frac{1}{3} \cdot (15\text{ cm})^2 \cdot 15\text{ cm}$

$V = 1125\text{ cm}^3$

Der Trichter fasst bei gestrichener Füllhöhe also 1 125 cm^3 Getreide.

Eigentlich ist gesucht:
Die Füllhöhe, wenn noch die Hälfte Getreide gemahlen werden muss.

Schritt 1

Welcher Themenbereich?
Diese Teilaufgabe kommt aus dem Themenbereich Ähnlichkeit → Verkleinern und Vergrößern von Figuren und wieder aus Körperberechnung → Volumen einer Pyramide.

Zeichne zunächst den Querschnitt durch den Trichter und beschrifte die notwendigen Abschnitte. Da es sich um eine zentrische Streckung mit der Pyramidenspitze als Zentrum handelt, werden $\frac{a}{2}$ und h_K um den gleichen Faktor k gestreckt:

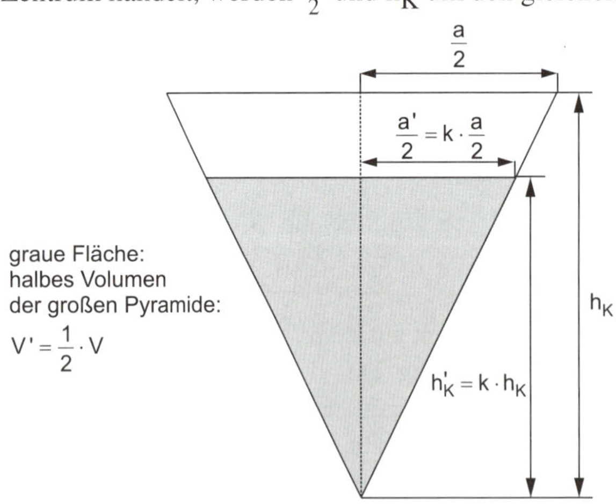

Schritt 2

Welche Formel passt?
Benötigt wird die Volumenformel für Pyramiden:

$V = \frac{1}{3} \cdot A_G \cdot h$

Schritt 3

Muss ich die Formel anpassen?

Für den noch halbvollen Trichter gilt folgende Volumenformel:

$$V' = \frac{1}{3} \cdot A'_G \cdot h'_K$$ V', A'_G und h'_K stehen für die halbvolle Pyramide

$$\frac{1}{2} \cdot V = \frac{1}{3} \cdot \left(2 \cdot k \cdot \frac{a}{2}\right)^2 \cdot (k \cdot h_K)$$

$$\frac{1}{2} \cdot V = \frac{1}{3} \cdot a^2 \cdot h_K \cdot k^3 \qquad | \cdot 3 \quad | : (a^2 \cdot h_K) \quad | \sqrt[3]{}$$

$$k = \sqrt[3]{\frac{3 \cdot V}{2 \cdot a^2 \cdot h_K}}$$ Einsetzen der Zahlenwerte

$$k = \sqrt[3]{\frac{3 \cdot 1125\text{ cm}^3}{2 \cdot (15\text{ cm})^2 \cdot 15\text{ cm}}}$$

$$\approx 0{,}79$$

Damit beträgt die Füllhöhe noch $k \cdot h_K \approx 15\text{ cm} \cdot 0{,}79 \approx 11{,}9\text{ cm}$.

Der Trichter muss noch ca. 11,9 cm hoch gefüllt sein. Anders ausgedrückt: Ist die Hälfte des Getreides gemahlen, so beträgt die Füllhöhe des Trichter noch ca. 80 %.

d) Gehe zur Lösung wieder schrittweise vor:

Schritt 1

Welcher Themenbereich?

Diese Teilaufgabe gehört in den Themenbereich „Satz des Pythagoras“. Du kannst die Aufgabe aber auch durch eine schlüssige und nachvollziehbare Argumentation lösen:
→ Argumentieren/Begründen

Da die Innengrundseite $a = 15$ cm beträgt und die Innenhöhe $h_K = 15$ cm beträgt, lässt sich ein Teildreieck der Mantelfläche nicht aus einem Quadrat der Seitenlänge 15 cm schneiden, da die Flächenhöhe h_S des Dreiecks größer als 15 cm sein muss und das Außenmaß der Holzplatte (Brettstärke) ebenfalls größer als 15 cm sein muss.

Wenn du Schwierigkeiten beim Argumentieren/Begründen hast, kannst du auch eine rechnerische Lösung erstellen:

Schritt 2

Welche Formel passt?

Anwendung findet hier der Satz des Pythagoras: $a^2 + b^2 = c^2$

Schritt 3

Muss ich die Formel anpassen?

Die Hypotenuse ist in diesem Fall nicht c, sondern h_S, die Katheten heißen h_K und $\frac{a}{2}$.

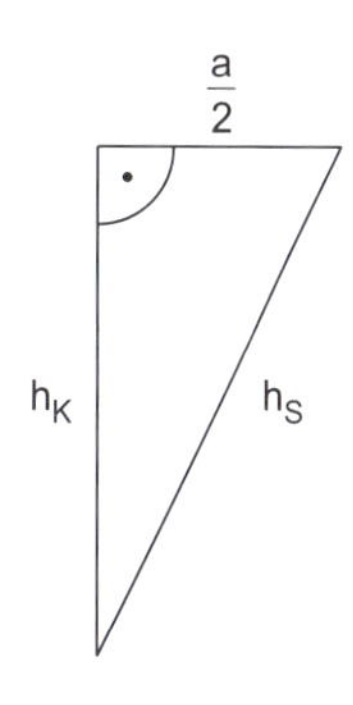

$$h_K{}^2 + \left(\frac{a}{2}\right)^2 = h_S{}^2$$

Jetzt kannst du die Zahlen einsetzen:

$$h_S{}^2 = (15\text{ cm})^2 + (7{,}5\text{ cm})^2 \qquad | \sqrt{}$$

$$h_S = \sqrt{225\text{ cm}^2 + 56{,}25\text{ cm}^2}$$

$$h_S \approx 16{,}77\text{ cm}$$

Aus einer quadratischen Platte von 15 cm × 15 cm lässt sich kein Seitenteil schneiden, da die Dreieckshöhe h_S ca. 16,8 cm lang ist.

Training Grundwissen

1 Grundlagen des Rechnens

1.1 Terme

Merke

Jede sinnvolle Zusammenstellung aus Zahlen und Variablen mithilfe von Rechenzeichen nennt man **Term**.

Beispiele

Beispiele für Terme ohne Variablen sind:

$15 \qquad 18:3-(2:5)\cdot 1\frac{1}{3} \qquad \sqrt{2} \qquad 2\pi \qquad \sin 30°$

Beispiele für Terme mit Variablen sind:

$x+1 \qquad 2(a+b) \qquad \pi r^2 \qquad a^2+b^2-2ab\cdot\cos\gamma \qquad -\frac{1}{2}x+3$

Keine Terme sind: Auto; 3+

Werden für die Variablen eines Terms Zahlen eingesetzt, kann man den **Wert des Terms** berechnen. Dabei müssen gleiche Variablen durch gleiche Zahlen ersetzt werden.

Beispiele

1. Berechne den Wert des Terms x^2-5x+2 für $x=-3$.
   Lösung:
   $x^2-5x+2=(-3)^2-5\cdot(-3)+2=9+15+2=26$
2. Berechne den Wert des Terms $2\pi r(r+h)$ für $r=3$ und $h=7$.
   Lösung:
   $2\pi r(r+h)=2\pi\cdot 3\cdot(3+7)=2\pi\cdot 3\cdot 10=60\pi\approx 188{,}5$

Aufgaben

1 Stelle zu folgenden Vorschriften die Terme auf:
a) Zu 1,5x ist 2y zu addieren.
b) Vom Produkt aus x und y ist die Differenz aus x und y zu subtrahieren.
c) Der Quotient aus 0,5x und (x – y) ist von der Differenz aus 2y und x zu subtrahieren.

2 Gib für die restlichen Teilflächen und für das gesamte Quadrat jeweils den Flächeninhalt als Term an.

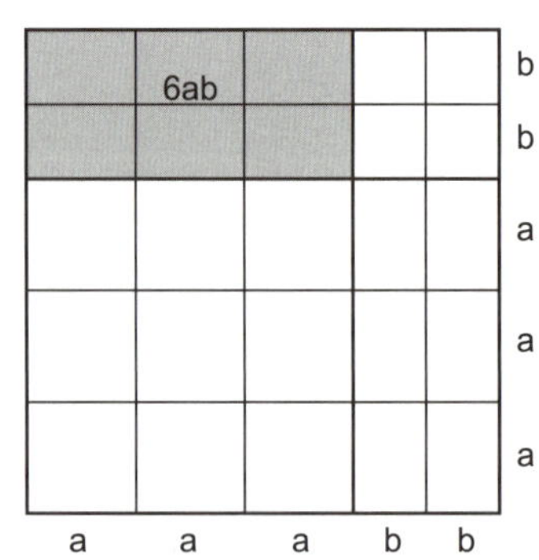

3 Gib einen Term an, mit dem man zu jeder möglichen Länge eines Rechtecks mit 30 cm Umfang die zugehörige Breite dieses Rechtecks ermitteln kann.

4 Berechne *ohne Taschenrechner* jeweils den Wert des Terms für $a=-1$, $b=2$ und $c=\frac{1}{3}$.

a) $5a-(b-7)+6c$

b) $\frac{1}{2}(b+4)-\frac{1}{c}-3(a+1)$

c) $\frac{2ab^2\cdot 9c}{4a+6b}$

d) $\sqrt{12c\cdot(a-b)^2}$

5 Gib jeweils einen Term für die rechte Spalte an.

a)

n	?
1	2
2	3
7	8
99	100

b)

x	?
1	4
2	7
5	16
10	31

c)

a	b	?
1	1	0
5	3	2
7	3	4
7	10	–3

d)

c	d	?
1	2	2
2	4	2
1	3	3
3	12	4

Merke

Termumformungen

- In einem Summenterm dürfen die einzelnen Glieder des Terms **unter Mitnahme ihres Vorzeichens** beliebig umgestellt werden.
- In einem Summenterm dürfen **gleichartige Glieder zusammengefasst** werden. Der Wert des Terms bleibt dabei **unverändert**.

Beispiele

1. $137+\frac{1}{3}-37+268+\frac{2}{3}-68$ — Umstellung der einzelnen Glieder unter Mitnahme des Vorzeichens.

$=137-37+268-68+\frac{1}{3}+\frac{2}{3}$

$=301$

2. 5 Äpfel + 3 Birnen – 2 Äpfel – 1 Birne — Umstellung der einzelnen Glieder unter Mitnahme des Vorzeichens.

= 5 Äpfel – 2 Äpfel + 3 Birnen – 1 Birne — Gleichartige Glieder zusammenfassen

= 3 Äpfel + 2 Birnen

3. $2x-6+12x+17-5x$ — Umstellung der einzelnen Glieder unter Mitnahme des Vorzeichens.

$=\underbrace{2x+12x-5x}_{9x}\underbrace{+17-6}_{11}$ — Gleichartige Glieder zusammenfassen

$=9x+11$

4. $10ab-7a+3a-7ab$ — Jeweils gleichartige Glieder sind: 10ab und –7ab; –7a und 3a

$=3ab-4a$

Merke

> **Plusklammern** dürfen weggelassen werden.

Beispiele

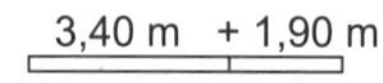

1. $3\text{ m} + 40\text{ cm} + (2\text{ m} - 10\text{ cm})$
$= 3\text{ m} + 40\text{ cm} + 2\text{ m} - 10\text{ cm}$
$= 5\text{ m} + 30\text{ cm}$

2. $7\,000 + (5 - 1\,000) + (-2\,000 + 15)$ — Klammer weglassen.
$= 7\,000 + 5 - 1\,000 - 2\,000 + 15$
$= 4\,020$

3. $5b + (9a - 3b)$ — Klammer weglassen.
$= 5b + 9a - 3b$
$= 2b + 9a$

Merke

> **Minusklammern** dürfen weggelassen werden, wenn man **alle Rechenzeichen** ***in*** **der Klammer ändert**.

Beispiele

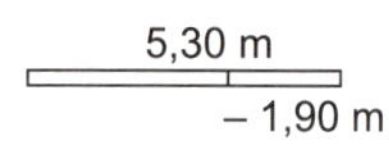

1. $5\text{ m} + 30\text{ cm} - (2\text{ m} - 10\text{ cm})$
$= 5\text{ m} + 30\text{ cm} - 2\text{ m} + 10\text{ cm}$
$= 3\text{ m} + 40\text{ cm}$

2. $700 - (5 - 100) - (-200 + 15)$
$= 700 - 5 + 100 + 200 - 15$
$= 980$

Klammer weglassen und **alle Rechenzeichen in der Klammer ändern**:
Aus 5 wird –5, aus –100 wird +100

3. $4b - (-3c + b) - c$
$= 4b + 3c - b - c$
$= 3b + 2c$

Nur die Rechenzeichen **in der Klammer** werden geändert.

Aufgaben

6 Berechne *ohne Taschenrechner*.

a) $50\,000 - (200 - 30\,000 + 1) + 6 + (700 + 2 - 10\,000)$

b) $-\frac{7}{12} + \left(\frac{19}{5} - \frac{11}{7}\right) - \frac{1}{7} - \left(\frac{5}{12} - \frac{26}{7} + \frac{4}{5}\right)$

c) $2{,}7 - \frac{1}{8} + \left(50 - \frac{5}{8}\right) - \left(-\frac{11}{8} + 0{,}7 - 60\right) + \frac{3}{8}$

7 Fasse zusammen.

a) $2x + \frac{1}{2} - 4$

b) $0{,}5 - (3a + 4{,}7) - \frac{1}{8}$

c) $-\left(-1\frac{1}{2} + x\right) + \left(-3\frac{1}{3} - \frac{1}{6}\right)$

d) $6a - 14{,}08 - (7{,}4a - 8{,}02 + 5{,}12) - a$

8 Vereinfache.

a) $-3x + 4{,}8x - 6{,}8x$

b) $-\left(\frac{2}{3}a + \frac{1}{6}a\right) - 3\frac{1}{3}a$

c) $x^2 + \frac{6}{5}x^2 - \frac{3}{5}x^2 - 3x^2$

d) $2ab - (1 + 3ab - a) - 4$

9 Setze in dem Term $2(a+b)$ für $a=3x$ und für $b=2x$ ein. Vereinfache.

10 Setze in dem Term $v-k$ für $v=8a+4b$ und für $k=3a+b$ ein. Fasse zusammen.

11 Herr Bauer kauft für seinen Garten 4 Tannen und 4 Himbeersträucher ohne zu wissen, dass seine Frau am gleichen Tag schon 3 Tannen und 5 Himbeersträucher gekauft hat. Sie einigen sich, 2 Tannen und 3 Himbeersträucher zurückzugeben.
Gib Terme für Herr und Frau Bauers Einkäufe an. Verwende die Variablen t und h.

Merke

Distributivgesetz

Wird eine Zahl mit einer Summe multipliziert, so muss die Zahl **mit jedem Glied der Summe** multipliziert werden (Distributivgesetz).
$\mathbf{c \cdot (a+b) = c \cdot a + c \cdot b}$
Das gilt auch, wenn Summanden negativ sind.
$\mathbf{c \cdot (a-b) = c \cdot a - c \cdot b}$

Beispiele

1. $7 \cdot (200+3) = 7 \cdot 200 + 7 \cdot 3$
   $= 1\,421$
2. $2 \cdot (3a+b) = 2 \cdot 3a + 2 \cdot b$
   $= 6a + 2b$

3. $5 \cdot (2\text{ m} - 6\text{ cm}) = 5 \cdot 2\text{ m} - 5 \cdot 6\text{ cm}$
   $= 10\text{ m} - 30\text{ cm}$
   $= 9{,}70\text{ m}$

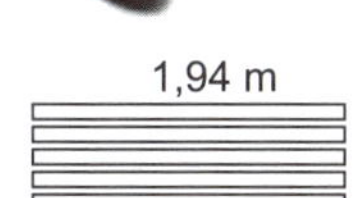

4. $-2b(3a-4x) = (-2b) \cdot 3a + (-2b)(-4x)$
   $= -6ab + 8bx$
5. $(a+b) \cdot (x+y) = (a+b) \cdot x + (a+b) \cdot y$
   $= ax + bx + ay + by$

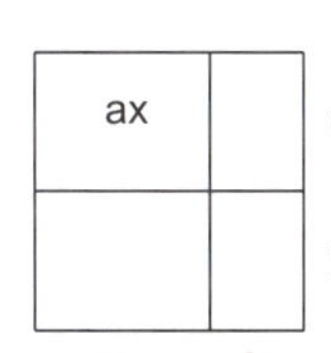

Merke

Multiplikation zweier Summen

Zwei Summen werden multipliziert, indem **jeder Summand** der ersten Klammer mit **jedem Summanden** der zweiten Klammer multipliziert wird und die Produkte addiert werden.

$(\mathbf{a}+\mathbf{b})\cdot(c+d)=\mathbf{a}\cdot c+\mathbf{a}\cdot d+\mathbf{b}\cdot c+\mathbf{b}\cdot d$

Beispiele

1. $(3x+2b)(5b+2x)$

$=3x\cdot 5b+3x\cdot 2x+2b\cdot 5b+2b\cdot 2x$
$=15bx+6x^2+10b^2+4bx$
$=19bx+6x^2+10b^2$

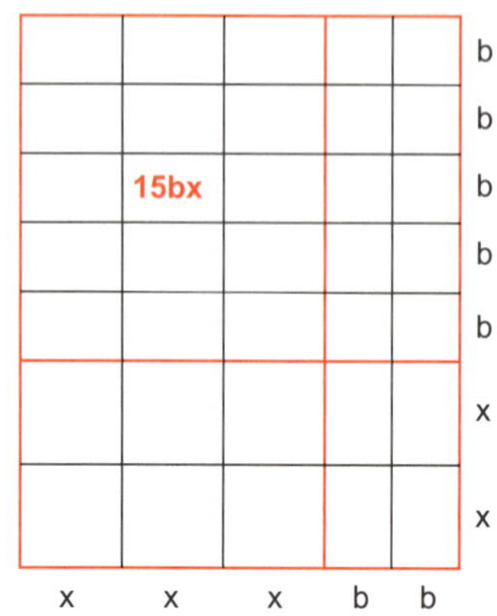

2. $32\cdot 39=(30+2)\cdot(40-1)=30\cdot 40-30\cdot 1+2\cdot 40-2\cdot 1$
$=1\,200-30+80-2$
$=1\,248$

3. $(x-1)(x-2)=x\cdot x-2\cdot x-1\cdot x-1\cdot(-2)$
$=x^2-2x-x+2$
$=x^2-3x+2$

4. $(2-x-y)(x+y-3)$
$=2\cdot x+2\cdot y-2\cdot 3-x\cdot x-x\cdot y-x\cdot(-3)-y\cdot x-y\cdot y-y\cdot(-3)$
$=2x+2y-6-x^2-xy+3x-yx-y^2+3y$
$=5x+5y-6-x^2-2xy-y^2$

Aufgaben

12 Multipliziere und fasse zusammen.

a) $2(3x-5y)+3(8y-7x)$
b) $27a-6\cdot(2a-b-2c)+3\cdot(b-c)$
c) $2\cdot(1{,}5x-7{,}5y)-6\cdot(0{,}5x-y-2{,}5)$
d) $133a-7\cdot(32a-18b)+105b$

13 Schreibe als Summe und fasse zusammen.

a) $x\cdot(1+x)$
b) $\frac{1}{2}x^2+x\cdot(1+x)$
c) $x^2+(1{,}2x+0{,}4)\cdot x$
d) $x^2+(1+x)\cdot 0{,}1x$

14 Multipliziere.

a) $3\cdot\left(5x-2-\frac{1}{3}y\right)$
b) $-(2x-y)\cdot(-2y)$
c) $(x+y)\cdot(x+y)$
d) $(x-y)\cdot(x-y)$
e) $(x+y)\cdot(x-y)$
f) $(50+3)\cdot(50-3)$
g) $3a\cdot(17a-4{,}7b)-1{,}5b\cdot(0{,}6a+1{,}5b)$
h) $7u\cdot(3u+4v-6)-4v\cdot(7u-3v+14)+14\cdot(3u+4v)$

Merke

Binomische Formeln

1. $(a+b)^2 = a^2+2ab+b^2$
2. $(a-b)^2 = a^2-2ab+b^2$
3. $(a+b)\cdot(a-b) = a^2-b^2$

Beispiele

1. $(u+v)^2 =$

1. binomische Formel	$(a+b)^2$	$= a^2+\mathbf{2\cdot a\cdot b}+b^2$
Aufgabe	$(u+v)^2$	$= u^2+\mathbf{2\cdot u\cdot v}+v^2$

$\downarrow \quad \downarrow$

$a = u;\ b = v$

$= u^2 + 2uv + v^2$

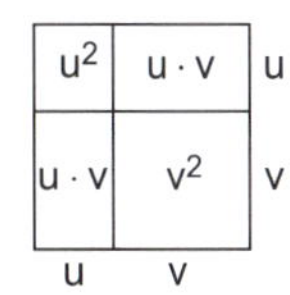

2. $(x+3y)^2 =$

1. binomische Formel	$(a+b)^2$	$= a^2+\mathbf{2\cdot a\cdot b}+b^2$
Aufgabe	$(x+3y)^2$	$= x^2+\mathbf{2\cdot x\cdot 3y}+(3y)^2$

$\downarrow \quad \downarrow$

$a = x;\ b = 3y$

$= x^2 + 2\cdot x\cdot 3y + (3y)^2 = x^2 + 6xy + 9y^2$

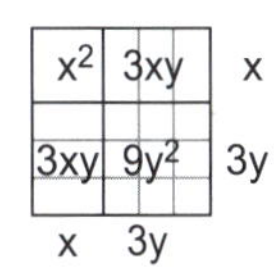

3. $(x^2-3y^2)^2 =$

2. binomische Formel	$(a-b)^2$	$= a^2-\mathbf{2\cdot a\cdot b}+b^2$
Aufgabe	$(x^2-3y^2)^2$	$= (x^2)^2-\mathbf{2\cdot x^2\cdot 3y^2}+(3y^2)^2$

$\downarrow \quad \downarrow$

$a = x^2;\ b = 3y^2$

$= x^4 - 6x^2y^2 + 9y^4$

4. $(2x+y^2)\cdot(2x-y^2) =$

3. binomische Formel	$(a+b)\cdot(a-b)$	$= a^2-b^2$
Aufgabe	$(2x+y^2)\cdot(2x-y^2)$	$= (2x)^2-(y^2)^2$

$\downarrow \quad \downarrow$

$a = 2x;\ b = y^2$

$= 4x^2 - y^4$

Aufgaben

15 Berechne *ohne Taschenrechner*.

a) $(70+2)^2$

b) 41^2

c) $(60-2)^2$

d) 49^2

e) $(30+2)\cdot(30-2)$

f) $501\cdot 499$

g) $27^2+2\cdot 27\cdot 3+3^2$

h) $84^2-2\cdot 84\cdot 4+4^2$

16 Wende die binomischen Formeln an.

a) $(x-3y)^2$

b) $(4x+3y)^2$

c) $(2{,}5x-y)\cdot(2{,}5x+y)$

d) $(0{,}5a-5b)^2$

e) $\left(\frac{1}{3}r+\frac{1}{5}s\right)^2$

f) $\left(9x+\frac{b}{3}\right)^2$

17 Forme in Summen um.

a) $(4a+3b)\cdot(4a-3b)$
b) $(7{,}5a+2b)\cdot(7{,}5a-2b)$
c) $\left(\frac{1}{4}-x\right)\cdot\left(\frac{1}{4}+x\right)$
d) $(2x-1)^2$
e) $\left(\frac{2}{3}a+b\right)^2$
f) $\left(\frac{ab}{3}+\frac{3a}{7}\right)^2$

18 Vereinfache unter Benutzung binomischer Formeln.

a) $(x-1)^2-(1-x)^2$
b) $(5a+3b)\cdot(3b-5a)-(7a-4b)^2+(7b-56a)\cdot b$
c) $(x^2+1)^2\cdot(x^2-1)^2$
d) $[a+(3+2b)]\cdot[a-(3+2b)]+(3+b)\cdot 4b$

Merke

Vorfahrtsregeln für das Vereinfachen von Termen

1. Klammern zuerst berechnen!
   Bei verschachtelten Klammern [( )] wird die innere Klammer ( ) zuerst berechnet.
2. Punktrechnung (·, :) geht vor Strichrechnung (–, +).
3. Potenzen haben Vorfahrt.

Beispiele

1. a) $(4\cdot3)^2=12^2=144$ — Klammer zuerst.
   b) $4\cdot3^2=4\cdot9=36$ — Potenzen haben Vorfahrt.
2. a) $(5+2)\cdot3=7\cdot3=21$ — Klammer zuerst.
   b) $5+2\cdot3=5+6=11$ — Punktrechnung vor Strichrechnung
3. a) $(7+4)^2=11^2=121$ — Klammer zuerst.
   b) $7+4^2=7+16=23$ — Potenzen haben Vorfahrt.
4. a) $\frac{12+8}{4}=\frac{20}{4}=5$ — Der Bruchstrich wirkt wie eine Klammer.
   b) $12+\frac{8}{4}=12+2=14$ — Der Bruchstich bedeutet Division (Punktrechnung).
5. $10-3\cdot(6-3^2)-(18-17\cdot2)+(15-8:2+1)^2$
   (↑ Potenz, ↑ Punktrechnung, ↑ Punktrechnung)
   $=10-3\cdot(6-9)-(18-34)+(15-4+1)^2$
   (↑ Klammer, ↑ Klammer, ↑ Klammer)
   $=10-3\cdot(-3)-(-16)+12^2$
   (↑ Punktrechnung, ↑ Potenz)
   $=10+9+16+144=179$
6. $5abx-2x(a+b)^2-3x(a^2-b^2)$
   (↑ Potenz, ↑ Punktrechnung)
   $=5abx-2x(a^2+2ab+b^2)-3a^2x+3b^2x$
   (↑ Punktrechnung)
   $=5abx-2a^2x-4abx-2b^2x-3a^2x+3b^2x$
   $=abx-5a^2x+b^2x$

7. $22-[5+(6+2)\cdot(3-1)]$

innere Klammern

$=22-[5+8\cdot 2]$

$=22-[5+16]$

äußere Klammer

$=22-21$

$=1$

Aufgaben

19 Berechne *ohne Taschenrechner*.

a) $(7-5)^2+3-(-8+3\cdot 15)$

b) $3^2+[5-(1+3)^2:8]^2\cdot 2$

c) $\frac{4+2\cdot 5+1}{3}-\frac{3\cdot 3-1}{2}-\frac{1}{7}$

d) $-[6,4-(4,6-2\cdot 0,8)^2]+(0,2+1,3)\cdot 10^2$

20 Forme in kürzere Terme um.

a) $-4\cdot 2ab+b\cdot 16a$

b) $a^2:2a-(-a)\cdot\left(-\frac{1}{2}\right)-\frac{1}{2}\cdot a$

21 Fasse zusammen.

a) $2a\cdot 3b+6ab$

b) $-5c+2c:c+c-c^2:4c-\frac{1}{2}c^2:\left(c:\frac{1}{c}\right)$

c) $7b-7ab:a+b^2:2b$

d) $4a-4b:4+16b+\left[\left(4a:\frac{1}{a^2}\right):(-a^2)\right]b\cdot 15$

Merke

Ausklammern – Faktorisieren

Enthält in einer Summe jeder der Summanden den gleichen Faktor, so kann dieser als gemeinsamer Faktor ausgeklammert werden.

$$\mathbf{ax+ay-az=a\cdot(x+y-z)}$$

Eine Summe wird so in ein Produkt zerlegt. Der Wert des Terms ändert sich dabei nicht (Umkehrung des Distributivgesetzes).

Beispiele

1. $7\cdot 4+7\cdot 6=7\cdot(4+6)=7\cdot 10=70$ — Gemeinsamer Faktor 7
2. $ax+ay=a(x+y)$ — Gemeinsamer Faktor a
3. $3ax-3ay+3az=3a(x-y+z)$ — Gemeinsamer Faktor 3a
4. $2a^2+2ab=2a\cdot a+2a\cdot b=2a(a+b)$ — Gemeinsamer Faktor 2a
5. $3x^2y-2xy^2=3x\cdot xy-2y\cdot xy=xy(3x-2y)$ — Gemeinsamer Faktor xy
6. $3a^3-3a^2=3a^2\cdot a-3a^2\cdot 1=3a^2(a-1)$ — Gemeinsamer Faktor $3a^2$

Merke

Zerlegen einer Summe in ein Produkt

Auch die binomischen Formeln können zur **Zerlegung einer Summe** in ein **Produkt** verwendet werden.

1. $\mathbf{a^2+2ab+b^2=(a+b)^2}$
2. $\mathbf{a^2-2ab+b^2=(a-b)^2}$
3. $\mathbf{a^2-b^2=(a+b)\,(a-b)}$

Der Wert des Terms bleibt dabei unverändert.

Beispiele

1. Faktorisiere $x^2+8x+16$.

Lösung:
Versuche mithilfe der Formel $(a+b)^2=a^2+2ab+b^2$ zu faktorisieren.
Wir bestimmen zunächst a und b.

binomische Formel	$a^2+2ab+b^2$
Term, der faktorisiert werden soll	$x^2+8x+16$ ↓ ↓ $a=\mathbf{x}$ $b=\mathbf{4}$

Jetzt muss noch geprüft werden, ob das doppelte Produkt, also 2ab, mit dem entsprechenden Glied des gegebenen Terms übereinstimmt.
Mit $a=\mathbf{x}$ und $b=\mathbf{4}$ ergibt sich für $2ab=2\cdot\mathbf{x}\cdot\mathbf{4}=2\cdot4\cdot x=8x$.
Damit lässt sich der Term $x^2+8x+16$ faktorisieren in:

binomische Formel	$a^2+2ab+b^2=(a+b)\,(a+b)$
Term, der faktorisiert werden soll	$x^2+8x+16=(x+4)\,(x+4)$

Ergebnis: $x^2+8x+16=(x+4)^2$

2. Faktorisiere $81x^2-18xy+y^2$.

Lösung:

binomische Formel	$a^2-2ab+b^2$
Term, der faktorisiert werden soll	$81x^2-18xy+y^2$ ↓ ↓ $a=\mathbf{9x}$ $b=\mathbf{y}$

Überprüfung des Mittelglieds:
Mit $a=\mathbf{9x}$ und $b=\mathbf{y}$ ergibt sich für das Mittelglied $2ab=2\cdot\mathbf{9x}\cdot\mathbf{y}=18xy$
Deshalb gilt: $81x^2-18xy+y^2=(9x-y)\,(9x-y)=(9x-y)^2$

3. Faktorisiere $16x^2-12xy+9y^2$.

Lösung:

binomische Formel	$a^2-2ab+b^2$
Term, der faktorisiert werden soll	$16x^2-12xy+9y^2$ ↓ ↓ $a=\mathbf{4x}$ $b=\mathbf{3y}$

Überprüfung des Mittelglieds:
$2ab=2\cdot\mathbf{4x}\cdot\mathbf{3y}=24xy$
Das Mittelglied im Term ist jedoch nur 12xy.
Der Term kann also mit der binomischen Formel **nicht faktorisiert** werden.

Aufgaben

22 Klammere aus.

a) $27x - 18y - 54z$

b) $26ax^2 - 39a^2x + 169a^3$

c) $x^3y^4z^2 + 5x^2yz^3 - 7x^4y^3z^4$

d) $-21r^5t^6 - 35r^2t^4 - 28r^3t^3$

23 Faktorisiere mithilfe der binomischen Formeln.

a) $u^2 + 6uw + 9w^2$

b) $x^2 - 8x + 16$

c) $4x^2 + 4xy + y^2$

d) $36x^2 - 60xy + 25y^2$

24 Klammere aus und faktorisiere weiter mithilfe der binomischen Formeln.

a) $20x^2 - 45y^2$

b) $3{,}6x^2 - 4{,}9y^2$

c) $6a^2 + 12ab + 6b^2$

d) $7x^2 + 1\frac{3}{4} - 7x$

1.2 Brüche und Bruchterme

Merke

Bei Bruchtermen ist darauf zu achten, dass der Nenner von null verschieden ist. Es müssen also die Belegungen ausgeschlossen werden, für die der Nennerterm den Wert 0 annimmt. Für diese Werte ist der Bruchterm nicht definiert.

Beispiele

1. $\frac{a+b}{a-b}$ $a \neq b$ Für $a = b$ ist der Bruchterm nicht definiert.

2. $\frac{3a}{x}$ $x \neq 0$ Für $x = 0$ ist der Bruchterm nicht definiert.

3. $\frac{a^2 + 2ab + b^2}{a^2 - b^2}$ $a \neq b;\ a \neq -b$ Für $a = b$ und $a = -b$ ist der Bruchterm nicht definiert.

Merke

Vereinfachen von Bruchtermen durch Kürzen

1. **Zerlegung** des Zählers und Nenners **in jeweils ein Produkt**.
2. **Gemeinsame Faktoren** des Zählers und des Nenners können **gekürzt** werden (sofern sie nicht den Wert null annehmen).

Beispiele

1. $\frac{3a + 3b}{3x + 3y}$ Nicht definiert für $x = -y$

$= \frac{3(a+b)}{3(x+y)}$ In Zähler und Nenner wird jeweils der gemeinsame Faktor 3 ausgeklammert.

$= \frac{\cancel{3}(a+b)}{\cancel{3}(x+y)} = \frac{a+b}{x+y}$ Da $3 \neq 0$ ist, darf gekürzt werden.

2. $\frac{3a+3b}{7a+7b}$ — Nicht definiert für $a=-b$.

$= \frac{3(a+b)}{7(a+b)}$ — Ausklammern der gemeinsamen Faktoren 3 im Zähler und 7 im Nenner.

$= \frac{3}{7}$ — Nur für $a \neq -b$.

3. $\frac{2x^2y-xy}{2xy-y}$ — Nicht definiert für $y=0$ und $x=\frac{1}{2}$

$= \frac{xy(2x-1)}{y(2x-1)}$ — Ausklammern der gemeinsamen Faktoren xy im Zähler und y im Nenner

$= x$ — Nur für $y \neq 0$ und $x \neq \frac{1}{2}$.

Merke

> Das Zerlegen des Bruchterms in Faktoren und das anschließende Kürzen (wenn möglich) bringt oft eine erhebliche Vereinfachung des Terms. Der Wert des Terms bleibt dabei unverändert, wenn die äquivalenten Umformungen zulässig sind.

Beispiel

$\frac{x^2+2xy+y^2}{x^2-y^2}$ — Der Term ist für $x=-y$ oder $x=y$ nicht definiert.

$= \frac{(x+y)^2}{(x+y)(x-y)}$ — Zerlegung in Faktoren durch Anwenden der 1. binomischen Formel und der 3. binomischen Formel

$= \frac{(x+y)(x+y)}{(x+y)(x-y)}$ — Gemeinsamer Faktor: $(x+y)$

$= \frac{(x+y)}{(x-y)}$ — Kürzen nur für $x \neq -y$ erlaubt.

$= \frac{x+y}{x-y}$ — Nur für $x \neq y$ definiert.

Aufgaben

25 Zerlege Zähler und Nenner in Faktoren. Nenne alle gemeinsamen Faktoren des Zählers und des Nenners. Kürze, soweit dies möglich ist. Für welche Belegungen ist der Bruchterm jeweils nicht definiert?

a) $\frac{18a+3b}{15a+3b}$ b) $\frac{15x-25y}{5x-9y}$

c) $\frac{a^2-ab}{a^2}$ d) $\frac{2a^3+a^2}{3a^3-4a^4}$

26 Zerlege zuerst Zähler und Nenner in Faktoren. Kürze vollständig.

a) $\frac{4a+4b}{3a+3b}$ b) $\frac{22a+11b}{14a+7b}$

c) $\frac{2a+4b-6c}{3a+6b-9c}$ d) $\frac{2a^2+5ab+ac}{2ab+5b^2+bc}$

27 Vereinfache die Terme so weit wie möglich.

a) $\frac{(x+3y)^2-(x-3y)^2}{x}$ $(x \neq 0)$ b) $\frac{3x(7-x)-5(-3x^2+2x)-11x}{2x}$ $(x \neq 0)$

Merke

Addition und Subtraktion von Bruchtermen

1. **Suche nach dem Hauptnenner (HN)**
   Alle Nenner werden in Faktoren zerlegt. Der Hauptnenner ist das Produkt der jeweils höchsten Potenzen aller vorkommenden Faktoren.
2. **Erweitern auf den Hauptnenner**
   Jeder Bruch wird so geschrieben, dass der Nenner bereits in seine Faktoren zerlegt ist. Jeder Bruch wird mit den zum Hauptnenner fehlenden Faktoren erweitert.
3. **Zusammenfassen und vereinfachen**
   Alle Zähler werden auf einen Bruchstrich geschrieben (im Nenner steht der Hauptnenner). Der Zähler wird ausmultipliziert und zusammengefasst. Anschließend wird der Bruch, wenn möglich, gekürzt.

Beispiele

1. $\frac{1}{2}+\frac{1}{3}=\frac{1\cdot\mathbf{3}}{2\cdot\mathbf{3}}+\frac{1\cdot\mathbf{2}}{3\cdot\mathbf{2}}=\frac{3+2}{6}=\frac{5}{6}$

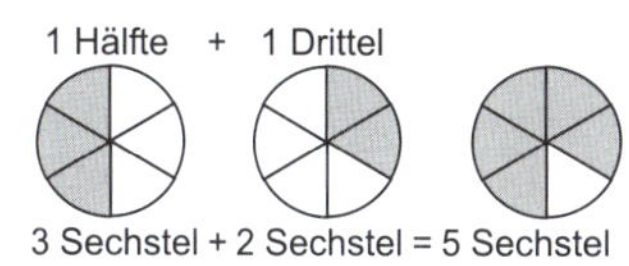

2. $\frac{1}{6}+\frac{2}{9}+\frac{4}{5}-\frac{2}{15}$

$$\begin{array}{|l} 6 = 2\cdot 3 \\ 9 = \quad 3^2 \\ 5 = \qquad 5 \\ 15 = \quad 3\cdot 5 \\ \hline \text{HN} = 2\cdot 3^2\cdot 5 \end{array}$$

1. Suche nach HN:
   Als Faktoren kommen im Nenner 2, 3 und 5 vor.

   Der HN wird aus ihren höchsten Potenzen gebildet.

$$=\frac{1\cdot\mathbf{3}\cdot\mathbf{5}}{2\cdot 3\cdot\mathbf{3}\cdot\mathbf{5}}+\frac{2\cdot\mathbf{2}\cdot\mathbf{5}}{3\cdot 3\cdot\mathbf{2}\cdot\mathbf{5}}+\frac{4\cdot\mathbf{2}\cdot\mathbf{3}\cdot\mathbf{3}}{5\cdot\mathbf{2}\cdot\mathbf{3}\cdot\mathbf{3}}-\frac{2\cdot\mathbf{2}\cdot\mathbf{3}}{3\cdot 5\cdot\mathbf{2}\cdot\mathbf{3}}$$

2. Erweitern mit HN:
   Jeder Nenner ist in seine Faktoren zerlegt. Mit den zum HN fehlenden Faktoren wird erweitert.

$$=\frac{15+20+72-12}{\text{HN}}$$

3. Zusammenfassen und vereinfachen.

$$=\frac{\cancel{95}^{19}}{2\cdot 3\cdot 3\cdot \cancel{5}_1}=\frac{19}{18}$$

Zusammenfassen und kürzen.

3. $\frac{4a+b}{4ab}+\frac{a-b}{b^2}-\frac{1}{4a}$

$a \neq 0,\ b \neq 0$

$$\begin{array}{|l} 4ab = 2^2\cdot a\cdot b \\ b^2 = \qquad\quad b^2 \\ 4a = 2^2\cdot a \\ \hline \text{HN} = 2^2\cdot a\cdot b^2 \end{array}$$

1. Suche nach HN:
   Als Faktoren kommen im Nenner 2, a und b vor.
   Der HN wird aus ihren höchsten Potenzen gebildet.

$$=\frac{(4a+b)\cdot\mathbf{b}}{2^2\cdot a\cdot b\cdot\mathbf{b}}+\frac{(a-b)\cdot\mathbf{2^2\cdot a}}{b^2\cdot\mathbf{2^2\cdot a}}-\frac{1\cdot\mathbf{b^2}}{2^2\cdot a\cdot\mathbf{b^2}}$$

2. Erweitern mit HN:
   Jeder Nenner ist in seine Faktoren zerlegt. Mit den zum HN fehlenden Faktoren wird erweitert.

$$=\frac{(4a+b)\cdot b+(a-b)\cdot 4a-1\cdot b^2}{\text{HN}}$$

3. Zusammenfassen und vereinfachen.

$$=\frac{4ab+b^2+4a^2-4ab-b^2}{\text{HN}}$$

Im Zähler ausmultiplizieren.

$$=\frac{4a^2}{2^2\cdot ab^2}=\frac{\mathbf{2^2\cdot a}\cdot a}{\mathbf{2^2\cdot a}\cdot b^2}=\frac{a}{b^2}$$

Zusammenfassen und kürzen.

Aufgaben

28 Berechne *ohne Taschenrechner.*

a) $\frac{5}{14}-\frac{4}{21}$ b) $\frac{9}{10}-\frac{1}{2}+\frac{6}{35}$

c) $\frac{3}{4}-\frac{1}{3}+\frac{5}{6}-\frac{3}{8}$ d) $\frac{1}{6}+\frac{1}{4}-\frac{1}{12}+\frac{1}{9}$

29 Fasse so weit wie möglich zusammen. („Nenner ungleich null" sei stets erfüllt.)

a) $\frac{1-3x^2}{4x}-\frac{x^2-6}{2x^2}+\frac{7+6x}{8}-\frac{9}{3x^2}$ b) $\frac{(1-a^2)a}{4a^4}-\frac{9-2a}{36a}+\frac{3+a^2}{9a^2}-\frac{4a+3}{12a^3}$

c) $\frac{9a-7}{20a}+\frac{ab-5a}{10a^2b}-\frac{4a^2-3b}{4ab^2}-\frac{b^2-5a}{5b^2}$ d) $\frac{n^3+n^2+2p}{3n^3p}-\frac{3n^2+10p}{18n^3p}+\frac{n-1}{6np}-\frac{1}{9n^3}$

Merke

Multiplikation von Bruchtermen

Bruchterme werden multipliziert, indem jeweils die Zähler und die Nenner multipliziert werden.

Beispiele

1. $\frac{2}{3}\cdot\frac{4}{5}=\frac{2\cdot 4}{3\cdot 5}=\frac{8}{15}$

2. $\frac{2}{3}\cdot 5=\frac{2}{3}\cdot\frac{5}{1}=\frac{2\cdot 5}{3\cdot 1}=\frac{10}{3}$ — 5 entspricht $\frac{5}{1}$

3. $\frac{5}{24}\cdot\frac{18}{35}=\frac{\cancel{5}^{1}\cdot\cancel{18}^{3}}{\cancel{24}_{4}\cdot\cancel{35}_{7}}=\frac{3}{28}$ — Kürzen.

4. $\frac{3a}{2b}\cdot\frac{x}{y}=\frac{3a\cdot x}{2b\cdot y}=\frac{3ax}{2by}$ — $b\neq 0,\ y\neq 0$

5. $\frac{x+y}{x-y}\cdot\frac{2x}{x+y}$ — $x\neq y,\ x\neq -y$

$=\frac{(x+y)\cdot 2x}{(x-y)\cdot(x+y)}$ — Die Bruchstriche haben hier die gleiche Funktion wie Klammern. Auf einen Bruchstrich geschrieben, **müssen Klammern gesetzt** werden.

$=\frac{\cancel{(x+y)}\cdot 2x}{(x-y)\cdot\cancel{(x+y)}}$ — Gemeinsamer Faktor: $(x+y)$

$=\frac{2x}{x-y}$

Aufgaben

30 Berechne *ohne Taschenrechner.*

a) $\frac{3}{125}\cdot\frac{25}{33}$ b) $\left(-\frac{1}{2}\right)\cdot\frac{4}{13}$

c) $\frac{12-(-3)}{4-2}\cdot\frac{4+2}{-20-4}$ d) $\frac{17}{4}\cdot\frac{4}{17}$

31 Gib die Bruchterme als einen einzigen gekürzten Bruchterm an.
Zerlege dazu, soweit nötig, Zähler und Nenner in Faktoren.

a) $\frac{3x^2y}{2ab^2}\cdot\frac{4ab}{5xy}$

b) $\frac{18a^3b}{11c^2}\cdot\left(-\frac{121a}{54b}\right)$

c) $\left(-\frac{2x}{3y}\right)^2\cdot\frac{-6y^3z}{5x^3}$

d) $\frac{56(a^2x)^2}{15x}\cdot\frac{-(6b)^2}{7bx}$

Merke

Division von Bruchtermen

Ein **Bruchterm** wird durch einen **Bruchterm dividiert**, indem der erste Bruchterm mit dem **Kehrwert** des zweiten **multipliziert** wird.

Beispiele

1. $\frac{3}{4}:\frac{1}{12}=\frac{3}{4}\cdot\frac{12}{1}$ — Kehrwert zu $\frac{1}{12}$ ist $\frac{12}{1}$.

   $=\frac{3\cdot\cancel{12}^{3}}{\cancel{4}_{1}\cdot 1}=9$ — Kürzen.

   Wie viele Stücke (Zwölftel) hat eine Drei-Viertel-Torte?

   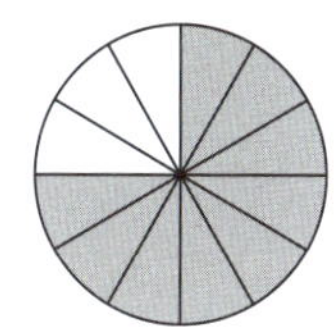

2. $\frac{8}{3}:4=\frac{8}{3}:\frac{4}{1}$ — 4 entspricht $\frac{4}{1}$.

   $=\frac{8}{3}\cdot\frac{1}{4}=\frac{\cancel{8}^{2}\cdot 1}{3\cdot\cancel{4}_{1}}=\frac{2}{3}$ — Kehrwert zu $\frac{4}{1}$ ist $\frac{1}{4}$.

3. $\frac{a}{3x}:\frac{b}{y}=\frac{a}{3x}\cdot\frac{y}{b}=\frac{ay}{3bx}$ — Kehrwert zu $\frac{b}{y}$ ist $\frac{y}{b}$.

4. $\frac{a+b}{a-b}:\frac{3}{a+b}=\frac{a+b}{a-b}\cdot\frac{a+b}{3}$ — Kehrwert zu $\frac{3}{a+b}$ ist $\frac{a+b}{3}$.

   $=\frac{(a+b)(a+b)}{(a-b)\cdot 3}$

   $=\frac{(a+b)^2}{3(a-b)}$

Aufgaben

32 Berechne *ohne Taschenrechner*.

a) $\frac{15}{16}:\frac{3}{4}$

b) $\frac{32-4}{3}:7$

c) $\frac{3}{4}-\frac{5}{6}:\frac{10}{3}$

d) $\frac{2-4}{3}:\frac{-3+11}{2\cdot 3}$

33 Gib als einen einzigen gekürzten Bruch an. Zerlege dazu, soweit nötig, Zähler und Nenner in Faktoren:

a) $\frac{15a}{8b}:\frac{9a^2}{10b}$

b) $\frac{18x^2}{5y}:\frac{27x}{20y^2}$

c) $\frac{0{,}3a^3b^2}{4c^2} : \frac{9a^2c^2}{0{,}8b^2}$

d) $\frac{\frac{11}{7}x^2y^4}{3z^3} : \frac{\frac{55}{6}y^2z}{x^2}$

e) $\frac{x+y}{x-y} : \frac{x}{x^2-y^2}$

f) $\frac{4x^2-9y^2}{3x+2y} : \frac{6y-4x}{6y+9x}$

34 Berechne *ohne Taschenrechner* jeweils den Wert des Terms. Berücksichtige auch die angegebenen Einheiten.

a) $v = \frac{s}{t}$ für $s = 90$ km, $t = \frac{3}{4}$ h

b) $t = \frac{s}{v}$ für $s = 36$ km, $v = 72\,\frac{\text{km}}{\text{h}}$

c) $\rho = \frac{m}{V}$ für $m = 54$ g, $V = 20\text{ cm}^3$

d) $c = \frac{V}{ab}$ für $V = 66\text{ cm}^3$, $a = 4$ cm, $b = \frac{11}{2}$ cm

1.3 Potenzen

Merke

Die mehrfache Multiplikation mit demselben Faktor kann durch die Potenzschreibweise abgekürzt werden.

Definition		**Beispiel**
Potenz	a^n ← Exponent; ↑ Basis	$3^5 = 3 \cdot 3 \cdot 3 \cdot 3 \cdot 3$
$a^n = \underbrace{a \cdot a \cdot a \cdot \ldots \cdot a}_{\text{a steht n-mal als Faktor}}$		
$a^1 = a$	(für alle a mit $a \in \mathbb{R}$)	$3^1 = 3$
$a^0 = 1$	(für alle a mit $a \in \mathbb{R} \setminus \{0\}$)	$3^0 = 1$
$a^{-n} = \frac{1}{a^n}$	(für alle a mit $a \in \mathbb{R} \setminus \{0\}; n \in \mathbb{N}$)	$3^{-2} = \frac{1}{3^2} = \frac{1}{9}$
$a^{\frac{1}{n}} = \sqrt[n]{a}$	($a \in \mathbb{R}_0^+; n \in \mathbb{N} \setminus \{0\}$)	$8^{\frac{1}{3}} = \sqrt[3]{8} = 2$
$\sqrt[n]{a}$ ist die nicht negative Lösung der Gleichung $x^n = a$		$x^3 = 64$ $x = \sqrt[3]{64}$ $x = 4$
Sonderfall: $\sqrt{a}$ ist die nicht negative Lösung von $x^2 = a$		$x^2 = 25$ $x = \sqrt{25}$ $x = 5$
$a^{\frac{m}{n}} = \sqrt[n]{a^m}$	($a \in \mathbb{R}_0^+; m, n \in \mathbb{N} \setminus \{0\}$)	$8^{\frac{2}{3}} = \sqrt[3]{8^2} = 4$

Beispiele

Die Vorsilben von Maßeinheiten stehen für Zehnerpotenzen:

Vorsilbe	Potenz	Beispiel
k (Kilo-)	10^3	5,3 **k**g $= 5{,}3 \cdot \mathbf{10^3}$ g $= 5{,}3 \cdot \mathbf{1\,000}$ g $= 5\,300$ g
d (Dezi-)	10^{-1}	4,8 **d**m $= 4{,}8 \cdot \mathbf{10^{-1}}$ m $= 4{,}8 \cdot \mathbf{\frac{1}{10}}$ m $= 0{,}48$ m
c (Zenti-)	10^{-2}	165 **c**m $= 165 \cdot \mathbf{10^{-2}}$ m $= 165 \cdot \mathbf{\frac{1}{100}}$ m $= 1{,}65$ m
m (Milli-)	10^{-3}	1 500 **m**ℓ $= 1\,500 \cdot \mathbf{10^{-3}}$ ℓ $= 1\,500 \cdot \mathbf{\frac{1}{1\,000}}$ ℓ $= 1{,}5$ ℓ

Merke

Potenzgesetze (für $a, b \in \mathbb{R}^+$; $m, n \in \mathbb{R}$)

1. Potenzen mit gleicher Basis werden multipliziert, indem die Exponenten addiert werden. $a^m \cdot a^n = a^{m+n}$
2. Potenzen mit gleicher Basis werden dividiert, indem die Exponenten subtrahiert werden. $\frac{a^m}{a^n} = a^{m-n}$
3. Potenzen mit gleichem Exponenten werden multipliziert, indem die Basen multipliziert werden. $a^n \cdot b^n = (a \cdot b)^n$
4. Potenzen mit gleichem Exponenten werden dividiert, indem die Basen dividiert werden. $\frac{a^n}{b^n} = \left(\frac{a}{b}\right)^n$
5. Eine Potenz wird potenziert, indem die Exponenten multipliziert werden. $(a^n)^m = a^{n \cdot m}$

Beispiele

1. Potenzen von Zahlen zusammenfassen:

$3^2 \cdot 3^3 = 3^{2+3} = 3^5 = 243$	Gleiche Basis 3
$\frac{10^6}{10^4} = 10^2 = 100$	Gleiche Basis 10
$3^3 \cdot 4^3 = (3 \cdot 4)^3 = 12^3 = 1\,728$	Gleicher Exponent 3
$\sqrt{2} \cdot \sqrt{\frac{9}{2}} = \sqrt{\frac{2 \cdot 9}{2}} = \sqrt{9} = 3$	Gleicher Exponent $\frac{1}{2}$
$\frac{6^5}{3^5} = \left(\frac{6}{3}\right)^5 = 2^5 = 32$	Gleicher Exponent 5
$(2^3)^2 = 2^{3 \cdot 2} = 2^6 = 64$	Potenz einer Potenz

2. Variablen zusammenfassen:

$b \cdot b^3 = b^1 \cdot b^3 = b^{1+3} = b^4$	Gleiche Basis b
$\frac{3x^6}{2x^2} = \frac{3x^4}{2}$	Gleiche Basis x
$(a^2)^4 = a^{2 \cdot 4} = a^8$	Potenz einer Potenz
$\sqrt[4]{c^{28}} = (c^{28})^{\frac{1}{4}} = c^{28 \cdot \frac{1}{4}} = c^7$	Potenz einer Potenz

3. Arbeit mit Flächen- und Volumeneinheiten:

$4\text{ km} \cdot 3\text{ km} = 12\text{ km}^2$	Gleiche Basis km
$1\text{ cm}^2 = (10\text{ mm})^2 = 10^2\text{ mm}^2 = 100\text{ mm}^2$	Gleicher Exponent 2
$1\text{ m}^3 = (100\text{ cm})^3 = 100^3\text{ cm}^3 = 1\,000\,000\text{ cm}^3$	Gleicher Exponent 3

4. Potenzen zerlegen um auszuklammern oder um Potenzen einzeln zu berechnen:

$4a^5 + 4a^2b = 4a^2 \cdot a^3 + 4a^2b = 4a^2 \cdot (a^3 + b)$	Gleiche Basis a
$(3x)^2 = 3^2 \cdot x^2 = 9x^2$	Gleicher Exponent 2
$\sqrt{4 \cdot 49} = \sqrt{4} \cdot \sqrt{49} = 2 \cdot 7 = 14$	Gleicher Exponent $\frac{1}{2}$ ($\sqrt{a} = a^{\frac{1}{2}}$)
$\pi\left(\frac{d}{2}\right)^2 = \pi \cdot \frac{d^2}{2^2} = \frac{\pi}{4}d^2$	Gleicher Exponent 2

Merke

Normdarstellung einer Zahl

Sehr große und sehr kleine Zahlen werden oft in wissenschaftlicher Schreibweise als Produkt aus einer Zahl zwischen 1 und 10 und einer Zehnerpotenz mit ganzzahligem Exponenten geschrieben.
$z = a \cdot 10^k \quad \text{mit } 1 \leq a \leq 10;\ k \in \mathbb{Z}$

Beispiele

$187\,000\,000\,000 = 1{,}87 \cdot 10^{11}$

$0{,}000\,000\,037 = 3{,}7 \cdot 10^{-8}$

Masse der Erde: $m = 5{,}974 \cdot 10^{24}$ kg

Masse eines Elektrons: $m = 9{,}11 \cdot 10^{-31}$ kg

1 Lichtjahr: $1\ \text{ly} = 9{,}46 \cdot 10^{12}$ km

Merke

Gleichungen mit Potenzen der Form $x^n = a$

Gleichungen der Form $x^n = a$ $(a \in \mathbb{R}_0^+; n \in \mathbb{N})$ besitzen folgende Lösung:

- für n gerade: $x_1 = \sqrt[n]{a}$ und $x_2 = -\sqrt[n]{a}$
- für n ungerade: $x = \sqrt[n]{a}$

Beispiele

1. a) $x^4 = 16$ $\quad x_1 = \sqrt[4]{16} = 2$ und $x_2 = -\sqrt[4]{16} = -2$
   b) $x^2 = 144$ $\quad x_1 = \sqrt{144} = 12$ und $x_2 = -\sqrt{144} = -12$
   c) $x^3 = 125$ $\quad x = \sqrt[3]{125} = 5$

2. $(2x+3)^7 = 128$
   $2x + 3 = \sqrt[7]{128}$
   $2x + 3 = 2 \quad |-3 \quad |:2$
   $x = -0{,}5$

Die Gleichung $z^7 = 128$ hat die Lösung $z = \sqrt[7]{128}$.
Da 7 ungerade ist, gibt es nur *eine* Lösung.

Aufgaben

35 Berechne, vereinfache und fasse so weit wie möglich zusammen.

a) Potenzgesetz 1:

$3^5 \cdot 3^2 \cdot 3^4$

$(-2)^3 \cdot (-2)^2 \cdot (-2)^3$

$(x+2)^3 \cdot (x^2 + 4x + 4)$

b) Potenzgesetz 2:

$\frac{x^{17}}{x^{12}}$

$\frac{(x+1)^3}{x^2 + 2x + 1}$

$\frac{51x^5y^{14}z^9}{17x^7y^9z^7}$

c) Potenzgesetz 3:

$(-3)^4 \cdot (2)^4 \cdot (6)^4 \cdot (-9)^4$

$(x-3)^2 \cdot (3-x)^2$

$(a+b)^2 \cdot (a-b)^2$

d) Potenzgesetz 4:

$\frac{(x^2y)^4}{(xy^2)^4}$

$\frac{(64a^2b^3)^3}{(8b^2a)^3}$

e) Potenzgesetz 5:

$(2^{-3})^5 \cdot 2^3$

$(2a^3b^2)^4 \cdot (5ab^3)^3$

$\left(\frac{a^2b^{-1}c^3}{a^3b^2c^{-2}}\right)^2$

$\left(\frac{x^2y^{-3}}{xz^{-2}}\right)^{-2} : \left(\frac{y^3z^{-4}}{x^3y^2}\right)^2$

f) gemischt:

$\frac{\pi}{4}(3a)^2 \cdot 2a$

$\frac{\pi}{3}(2{,}0\text{ cm})^2 \cdot 3{,}8\text{ cm}$

$\frac{125\text{ mm}^3}{25\text{ mm}^2}$

$(2k)^3 - 2k^3$

$\frac{x^3}{2} + \left(\frac{x}{2}\right)^3$

$\frac{2a \cdot 3b^5 \cdot 7a^4 \cdot \left(-\frac{1}{6}b^2\right)}{5a^2b}$ $(a, b \neq 0)$

36 Berechne *ohne Taschenrechner.*

a) $2^2 \cdot 5^5$

b) $\frac{120^3}{6^3}$

c) $\left(\frac{2}{3}\right)^2 + \frac{2^2}{3} + \frac{2}{3^2}$

d) $10\text{ mm}^3 + (10\text{ mm})^3$

e) $\frac{1\text{ m}^2}{4} - \left(\frac{1\text{ m}}{4}\right)^2$

f) $[(5^2 - 4^2) - (5-4)^2]^2$

37 Stelle die Gleichung nach der angegebenen Variablen um.

a) $\frac{4\pi r^3}{3} = \pi r^2 h$ Nach h umstellen.

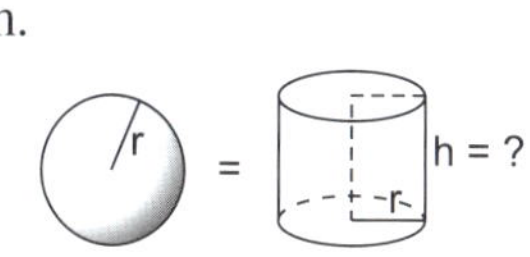

b) $V = \frac{4\pi r^3}{3}$ Nach r umstellen.

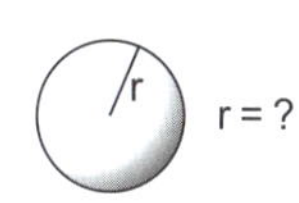

c) $V = \frac{1}{3}(2a)^2 \cdot 6a$ Nach a umstellen.

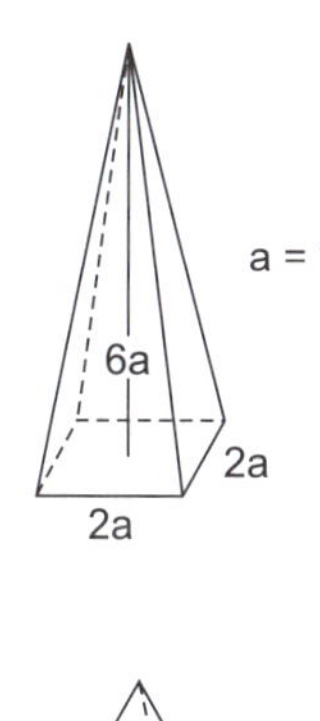

38 Für einen Körper gelten folgende Zusammenhänge:

$V = \frac{1}{3}A_G \cdot h,\quad A_G = \frac{a^2}{4}\sqrt{3}\quad$ und $\quad h = a \cdot \sqrt{\frac{2}{3}}.$

Zeige, dass das Volumen des Körpers mit der Formel

$V = \frac{a^3}{12}\sqrt{2}$ berechnet werden kann.

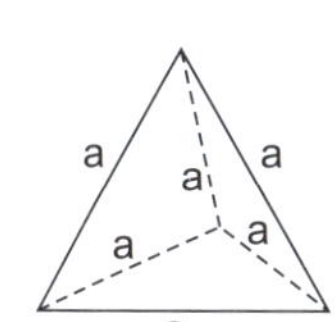

39

a) Schreibe jeweils als Produkt einer Zahl zwischen 1 und 10 und einer Zehnerpotenz.
375 000 000 000 000 000
180 000 000 000 000
0,000 000 000 123
0,000 0017

b) Der Durchmesser unserer Milchstraße beträgt $8 \cdot 10^{17}$ km. Gib den Durchmesser in Lichtjahren an.

c) Die Entfernung zu dem uns am nächsten gelegenen Fixstern α-Centauri beträgt 4,34 Lichtjahre. Wie lange braucht ein Raumschiff (theoretisch), das mit einem Drittel der Lichtgeschwindigkeit fliegt, für diese Strecke?

1.4 Umrechnung von Größen

Merke

Längenmaße

dividieren →

mm —10— cm —10— dm —10— m —1 000— km

← multiplizieren

Die Umrechnungszahl von km in m ist **1 000**.
Die Umrechnungszahl von m in dm ist **10** usw.

Beispiele

600 mm = (600 : 10) cm = 60 cm
15,8 m = 15,8 · 100 cm = 1 580 cm

Merke

Flächenmaße

dividieren →

mm^2 —100— cm^2 —100— dm^2 —100— m^2 —100— a —100— ha —100— km^2

← multiplizieren

1 ha = 1 Hektar; 1 a = 1 Ar

Die Umrechnungszahl von einer Einheit zur nächstkleineren ist **100**.

Beispiele

895 410 cm^2 = (895 410 : 100) dm^2 = 8 954,1 dm^2
7,15 m^2 = 7,15 · 100 dm^2 = 715 dm^2

Merke

Raummaße (Volumeneinheiten)

dividieren →

$mm^3 \underset{1\,000}{\frown} cm^3 \underset{1\,000}{\frown} dm^3 \underset{1\,000}{\frown} m^3$

← multiplizieren

$1\,\ell \mathrel{\hat{=}} 1\,dm^3$ $1\,m\ell \mathrel{\hat{=}} 1\,cm^3$

$1\,\ell \mathrel{\hat{=}} 1\,000\,m\ell$ $1\,h\ell \mathrel{\hat{=}} 100\,\ell$

Die Umrechnungszahl von einer Einheit zur nächstkleineren ist **1 000**.

Beispiele

$4\,000\,\ell = 4\,000\,dm^3 = (4\,000 : 1\,000)\,m^3 = 4\,m^3$

$1{,}3\,m^3 = 1{,}3 \cdot 1\,000\,dm^3 = 1\,300\,dm^3 = 1\,300\,\ell$

Merke

Zeiteinheiten

dividieren →

$s \underset{60}{\frown} min \underset{60}{\frown} h \underset{24}{\frown} d$

← multiplizieren

$1\,d \mathrel{\hat{=}} 1$ Tag $1\,h \mathrel{\hat{=}} 1$ Stunde

$1\,s \mathrel{\hat{=}} 1$ Sekunde $1\,min \mathrel{\hat{=}} 1$ Minute

Die Umrechnungszahl von h in min sowie von min in s ist **60**.

Die Umrechnungszahl von d in h ist **24**.

Beispiele

$2\,d = 2 \cdot 24\,h = 48\,h$

$7\,min\,13\,s = 7 \cdot 60\,s + 13\,s = 420\,s + 13\,s = 433\,s$

$290\,s = (240 : 60)\,s + 50\,s = 4\,min\,50\,s$

Merke

Masseeinheiten

dividieren →

$mg \underset{1\,000}{\frown} g \underset{1\,000}{\frown} kg \underset{100}{\frown} dt \underset{10}{\frown} t$ (kg bis t: 1 000)

← multiplizieren

Die Umrechnungszahl von
t in kg,
kg in g,
g in mg
ist **1 000**.

Beispiele

$28\,125\,g = (28\,125 : 1\,000)\,kg = 28{,}125\,kg$

$3{,}45\,t = 3{,}45 \cdot 10\,dt = 34{,}5\,dt$

Merke

Für alle Größen gilt:
Einheit größer → Zahl kleiner, deshalb dividieren durch die Umrechnungszahl
Einheit kleiner → Zahl größer, deshalb multiplizieren mit der Umrechnungszahl

Aufgaben

40 Rechne in die in Klammern angegebene Einheit um.

a) 1,23 m (mm)
b) 17 cm (mm)
c) 0,3568 km (dm)
d) 437,5 m (km)
e) 2,72 dm (cm)
f) 0,0052 m (mm)
g) 2 019 mm (m)
h) 127,6 dm (m)

41 Rechne in die angegebene Einheit um.

a) 0,01 km^2 (m^2)
b) 6,906 dm^2 (mm^2)
c) 9,7 mm^2 (cm^2)
d) 626 m^2 (ha)
e) 0,023 m^2 (mm^2)
f) 0,0027 ha (m^2)
g) 17 665 cm^2 (m^2)
h) 3 027 a (m^2)

42 Rechne in die angegebene Einheit um.

a) 0,063 m^3 (ℓ)
b) 3 $m\ell$ (dm^3)
c) 12 829 cm^3 (m^3)
d) 1,024 m^3 (dm^3)
e) 825,6 dm^3 (m^3)
f) 3,2 cm^3 (dm^3)

43 Rechne in die angegebene Einheit um.

a) 3,25 h (min)
b) 6 d 7h (h)
c) 7,6 min (s)
d) 2 h 24 min (s)
e) 17 h 12 min (h)
f) 37 653 s (h)
g) 8 280 s (h)
h) 187 200 s (h)

44 Rechne in die angegebene Einheit um.

a) 23 g (kg)
b) 0,0672 kg (g)
c) 738 g (kg)
d) 6,7 kg (dt)
e) 327 865 mg (kg)
f) 0,032 t (kg)
g) 52,3 g (mg)
h) 72,5 kg (t)

45 Berechne die fehlenden Angaben.

Beginn	Ende	Dauer
8.15 Uhr		1,5 h
	12.40 Uhr	2 h 17 min
6.55 Uhr	9.28 Uhr	
15.50 Uhr		4,25 h
	17.25 Uhr	3 h 40 min
22.45 Uhr		95 min
	13.08 Uhr	235 min

1.5 Lösen von linearen Gleichungen

Merke

Lösungsmenge einer Gleichung

Alle Elemente der Grundmenge G, die beim Einsetzen eine **Gleichung** zur wahren Aussage machen, sind Elemente der **Lösungsmenge** L.

Beispiele

1. Gleichung: $x = 14$; Grundmenge: $G = \mathbb{Q}$
   Nur die Zahl 14 macht die Gleichung $x = 14$ zu einer wahren Aussage. Weil 14 auch zur Grundmenge $\mathbb{Q}$ gehört, ist 14 ein Element der Lösungsmenge.
   $L = \{14\}$

2. $3x + 6 = 0$ $G = \mathbb{Q}$
   Durch Einsetzen verschiedener Werte von x ergeben sich wahre und falsche Aussagen.

	$3 \cdot x + 6 = 0$	
$x = 1$ eingesetzt:	$3 \cdot 1 + 6 = 0$	falsche Aussage (f): $3 + 6$ ist nicht 0
$x = 2$ eingesetzt:	$3 \cdot 2 + 6 = 0$	(f)
$x = 0$ eingesetzt:	$3 \cdot 0 + 6 = 0$	(f)

   Nur $x = -2$ macht diese Gleichung zur wahren Aussage:
   $x = -2$ eingesetzt: $3 \cdot (-2) + 6 = 0$ wahre Aussage (w)
   Also: $L = \{-2\}$ -2 ist auch Element der Grundmenge.

3. $-27 - 28x = 37 - 29x$ $G = \mathbb{Q}$
   Zur Ermittlung der Lösungsmenge ist es zweckmäßig, die Gleichung so umzuformen, dass sich die Lösungsmenge wie im Beispiel 1 sofort ablesen lässt.
   Dazu addieren wir auf beiden Seiten $29x + 27$ und erhalten:
   $x = 64$
   Probe: $-27 - 28 \cdot 64 = 37 - 29 \cdot 64$?
   $-1\,819 = -1\,819$ wahr
   $64 \in \mathbb{Q}$, also $L = \{64\}$

Merke

Diese Umformungen verändern die Lösungsmenge einer Gleichung nicht:

- Addition oder Subtraktion einer Zahl oder eines Terms auf beiden Seiten der Gleichung
- Multiplikation mit einer Zahl oder einem Term ungleich Null
- Division durch eine Zahl oder einen Term ungleich Null

Diese Umformungen heißen **Äquivalenzumformungen**.

Beispiel

Bestimme die Lösungsmenge der Gleichung $5(x - 3) = 9x - 7$, wenn die Grundmenge $\mathbb{N}$ bzw. $\mathbb{Q}$ ist.

Lösung:

$5(x - 3) = 9x - 7$		Klammer ausmultiplizieren.
$5x - 15 = 9x - 7$	$\mid -9x$	Subtraktion desselben Terms auf beiden Seiten ist eine Äquivalenzumformung.
$5x - 9x - 15 = \underbrace{9x - 9x}_{0} - 7$		Zusammenfassen.
$-4x - 15 = -7$	$\mid +15$	Addition derselben Zahl auf beiden Seiten ist eine Äquivalenzumformung.

$$-4x \underbrace{-15 + 15}_{0} = -7 + 15$$ Zusammenfassen.

$$-4x = 8 \qquad |:(-4)$$ Division durch dieselbe Zahl auf beiden Seiten ist eine Äquivalenzumformung.

$$\frac{\cancel{-4}^{1}\, x}{\cancel{-4}_{1}} = \frac{8}{-4}$$ Kürzen.

$$x = -2$$

Probe: $5 \cdot (-2 - 3) = 9 \cdot (-2) - 7$?

$-25 = -25$ wahr

Grundmenge $\mathbb{N}$: $-2 \notin \mathbb{N}$, also $L = \varnothing$

Grundmenge $\mathbb{Q}$: $-2 \in \mathbb{Q}$, also $L = \{2\}$

Aufgaben

46 Bestimme die Lösungen der folgenden Gleichungen für $x \in \mathbb{N}$ und $x \in \mathbb{Z}$.

a) $3x - 17 = 19$
b) $9 : 25 = x : 75$
c) $x + 10 = 1 - 3(1 + x)$
d) $4(x + 1) = 2$

47 Bestimme die Lösungen der folgenden Gleichungen ($x \in \mathbb{R}$):

a) $2(x + 24) = 100$
b) $8x + 2 = \frac{19}{2} - 2x$
c) $\left(x + \frac{3}{2}\right) \cdot 6 = 2 - 8x$
d) $7x + 15 = 5(x + 3)$

48 Paul ist anderthalb mal so alt wie seine Schwester Marie. Zusammen sind sie 30 Jahre alt. Wie alt ist Marie?

49 Die Differenz aus dem Dreifachen einer Zahl und einem Drittel der Zahl beträgt 320. Berechne die Zahl.

50 Max hat zum Geburtstag Meerschweinchen bekommen. Er behauptet, wenn das Doppelte der Anzahl der Meerschweinchen um eins vergrößert und anschließend noch einmal verdoppelt wird, erhält man die Zahl 8.
Prüfe rechnerisch, ob das möglich ist.

51 Stelle die Gleichung nach der angegebenen Variablen um.

a) $V = \frac{\pi}{3} r^2 h$ Nach h umstellen.

b) $c^2 = a^2 + b^2 - 2ab \cdot \cos\gamma$ Nach $\cos\gamma$ umstellen.

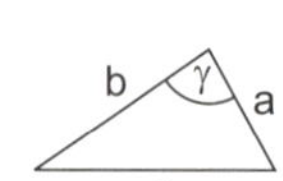

c) $\frac{G}{100} = \frac{W}{p\,\%}$ Nach p % umstellen.

1.6 Proportionale und indirekt proportionale Zuordnungen

Proportionale Zuordnungen

Merke

Eine Zuordnung zwischen zwei Größen X und Y heißt direkt proportional, kurz **proportional**, wenn gilt:

doppeltes X → doppeltes Y	halbes X → halbes Y
dreifaches X → dreifaches Y	ein Drittel von X → ein Drittel von Y
zehnfaches X → zehnfaches Y	ein Zehntel von X → ein Zehntel von Y
k-faches X → k-faches Y	k-tel X → k-tel Y

Beispiel

Eine Kerze wird in 8 Minuten um 3 mm kürzer.
Wie viel verbrennt in einer halben Stunde?

Lösung mit Dreisatz:

$$\begin{aligned} :8 \quad & 8\text{ min} \;\hat{=}\; 3\text{ mm} & :8 \\ \cdot 30 \quad & 1\text{ min} \;\hat{=}\; \frac{3\text{ mm}}{8} & \cdot 30 \\ & 30\text{ min} \;\hat{=}\; \frac{3\text{ mm}\cdot 30}{8} & \\ & 30\text{ min} \;\hat{=}\; 11{,}25\text{ mm} & \end{aligned}$$

Lösung mit Verhältnisgleichung:

$$\frac{x}{30\text{ min}} = \frac{3\text{ mm}}{8\text{ min}} \quad \Big|\cdot 30\text{ min}$$

$$x = \frac{3\text{ mm}\cdot 30\ \cancel{\text{min}}^{1}}{8\ \cancel{\text{min}}_{1}}$$

$$x = 11{,}25\text{ mm}$$

In einer halben Stunde verbrennen 11,25 mm.

Merke

Grafische Darstellung einer (direkt) proportionalen Zuordnung

Der Graph einer direkt proportionalen Zuordnung ist eine **Gerade**, die durch den **Koordinatenursprung** verläuft.

Beispiel

Eine Maschine füllt in 5 Minuten 450 Flaschen.

a) Wie viel schafft die Maschine pro Minute?

b) Wie viele Flaschen füllt sie in 2 Minuten?

c) Wie lange benötigt sie zum Füllen von 300 Flaschen?

Lösen durch Ablesen am Graphen:

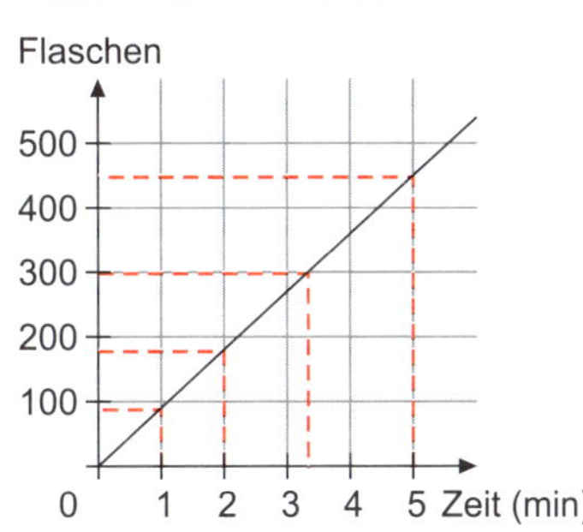

a) Die Maschine schafft 90 Flaschen pro Minute.

b) In 2 Minuten füllt sie 180 Flaschen.

c) Für 300 Flaschen benötigt sie ungefähr 3,3 Minuten.

Indirekt proportionale Zuordnungen

Merke

Eine Zuordnung zwischen zwei Größen X und Y **heißt indirekt (umgekehrt) proportional**, wenn gilt:

doppeltes X → halbes Y	halbes X → doppeltes Y
dreifaches X → ein Drittel von Y	ein Drittel von X → dreifaches Y
zehnfaches X → ein Zehntel von Y	ein Zehntel von X → zehnfaches Y
k-faches X → k-tel Y	k-tel X → k-faches Y

Beispiel

5 Pumpen benötigen 2 Stunden, um ein Wasserbecken zu entleeren.
Wie lange dauert es, wenn eine Pumpe ausfällt?

Lösung mit Gesamtgröße:
Gesamte benötigte Zeit: $5 \cdot 2$ Stunden $= 10$ Stunden
1 Pumpe benötigt 10 Stunden.
4 Pumpen benötigen $10 : 4 = 2{,}5$ Stunden.

Lösung mit Dreisatz:

:5	5 Pumpen	≙	2 Stunden	·5
·4	1 Pumpe	≙	10 Stunden	:4
	4 Pumpen	≙	2,5 Stunden	

4 Pumpen benötigen 2,5 Stunden.

Lösung mit Produktgleichung:

$4 \cdot x = 5 \cdot 2 \text{ Stunden} \quad |:4$

$x = \frac{5 \cdot 2 \text{ Stunden}}{4}$

$x = 2{,}5 \text{ Stunden}$

Merke

Grafische Darstellung einer indirekt proportionalen Zuordnung

Der Graph einer indirekt proportionalen Zuordnung ist eine **Hyperbel**, die sich an die Koordinatenachsen anschmiegt.

Beispiel

Eine Tüte Rasensamen reicht für eine rechteckige Fläche von $10 \text{ m} \times 20 \text{ m}$.

a) Stelle den Zusammenhang zwischen der Länge x und der Breite y im Koordinatensystem dar.
b) Wie breit wäre ein 30 m langes Rechteck?
c) Wie lang wäre ein 12 m breites Rechteck?

Lösung:

a) Wertetabelle

x in m	y in m
10	**20**
20	10
40	5
60	3,3
5	40
3,3	60
30	6,7
16,7	**12**

Graph:

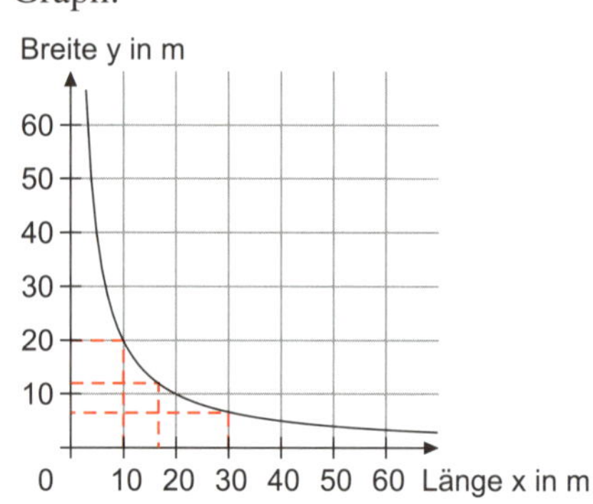

b) Ein 30 m langes Rechteck wäre 6,7 m breit.
c) Ein 12 m breites Rechteck wäre 16,7 m lang.

Aufgaben

52 Berechne die fehlenden Werte *ohne Taschenrechner*.

a)

Menge Äpfel in kg	Preis in €
4,5	3,60
9,0	
1,5	
	12,00
$\frac{1}{2}$	

b)

Geschwindigkeit in $\frac{km}{h}$	für 120 km benötigte Zeit in h
60	2
120	
30	
10	
	0,5

53 Familie Meier hat vom 1. Januar bis zum 1. April genau 972 kWh Strom verbraucht. Der Energieversorger bietet einen Tarif A (bis 3 500 kWh pro Jahr) und einen Tarif B (über 3 500 kWh pro Jahr) an.
Zu welchem Tarif wird Familie Meier ihre Energie beziehen?

54 Das Betanken eines Flugzeugs dauert bei einem Durchfluss von 800 Liter pro Minute 80 Minuten.
Wie viel Zeit kann mit einer moderneren Tankanlage eingespart werden, die einen Durchfluss von 1 000 Liter pro Minute erreicht?

1.7 Prozent- und Zinsrechnung

Merke

Prozentrechnung

Prozentwert W $W = \frac{G \cdot p}{100}$

Grundwert G (100 %) $G = \frac{W \cdot 100}{p}$

Prozentsatz p % $p\,\% = \frac{W \cdot 100}{G}\,\%$

Zinsrechnung

Zinsen Z $Z = \frac{K \cdot p}{100}$

Kapital K (100 %) $K = \frac{Z \cdot 100}{p}$

Zinssatz p % $p\,\% = \frac{Z \cdot 100}{K}\,\%$

Beispiele

1. Berechnen des Prozentwerts
   Margarine enthält ungefähr 18 % Wasser.
   Wie viel Wasser enthalten 250 g Margarine?

Lösung mit dem Dreisatz:

$$100\,\% \mathrel{\hat{=}} 250\text{ g}$$
$$:100 \quad\quad :100$$
$$1\,\% \mathrel{\hat{=}} \frac{250\text{ g}}{100}$$
$$\cdot 18 \quad\quad \cdot 18$$
$$18\,\% \mathrel{\hat{=}} \frac{250\text{ g} \cdot 18}{100} = 45\text{ g}$$

Die Margarine enthält 45 g Wasser.

Lösung mit der Formel:

$$W = \frac{G \cdot p}{100}$$
$$W = \frac{250\text{ g} \cdot 18}{100} = 45\text{ g}$$

2. Grundwert berechnen
   Nach einer Preissenkung um 30 % kostet ein Fahrrad 83,30 €. Wie viel kostete es vorher?

   Lösung mit dem Dreisatz:

$$\begin{aligned} 70\,\% &\mathrel{\hat{=}} 83{,}30\,€ && (:70)\\ 1\,\% &\mathrel{\hat{=}} \frac{83{,}30\,€}{70} && (\cdot 100)\\ 100\,\% &\mathrel{\hat{=}} \frac{83{,}30\,€\cdot 100}{70} = 119{,}00\,€ \end{aligned}$$

   Lösung mit der Formel:

$$G = \frac{W\cdot 100}{p}$$

$$G = \frac{83{,}30\,€\cdot 100}{70} = 119{,}00\,€$$

   Das Fahrrad kostete ursprünglich 119,00 €.

3. Prozentsatz berechnen
   Eine Qualitätskontrolle bei 2 000 Teilen ergab, dass 1 870 Teile fehlerfrei waren. Berechne den Anteil in Prozent.

   Lösung mit dem Dreisatz:

$$\begin{aligned} 2\,000 &\mathrel{\hat{=}} 100\,\% && (:2\,000)\\ 1 &\mathrel{\hat{=}} \frac{100\,\%}{2\,000} && (\cdot 1\,870)\\ 1870 &\mathrel{\hat{=}} \frac{100\,\%\cdot 1\,870}{2\,000} = 93{,}5\,\% \end{aligned}$$

   Lösung mit der Formel:

$$p\,\% = \frac{W\cdot 100}{G}\,\%$$

$$p\,\% = \frac{1\,870\cdot 100}{2\,000}\,\% = 93{,}5\,\%$$

   93,5 % der untersuchten Teile waren fehlerfrei.

Merke

> Prozente stellen Hundertstel dar. Du kannst sie durch Dezimalbrüche ersetzen.

Beispiele

1. $12\,\% = \frac{12}{100} = 0{,}12$ $\quad 3\,\% = \frac{3}{100} = 0{,}03$

   $0{,}016 = \frac{1{,}6}{100} = 1{,}6\,\%$ $\quad 119\,\% = \frac{119}{100} = 1{,}19$

2. Berechnen des Prozentwertes
   8 % von 600 Schülern kommen mit dem Fahrrad zur Schule.
   8 % = 0,08
   0,08 · 600 = 48
   48 Schüler kommen mit dem Fahrrad zur Schule.

3. Berechnen des Prozentsatzes
   2 295 von 43 220 Wählern sind $\frac{2\,295}{43\,220}$ = **0,0531 = 5,31 %**.

4. Berechnen des Grundwertes
   Luise hat in der Mathematikarbeit 12 Punkte. Das waren 60 % der Gesamtpunktzahl.
   60 % = 0,6 $\qquad$ 12 **: 0,6** = 20
   In der Arbeit gab es insgesamt 20 Punkte.

5. Berechnen des Guthabens nach der Verzinsung
Ein Sparguthaben von 170 € wird mit 3 % verzinst.
Die Zinsen erhöhen das Guthaben.
103 % = 1,03 **1,03** · 170 € = 175,10 €
Das neue Guthaben beträgt 175,10 €.

Merke

Mit einigen Prozentsätzen lässt sich bequem rechnen, weil sie einfachen Brüchen entsprechen.

Prozentsatz	50 %	$33\frac{1}{3}$ %	25 %	20 %	12,5 %	10 %	5 %	2 %	1 %
Bruch	$\frac{1}{2}$	$\frac{1}{3}$	$\frac{1}{4}$	$\frac{1}{5}$	$\frac{1}{8}$	$\frac{1}{10}$	$\frac{1}{20}$	$\frac{1}{50}$	$\frac{1}{100}$

Aufgaben

55 Berechne *ohne Taschenrechner*.

a) 50 % von 246,18 €
b) $33\frac{1}{3}$ % von 120 g
c) 10 % von 123 m
d) 12,5 % von 88 $\frac{\text{km}}{\text{h}}$
e) 5 % von 600 000 Wählern
f) 1 % von 1,5 ℓ

56 Vervollständige die Tabelle *ohne Taschenrechner*.

Prozentschreibweise	42 %		6,1 %			120 %	
Dezimalbruch		0,83		0,04	0,4		5

57 Wie groß ist die Wahrscheinlichkeit, beim einmaligen Würfeln eine Zwei zu würfeln? Gib das Ergebnis als Dezimalbruch und in Prozentschreibweise an.

58 Der Preis einer Monatskarte stieg von 49,99 € auf 51,99 €.
Auf wie viel Prozent stieg der Preis? Arbeite mit dem Dezimalbruch.

59 In welchem der Getränke ist der prozentuale Fruchtanteil am höchsten?

a) 200 mℓ Getränk enthalten 67 mℓ Fruchtsaft.
b) 55 mℓ Fruchtsaft ergeben 150 mℓ Getränk.
c) 56 mℓ Fruchtsaft wurden mit 124 mℓ Wasser gemischt.

60 Drei Personen haben jeweils Geld für ein Jahr angelegt.
Wer hatte den höchsten Zinssatz?

a) Für 280 € gab es 7,56 € Zinsen.
b) Aus 500 € wurden 509 €.
c) Durch 8,50 € Zinsen waren es am Ende 348,50 €.

61 Ein Tisch für 239 € wurde bar bezahlt. Deshalb gab der Verkäufer 3 % Skonto.
Wie hoch ist der zu zahlende Betrag?

62 In einem Katalog wird ein Sofa für 350 € zuzüglich Mehrwertsteuer (19 %) angeboten. Berechne den Bruttopreis.

63 In dem Preis von 37,49 € für einen Pullover sind 19 % Mehrwertsteuer enthalten. Berechne den Nettopreis.

64 Ein T-Shirt, das ursprünglich 15,69 € kostete, wird für 13,18 € angeboten. Wie viel Prozent beträgt der Preisnachlass?

65 Eine Sommerjacke für 59,95 € wird im Sommerschlussverkauf um 60 % gesenkt. Weil sich trotzdem kein Käufer findet, wird nochmals ein Nachlass von 35 % gewährt.

a) Zu welchem Preis wird die Jacke zuletzt angeboten?

b) Um wie viel Prozent wurde der Preis insgesamt gesenkt?

66 Ein Waldstück ist zu 32 % mit Nadelhölzern und zu 56 % mit Laubhölzern bewachsen. Die restlichen 3 ha werden von einem See bedeckt.

a) Stelle die Flächenaufteilung in einem Kreisdiagramm dar.

b) Berechne die Größe des gesamten Waldes und der einzelnen Baumbestände.

67 Eine Familie will einen Lottogewinn von 10 000 € über 3 Jahre gewinnbringend anlegen.

Angebot A: Für jedes Jahr gibt es 3,1 % Zinsen, die aber erst am Ende der Laufzeit gesammelt ausgezahlt werden.

Angebot B: Jährlich werden dem Konto 3 % Zinsen gutgeschrieben und im nächsten Jahr mitverzinst.

Angebot C: Der jährliche Zinssatz wächst von 2,5 % im ersten Jahr über 3,0 % im zweiten auf 3,5 % im dritten Jahr. Die Zinsen werden im Folgejahr mitverzinst.

Welches der drei Angebote ist das beste?

68 Eine junge Familie nimmt für größere Anschaffungen einen Kredit auf. Die Bank bietet einen Kredit über 10 000 € mit 60 Monaten Laufzeit. 14 Tage nach Auszahlung des Kredites ist die erste Monatsrate von 205,72 € fällig. Danach folgen in Monatsabständen Raten von je 215 €.

a) Berechne, wie viel die Familie über die eigentliche Kreditsumme hinaus bezahlen muss. Gib diesen Wert auch als Prozentsatz der Kreditsumme an.

b) Nach drei Jahren kann die hohe monatliche Rate nicht mehr bezahlt werden. Berechne den Gesamtbetrag der noch nicht bezahlten Raten.

c) Um die offenen Raten bezahlen zu können, nimmt die Familie einen zweiten Kredit auf, der über 72 Monate läuft. Die erste Rate beträgt 51,85 € und die Folgeraten betragen jeweils 97 €. Bei diesem Kredit übersteigt die Summe der Raten die Kreditsumme um 38,777 %.
Berechne die Kreditsumme.

69 Anton, Bert und Conrad spielen als Tippgemeinschaft Lotto.
Der Gewinn von 1 800 € soll so aufgeteilt werden, dass Anton ein Viertel erhält. Bert soll 80 % des Anteils von Conrad bekommen. Berechne für jeden den Anteil in €.

2 Lineare Funktionen – Lineare Gleichungssysteme

2.1 Lineare Funktionen

Merke

Funktion

- Eine Vorschrift f, durch die **jedem Element x** aus einer **Definitionsmenge D genau ein Element y** aus einer **Wertemenge W** zugeordnet wird, heißt **Funktion**.
  Die Elemente x aus der Definitionsmenge D heißen **Argumente**.
  Die Elemente y aus der Wertemenge W heißen **Funktionswerte**.
- Die Gleichung oder Zuordnungsvorschrift $y = f(x)$ wird als **Funktionsgleichung** bezeichnet. Ist diese Funktionsgleichung von der Form $y = f(x) = mx + n$, so spricht man von einer **linearen Funktion**.
- Eine **Wertetabelle** ist die Darstellung in Zahlen, ein **Graph** die Darstellung dieser Zuordnungsvorschrift als Bild.

Beispiel

Zuordnungsvorschrift bzw. Funktion **f: $y = 2x + 3$**

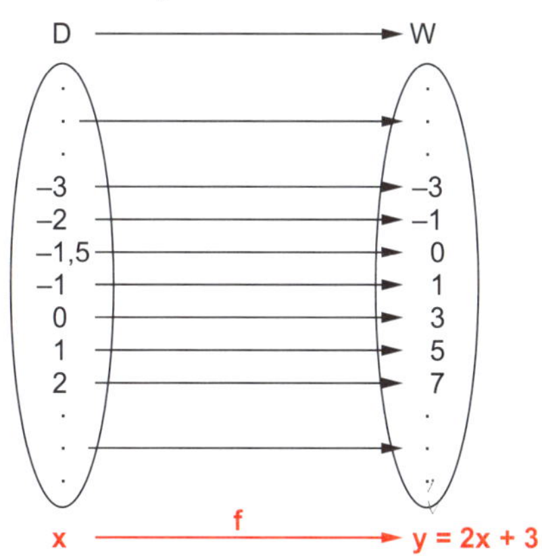

Die Funktionsvorschrift lautet:
Ordne jedem Element x aus der Definitionsmenge D das Element $2x + 3$ aus der Wertemenge W zu.
Funktionsgleichung:
$y = f(x) = 2x + 3$

Wertetabelle
Graph

x	$y = 2x + 3$
–5	–7
–4	–5
–3	–3
–2	–1
–1	1
0	3
1	5
2	7

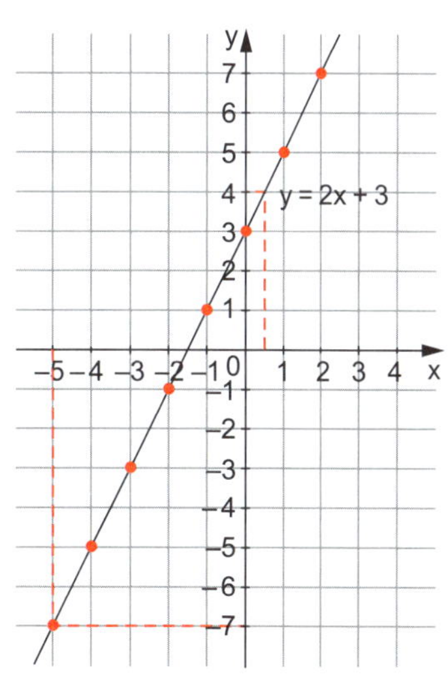

Jedes Zahlenpaar (x; y) liefert einen Punkt im Koordinatensystem. Bei einer linearen Funktion bilden diese Punkte eine Gerade. Auf der Geraden lassen sich weitere Zahlenpaare ablesen: z. B. (–5; –7) und (0,5; 4).

Aufgaben

70 Erstelle Wertetabellen ($-4 \le x \le 4$) und zeichne die Graphen in ein Koordinatensystem ein.

a) $y = \frac{1}{2}x$ b) $y = x$

c) $y = -2x + 1$ d) $y = -x$

71 Erstelle eine Wertetabelle ($-5 \le x \le 5$, $\Delta x = 2$) für die Funktion $y = f(x) = 0{,}75x + 1{,}5$ und zeichne den Graphen in ein Koordinatensystem.
Lies aus dem Graphen die fehlenden Werte ab.

x	2,0		3,6		–2,4	0	
y		–1,5		0,9			0

72 Eine dünne Geburtstagskerze brennt gleichmäßig ab:

x (Zeit in Minuten)	1	2,5	4
y (Länge der Kerze in cm)	4,5	3,3	2,1

Stelle den Zusammenhang im Koordinatensystem dar und lies am Graphen die gesuchten Werte ab.

a) Wie lang ist die Kerze nach 2, 3 und 5 Minuten?
b) Wann ist die Kerze 4,0 cm, 2,5 cm bzw. 1,8 cm lang?
c) Wie lang war die Kerze zu Beginn?
d) Wann wird die Kerze vollständig abgebrannt sein?

Merke

Lineare Funktionen mit der Gleichung $y = m \cdot x$

- Die Graphen aller linearen Funktionen mit der Funktionsgleichung $y = m \cdot x$ sind Geraden, die durch den Koordinatenursprung O(0; 0) gehen (siehe Abbildung).
- Der Faktor **m** heißt **Steigung** der Geraden, denn er bestimmt, wie steil der Graph der Funktion verläuft.
- Für $m > 0$ ist die Gerade steigend. Es gilt:
  $m = 1$: Winkelhalbierende des 1. und 3. Quadranten mit der Gleichung $y = x$
  $m > 1$: Die Gerade verläuft steiler als die Winkelhalbierende $y = x$
  $0 < m < 1$: Die Gerade verläuft flacher als die Winkelhalbierende $y = x$
- Für $m < 0$ ist die Gerade fallend. Es gilt:
  $m = -1$: Winkelhalbierende des 2. und 4. Quadranten mit der Gleichung $y = -x$
  $m < -1$: Die Gerade verläuft steiler als die Winkelhalbierende $y = -x$
  $-1 < m < 0$: Die Gerade verläuft flacher als die Winkelhalbierende $y = -x$
- Lineare Funktionen der Form $y = m \cdot x$ sind geeignet, um proportionale Zusammenhänge zu beschreiben. Der Faktor m heißt dann **Proportionalitätsfaktor**.

Beispiele

$f_1(x) = -2x$
$f_2(x) = -x$
$f_3(x) = -\frac{1}{2}x$
$f_4(x) = \frac{1}{2}x$
$f_5(x) = x$
$f_6(x) = 2x$

x	–2	–1	0	1	2
y_1	4	2	0	–2	–4
y_2	2	1	0	–1	–2
y_3	1	$\frac{1}{2}$	0	$-\frac{1}{2}$	–1
y_4	–1	$-\frac{1}{2}$	0	$\frac{1}{2}$	1
y_5	–2	–1	0	1	2
y_6	–4	–2	0	2	4

Graphen

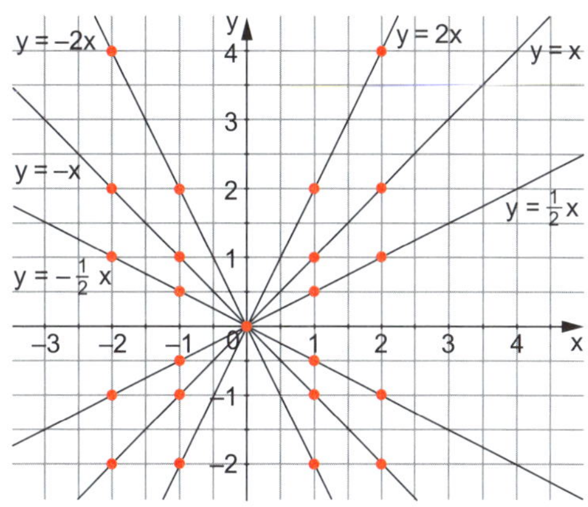

Merke

Steigungsdreieck

- Die zu einer linearen Funktion gehörende Gerade lässt sich mithilfe eines **Steigungsdreiecks** zeichnen.
- Das Steigungsdreieck gewinnt man aus der Steigung m der Geraden:

$m = \frac{\Delta y}{\Delta x}$

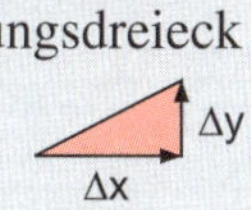

- Wenn m negativ ist, dann ist auch Δy negativ.

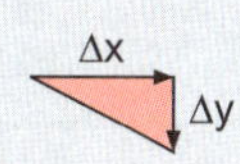

Beispiele

1. Gleichung: $y = \frac{1}{2}x$ Steigung: $m = \frac{1}{2}$ Steigungsdreieck: $\Delta y = 1$, $\Delta x = 2$

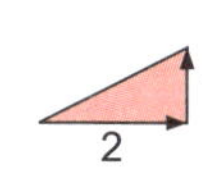

Zeichnen der Geraden:
Wähle den Koordinatenursprung (0; 0) als ersten Punkt der Geraden.
Gehe von diesem Punkt aus um Δx Längeneinheiten nach rechts und dann um Δy Längeneinheiten nach oben (falls $\Delta y > 0$) bzw. nach unten (falls $\Delta y < 0$).
So erhältst du den zweiten Punkt, durch den die Gerade verläuft.

Graph

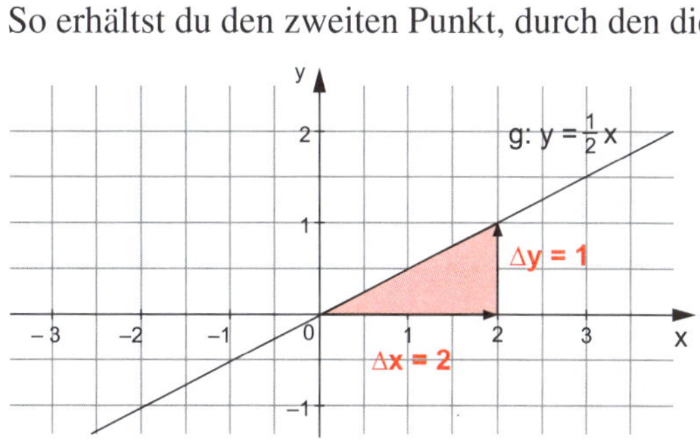

2. Zeichne die Geraden mit der Funktionsgleichung

a) $y = \frac{3}{2}x$; $m = \frac{3}{2}$

Steigungsdreieck: $\Delta y = 3$; $\Delta x = 2$
2 LE in x-Richtung nach rechts,
3 LE in y-Richtung nach oben.

b) $y = -2x$; $m = -2 = \frac{-2}{1}$

Steigungsdreieck: $\Delta y = -2$; $\Delta x = 1$
1 LE in x-Richtung nach rechts,
2 LE in y-Richtung nach unten.

Graphen

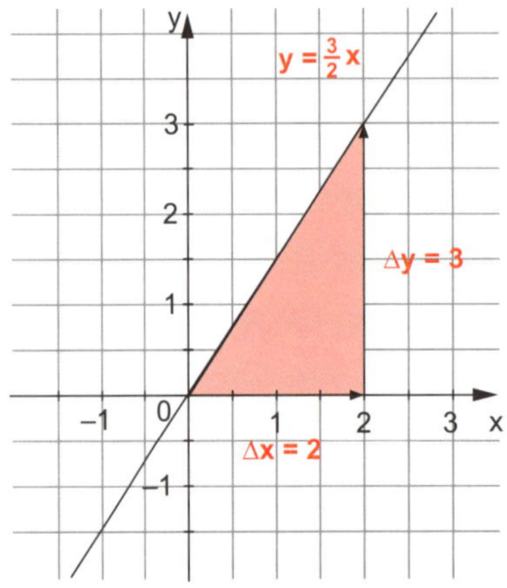

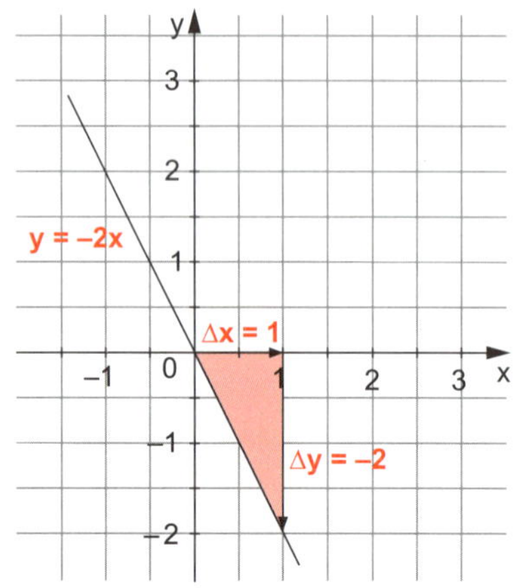

Merke

Proportionalitätsfaktor

Aus dem Steigungsdreieck kann die **Steigung** (der **Proportionalitätsfaktor**) abgelesen werden. Dabei ist die Einteilung der Achsen zu berücksichtigen.

Beispiele

1. Zurückgelegter Weg in Abhängigkeit von der Fahrzeit (bei konstanter Geschwindigkeit).

2. Kraftstoffverbrauch in Abhängigkeit von der zurückgelegten Strecke.

Graphen

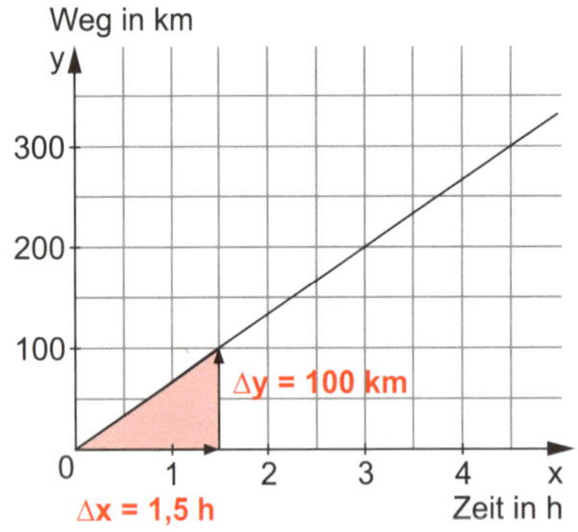

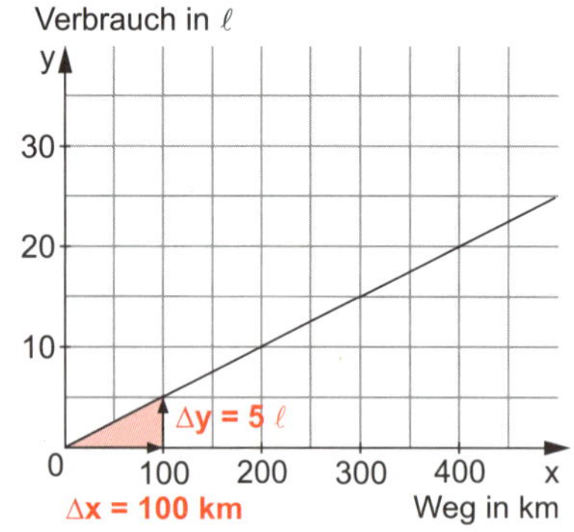

Steigung: $m = \frac{\Delta y}{\Delta x} = \frac{100\text{ km}}{1{,}5\text{ h}} = 66{,}7\,\frac{\text{km}}{\text{h}}$

Geschwindigkeit: $66{,}7\,\frac{\text{km}}{\text{h}}$

Gleichung: $y = 66{,}7\,\frac{\text{km}}{\text{h}} \cdot x$

Steigung: $m = \frac{\Delta y}{\Delta x} = \frac{5\,\ell}{100\text{ km}}$

Verbrauch: 5 ℓ pro 100 km

Gleichung: $y = \frac{5\,\ell}{100\text{ km}} \cdot x$

Aufgaben

73 Überprüfe, welche der angegebenen Punkte auf der Geraden mit der Gleichung $y = \frac{3}{2} \cdot x$ liegen.

A(6; 9) B(–5; –7,5) C(4; –6) D(–4; –6) E(0,5; 0,75)

74 Bestimme in der Funktionsgleichung $y = m \cdot x$ die Steigung m so, dass die zugehörige Gerade durch den Punkt

a) P(–4,5; 3) b) Q(6; 4,5)

verläuft.

75 Das Diagramm zeigt, wie viel Meter Draht eine Maschine in Abhängigkeit von der Zeit verarbeitet.

a) Gib den Zusammenhang in Form einer Gleichung $y = m \cdot x$ an. Verwende für den Proportionalitätsfaktor m die passende Einheit.
b) Wie viel Meter Draht verarbeitet die Maschine in 24 Stunden?
c) Eine zweite Maschine verarbeitet $1{,}2\,\frac{\text{m}}{\text{min}}$. Verläuft die zugehörige Gerade im Koordinatensystem steiler oder flacher als die Gerade für die erste Maschine?
d) Eine dritte Maschine verarbeitet 60 m pro Stunde. Wie verläuft die zugehörige Gerade?

Merke

Lineare Funktionen mit der Gleichung $y = m \cdot x + n$

- Der Graph der linearen Funktion $\mathbf{y = m \cdot x + n}$ ($m, n \in \mathbb{R}$) ist eine Gerade mit der **Steigung m** und dem **y-Achsenabschnitt n**.
- Die Gerade mit der Gleichung $\mathbf{y = m \cdot x + n}$ erhält man, indem man den Graphen zu $y = m \cdot x$ um **n Einheiten** in Richtung der **y-Achse verschiebt**, sodass er durch den **Punkt (0; n)** auf der y-Achse verläuft.

Beispiele

$f_1(x) = \frac{1}{2} \cdot x$

$f_2(x) = \frac{1}{2} \cdot x + 1$

$f_3(x) = \frac{1}{2} \cdot x - 2$

x	–2	–1	0	1	2
y_1	–1	–0,5	0	0,5	1
y_2	0	0,5	1	1,5	2
y_3	–3	–2,5	–2	–1,5	–1

Graphen

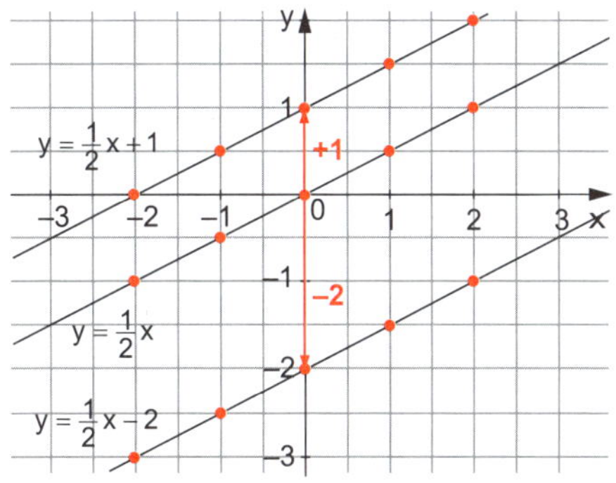

Um den Graph einer linearen Funktion der Form $y = m \cdot x + n$ zu zeichnen, benötigst du den y-Achsenabschnitt n und die Steigung m.

Merke

Zeichnen der Geraden

- Wähle auf der y-Achse den **Punkt (0; n)** als ersten Punkt der Gerade.
- Schreibe die Steigung als Bruch: $\mathbf{m = \frac{\Delta y}{\Delta x}}$
- Gehe vom ersten Punkt aus um **Δx Längeneinheiten nach rechts** und dann um **Δy Längeneinheiten nach oben** (falls $\Delta y > 0$) **bzw. unten** (falls $\Delta y < 0$). So erhältst du den zweiten Punkt, durch den die Gerade verläuft.

Beispiele

1. $y = \frac{2}{3}x - 3{,}5$

   y-Achsenabschnitt: $n = -3{,}5$

   Steigung: $m = \frac{2}{3}$

   Steigungsdreieck: $\Delta y = 2$, $\Delta x = 3$

2. $y = -2x + 2{,}5$

   y-Achsenabschnitt: $n = 2{,}5$

   Steigung: $m = -2 = \frac{-2}{1}$

   Steigungsdreieck: $\Delta y = -2$, $\Delta x = 1$

Graphen

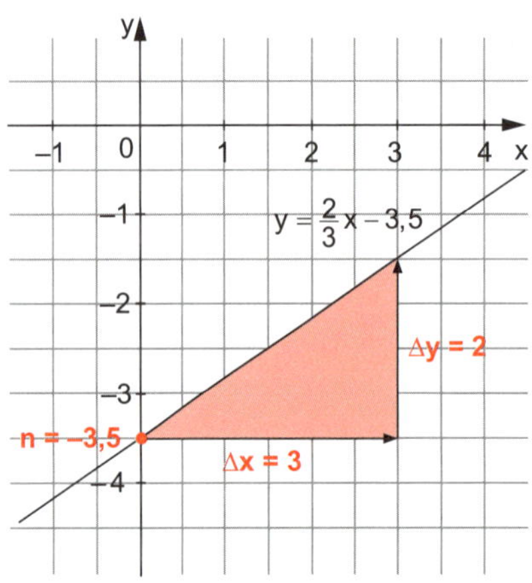

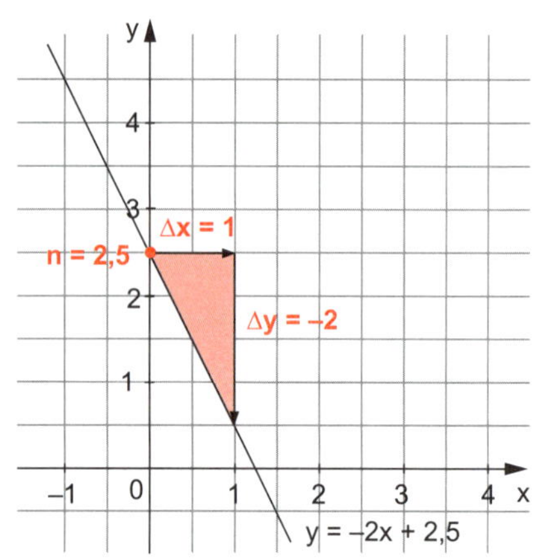

3. Liegen die Punkte A(6; 1) und B(–3; –5,5) auf der Geraden $y = \frac{2}{3}x - 3{,}5$?

   Lösung:

   Setze die Koordinaten der Punkte in die Gleichung ein:

   Punkt A(**6**; **1**):

   $\mathbf{1} = \frac{2}{3} \cdot \mathbf{6} - 3{,}5$?

   $1 = 0{,}5$ falsch

   Der Punkt A liegt nicht auf der Geraden.

   Punkt B(**–3**; **–5,5**):

   $\mathbf{-5{,}5} = \frac{2}{3} \cdot \mathbf{(-3)} - 3{,}5$?

   $-5{,}5 = -5{,}5$ wahr

   Der Punkt B liegt auf der Geraden.

Merke

Nullstellen

- Jedes Argument x aus dem Definitionsbereich einer Funktion f, dem als Funktionswert y die Zahl Null zugeordnet wird, heißt **Nullstelle** der Funktion f.
- Eine lineare Funktion der Form $y = m \cdot x + n$ hat immer **genau eine** Nullstelle, wenn $m \neq 0$.
- Im Koordinatensystem findest du die Nullstelle dort, wo der Graph die x-Achse schneidet.

Beispiele

1. Allgemeine Funktionen

a)

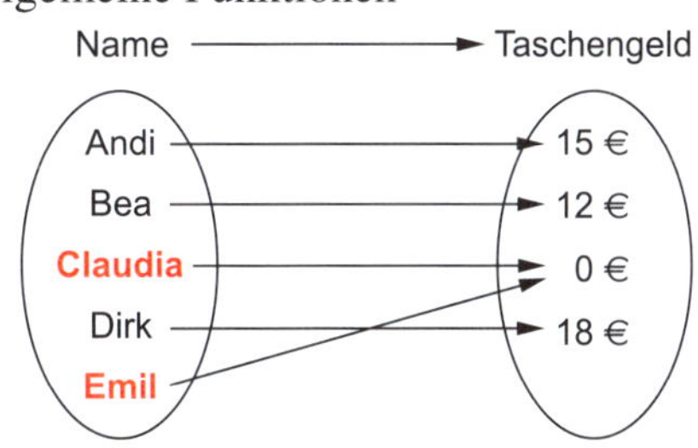

Claudia und Emil sind Nullstellen dieser Funktion.

b)

Kilometerstand	Kraftstoffmenge im Tank
66 182 km	25 ℓ
66 275 km	17 ℓ
66 397 km	8 ℓ
66 509 km	0 ℓ

Der Kilometerstand 66 509 km ist eine Nullstelle dieser Funktion.

2. Lineare Funktion $y = -\frac{2}{3}x + 1$

a) Graphisches Ermitteln der Nullstelle:

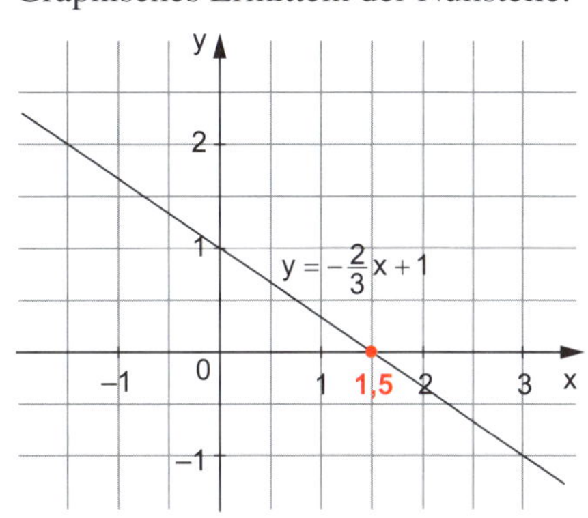

Schnitt*punkt* des Graphen mit der x-Achse: (**1,5**; 0)

Null*stelle* der Funktion: $x = 1{,}5$

b) Rechnerisches Ermitteln der Nullstelle:
Setze für y die Zahl Null ein und löse die Gleichung.

$$y = -\frac{2}{3} \cdot x + 1 \quad | \, y = 0$$

$$0 = -\frac{2}{3} \cdot x + 1 \quad | -1$$

$$-1 = -\frac{2}{3} \cdot x \quad | \cdot \left(-\frac{3}{2}\right)$$

$$\frac{3}{2} = x$$

Die Nullstelle ist $x = 1{,}5$.

Aufgaben

76 Zeichne die Geraden in ein Koordinatensystem ein.

a) $y = \frac{4}{3}x - 1$

b) $y = -\frac{3}{2}x + 5$

c) $y = 3x - 4$

d) $y = 0{,}5x + 2$

77 Bestimme für jede Funktion die Funktionsgleichung und die Nullstelle.

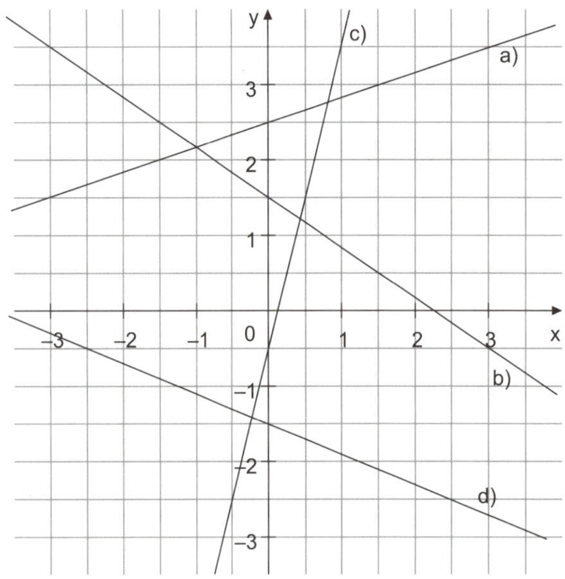

78 Prüfe jeweils rechnerisch, ob der Punkt P auf der Geraden g liegt.

a) g: $y = 5x - 3$; P(–3; –21)

b) g: $y = -\frac{1}{3}x + \frac{2}{3}$; P(–4; 2)

c) g: $y = -\frac{3}{5}x + 1$; P(10; –3)

d) g: $y = 0{,}4x + 0{,}8$; P(5; 2,8)

79 Berechne die fehlende Koordinate y so, dass der Punkt P auf der Geraden g liegt.

a) g: $y = 5x - 3$; P(–2; y)

b) g: $y = -\frac{1}{3}x + \frac{2}{3}$; P(–1; y)

c) g: $y = -\frac{3}{5}x + 1$; P(10; y)

d) g: $y = 0{,}4x + 0{,}8$; P(–2; y)

80 Ermittle die Funktionsgleichung der Geraden, die durch die Punkte A(2; 2) und B(6; 4) verläuft.

81 Im Lager einer Druckerei befinden sich 8,5 t Papier. Pro Tag werden davon 1,5 t verarbeitet.

a) Stelle den Sachverhalt in einem Koordinatensystem dar.
b) Ermittle die Funktionsgleichung der Geraden.
c) Wie viel Tonnen Papier befinden sich nach $2\frac{1}{2}$ Tagen noch im Lager?
d) Wann wird das Lager leer sein?

2.2 Lineare Gleichungssysteme

Beim Vergleich von zwei (oder mehr) linearen Funktionen sind mehrere lineare Gleichungen gleichzeitig zu lösen. Zur Lösung solcher Gleichungssysteme kennt man in der Mathematik neben dem grafischen Lösungsverfahren noch drei rechnerische Lösungsverfahren.

Grafisches Lösungsverfahren

Merke

Methode der grafischen Lösung

- Zeichne die **beiden Geraden**, die den Gleichungen des linearen Gleichungssystems entsprechen.
- Bestimme aus dem Diagramm die **Koordinaten des Schnittpunktes**.
  Falls ein Schnittpunkt existiert, bilden dessen Koordinaten das Lösungselement.

Beispiele

Gib die Lösung folgender Gleichungssysteme an:

1. **I** $-x + y = 2 \rightarrow$ Gerade $g_1: y = x + 2$
   II $2x - y = 1 \rightarrow$ Gerade $g_2: y = 2x - 1$

   Es existiert genau ein Schnittpunkt und damit **genau ein Lösungselement**.

   Lösungsmenge: $L = \{(3; 5)\}$

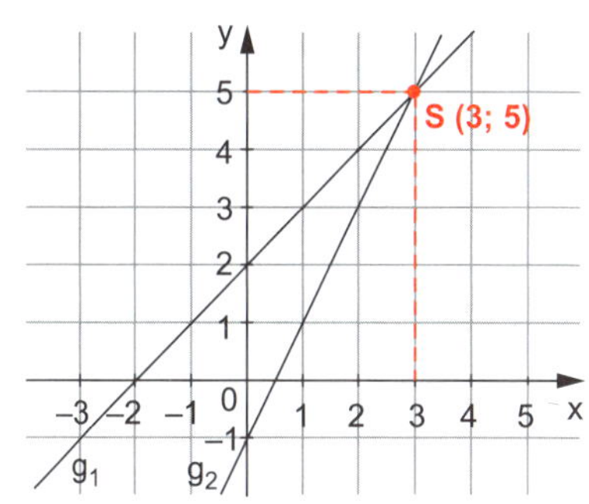

2. **I** $x + 2y = 6 \rightarrow$ Gerade $g_1: y = -\frac{1}{2}x + 3$

   II $2x + 4y = -4 \rightarrow$ Gerade $g_2: y = -\frac{1}{2}x - 1$

   Die beiden Geraden sind parallel. Da kein Schnittpunkt existiert, hat das Gleichungssystem **keine Lösung**.

   Lösungsmenge: $L = \varnothing$

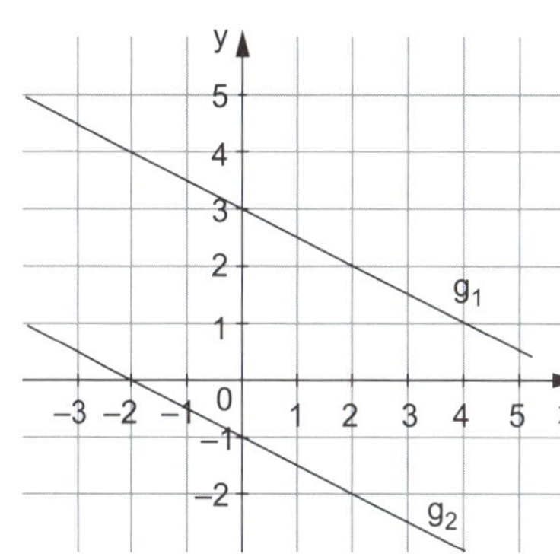

3. **I** $2x + 3y = 12 \rightarrow$ Gerade $g_1: y = -\frac{2}{3}x + 4$

   II $3x + 4{,}5y = 18 \rightarrow$ Gerade $g_2: y = -\frac{2}{3}x + 4$

   Die beiden Gleichungen sind äquivalent. Die beiden Geraden g_1 und g_2 sind identisch (sie fallen zusammen bzw. liegen aufeinander).
   Es gibt **unendlich viele Lösungen**, denn alle Punkte der Geraden g_1 (bzw. g_2) gehören zur Lösungsmenge.

   Lösungsmenge: $L = \{(x; y)\}$ mit $x \in \mathbb{R}$ und $y = -\frac{2}{3}x + 4$

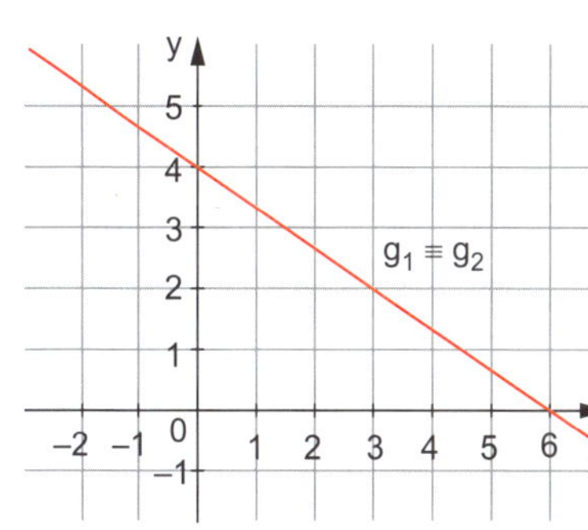

Rechnerische Lösungsverfahren

Merke

Gleichsetzungsverfahren

- Löse **beide** Gleichungen nach der Variablen y auf.
- Setze die beiden erhaltenen **Terme gleich**. Dadurch erhältst du eine lineare Gleichung, die nur noch die Variable x enthält.
- Löse die erhaltene Gleichung. **Ergebnis: x**
- Setze x in eine der beiden Gleichungen ein und **berechne y**.
- Mache die **Probe**, indem du die Ergebnisse in die beiden Ausgangsgleichungen des Systems einsetzt.
- Gib die **Lösungsmenge** $L = \{(x; y)\}$ an.

Beispiel

Löse das folgende Gleichungssystem:

I $\quad -4x + 2y = 2$

II $\quad x + y = 7$

Lösung:

Beide Gleichungen werden nach y aufgelöst:

I $\quad -4x + 2y = 2 \quad |+4x$

$2y = 4x + 2 \quad |:2$

I* $\quad y = 2x + 1$

II $\quad x + y = 7 \quad |-x$

II* $\quad y = 7 - x$

Die Terme auf den rechten Seiten werden gleichgesetzt:

I* = II*

$2x + 1 = 7 - x \quad |+x$

$3x + 1 = 7 \quad |-1$

$3x = 6 \quad |:3$

$\mathbf{x = 2}$

Die Lösung $x = 2$ wird in die Gleichung **I*** eingesetzt:

I* $\quad y = 2x + 1 \quad |x = 2$

$y = 2 \cdot 2 + 1$

$\mathbf{y = 5}$

Probe in **I**:

$-4x + 2y = 2 \quad ?$

$-4 \cdot 2 + 2 \cdot 5 = 2 \quad ?$

$2 = 2 \quad$ wahr

Probe in **II**:

$x + y = 7 \quad ?$

$2 + 5 = 7 \quad ?$

$7 = 7 \quad$ wahr

Lösungsmenge: $L = \{(\mathbf{2}; \mathbf{5})\}$

Merke

Einsetzungsverfahren

- Löse **eine** der Gleichungen nach einer Variablen (z. B. y) auf.
- **Setze** den Ausdruck für diese Variable (y) **in die andere Gleichung ein**. Dadurch ergibt sich eine Gleichung, die nur noch eine Variable (x) enthält.
- Löse die so erhaltene Gleichung. **Ergebnis: x**
- Setze diese Lösung in eine der beiden gegebenen Gleichungen ein und **berechne die andere Variable** (y).
- Mache die **Probe**, indem du die Ergebnisse in die beiden Ausgangsgleichungen des Systems einsetzt.
- Gib die **Lösungsmenge** $L = \{(x; y)\}$ an.

Beispiel

Löse das folgende Gleichungssystem:

I $7x + 3y = 5$

II $y - x = 5$

Lösung:

Die Gleichung **II** lässt sich leicht nach y auflösen:

II $y - x = 5 \quad |+x$

II* $y = 5 + x$

Der Ausdruck für y wird in die Gleichung **I** eingesetzt:

I $7x + 3y = 5 \quad |y = 5 + x$

$7x + 3 \cdot (5 + x) = 5 \quad |$ Klammer ausmultiplizieren

$7x + 15 + 3x = 5 \quad |$ zusammenfassen

$10x + 15 = 5 \quad |-15$

$10x = -10 \quad |:10$

$\mathbf{x = -1}$

Die Lösung $x = -1$ wird in die Gleichung **II*** eingesetzt:

II* $y = 5 + x \quad |x = -1$

$y = 5 - 1$

$\mathbf{y = 4}$

Probe in **I**:

$7x + 3y = 5$?

$7 \cdot (-1) + 3 \cdot 4 = 5$?

$5 = 5$ wahr

Probe in **II**:

$y - x = 5$?

$4 - (-1) = 5$?

$5 = 5$ wahr

Lösungsmenge: $L = \{(\mathbf{-1}; \mathbf{4})\}$

Merke

Additionsverfahren

- **Multipliziere beide Gleichungen** mit je einer Zahl, sodass bei einer der beiden Variablen (z. B. y) **dieselben Faktoren** (aber mit **unterschiedlichen Vorzeichen**) auftreten.
- **Addiere** die beiden Gleichungen. Dadurch entsteht eine Gleichung, die nur noch eine Variable (x) enthält.
- Löse diese Gleichung.
  Ergebnis: Wert der übrig gebliebenen Variablen (**x**)
- Setze den Wert dieser Variablen (x) in eine der beiden Gleichungen ein.
  Ergebnis: Wert der zweiten Variablen (**y**)
- Mache die **Probe**, indem du die Ergebnisse in die beiden Ausgangsgleichungen des Systems einsetzt.
- Gib die **Lösungsmenge** $L = \{(x; y)\}$ an.

Beispiel

Löse das folgende Gleichungssystem:

I $4x + 3y = 1$

II $5x + 2y = -4$

Lösung:

Es soll y eliminiert werden. Deshalb wird die Gleichung **I** mit 2 und die Gleichung **II** mit –3 multipliziert.

I $4x + 3y = 1 \quad |\cdot 2$

I* $8x + 6y = 2$

II $5x + 2y = -4 \quad |\cdot(-3)$

II* $-15x - 6y = 12$

Die beiden neuen Gleichungen werden addiert. Dabei verschwindet y.

$$\left.\begin{aligned} 8x + 6y &= 2 \\ -15x - 6y &= 12 \end{aligned}\right\} +$$

$$\begin{aligned} -7x + 0 &= 14 \\ -7x &= 14 \quad |:(-7) \\ \mathbf{x} &= \mathbf{-2} \end{aligned}$$

Die Lösung $x = -2$ wird in die Gleichung **I** eingesetzt:

$$\begin{aligned} \mathbf{I} \qquad 4x + 3y &= 1 \quad |\, x = -2 \\ 4 \cdot (-2) + 3y &= 1 \\ -8 + 3y &= 1 \quad |+8 \\ 3y &= 9 \quad |:3 \\ \mathbf{y} &= \mathbf{3} \end{aligned}$$

Probe in **I**:

$$\begin{aligned} 4x + 3y &= 1 \quad ? \\ 4 \cdot (-2) + 3 \cdot 3 &= 1 \quad ? \\ 1 &= 1 \quad \text{wahr} \end{aligned}$$

Probe in **II**:

$$\begin{aligned} 5x + 2y &= -4 \quad ? \\ 5 \cdot (-2) + 2 \cdot 3 &= -4 \quad ? \\ -4 &= -4 \quad \text{wahr} \end{aligned}$$

Lösungsmenge: $L = \{(-2; 3)\}$

Merke

Vergleich der rechnerischen Lösungsverfahren

- Die drei rechnerischen Lösungsverfahren Gleichsetzung, Einsetzung und Addition **unterscheiden** sich nur in den **ersten beiden Schritten**.
- In allen Verfahren entsteht eine Gleichung, die **nur noch eine Variable** enthält.
- Die restlichen **vier Schritte** sind in allen Verfahren **gleich**.
- Alle Verfahren liefern die **gleiche Lösung**.
- Das Gleichsetzungsverfahren erfordert öfter das **Rechnen mit Brüchen** als die Einsetzung oder Addition.

Beispiel

Führe von jedem der drei Lösungsverfahren nur die ersten beiden Schritte durch und bestimme x.

I $6x + 3y = 9$

II $4x + 5y = 27$

Lösung:

- Lösung mit Gleichsetzungsverfahren (**beide** Gleichungen nach y auflösen):

I $6x + 3y = 9 \quad |-6x$

$3y = -6x + 9 \quad |:3$

I* $y = -2x + 3$

II $4x + 5y = 27 \quad |-4x$

$5y = -4x + 27 \quad |:5$

II* $y = -\frac{4}{5}x + \frac{27}{5}$

Gleichsetzen:

$$-2x + 3 = -\frac{4}{5}x + \frac{27}{5} \quad |\cdot 5$$
$$-10x + 15 = -4x + 27 \quad |+4x \quad |-15$$
$$-6x = 12 \quad |:(-6)$$
$$x = -2$$

- Lösung mit Einsetzungsverfahren (nur **eine** Gleichung nach y auflösen):
Durch das Einsetzen von **I*** in **II** vermeidet man die Brüche.

Einsetzen:

$$4x + 5\cdot(-2x + 3) = 27 \quad \text{Klammer ausmultiplizieren}$$
$$4x - 10x + 15 = 27 \quad |-15$$
$$-6x = 12 \quad |:(-6)$$
$$x = -2$$

- Lösung mit Additionsverfahren:
Vor dem y sollen die Faktoren 15 und –15 erzeugt werden.

I $6x + 3y = 9 \quad |\cdot 5$

$30x + 15y = 45$

II $4x + 5y = 27 \quad |\cdot(-3)$

$-12x - 15y = -81$

Addieren:

$$\left.\begin{array}{r} 30x + 15y = 45 \\ -12x + 15y = -81 \end{array}\right\} +$$
$$18x + 0 = -36$$
$$18x = -36 \quad |:18$$
$$x = -2$$

Aufgaben

82 Bestimme die Lösungsmenge des Gleichungssystems grafisch.

a) I $y = \frac{x}{3} - 4$
II $y + 2x = 3$

b) I $y + 0{,}5x = 1$
II $y = 2x + 3{,}5$

83 Bestimme rechnerisch die Lösungsmengen der folgenden linearen Gleichungssysteme.

a) I $3x - y = -11$
II $2x + y = 1$

b) I $x - 6y = -21$
II $2x + 3y = 18$

c) I $3x - 4y = 14$
II $2x - 3y = 10$

d) I $4x - 2y = -6{,}4$
II $3x + 4y = 12{,}8$

84 Die Schüler Anton, Bert und Conrad lösen ein Gleichungssystem.
I $7x - 2y = 18$
II $y = 3x - 2$
Alle drei verwenden das Einsetzungsverfahren, kommen aber zu unterschiedlichen Gleichungen.
Anton: $7x - 2 \cdot (3x - 2) = 18$
Bert: $7x - 6x - 2 = 18$
Conrad: $7x - 3x - 2 = 18$
Wer hat Recht? Welche Fehler machten die anderen?

85 a) Bestimme die Lösungsmenge des Gleichungssystems.
I $2y + 2 = x$
II $4y - 2x = 12$

b) Was sagt die Lösungsmenge über die Lage der beiden zu den entsprechenden Funktionsgraphen gehörenden Geraden aus?

86 Ein Mann kauft für seinen Garten 6 Fichten und 2 Tannen für insgesamt 67,20 €. Als seine Frau nach dem Preis für eine Tanne fragt, antwortet er: „Wenn ich zum Preis einer Tanne noch 2,40 € zuzahle, könnte ich dafür auch zwei Fichten kaufen."
Berechne für jede Baumsorte den Einzelpreis.

87 Unter einem tropfenden Wasserhahn steht eine leere Dose. In jeder Stunde steigt der Wasserspiegel in der Dose um 0,5 cm.
In einem undichten Eimer daneben steht das Wasser zu Beginn 7,5 cm hoch. In jeder Stunde sinkt der Wasserspiegel im Eimer um 2 cm.

a) Stelle in einem gemeinsamen Koordinatensystem dar, wie sich die Wasserstände in den nächsten Stunden entwickeln werden. (x-Achse: 1 cm $\hat{=}$ 1 Stunde)

b) Zu welchem Zeitpunkt steht in beiden Gefäßen das Wasser gleich hoch?

3 Quadratische Funktionen und Gleichungen

3.1 Quadratische Funktionen

Merke

Funktionen mit der Funktionsgleichung $\mathbf{y=ax^2+bx+c}$, wobei $a \neq 0$ ist und a, b, c reelle Zahlen sind, heißen (wegen des quadratischen Terms ax^2) **quadratische Funktionen**.

Die einfachste Form einer quadratischen Funktion erhält man für $a=1$, $b=0$ und $c=0$.

Die quadratische Funktion $y=x^2$

Wertetabelle

x	–2,5	–2	–1,5	–1	–0,5	0	0,5	1	1,5	2	2,5
y	6,25	4	2,25	1	0,25	0	0,25	1	2,25	4	6,25

Graph

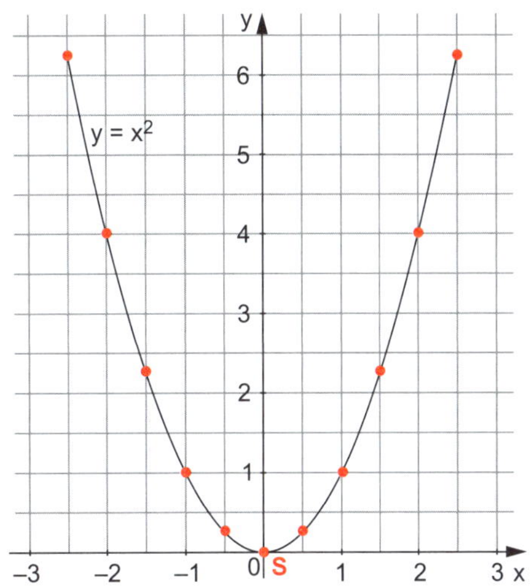

Der Graph der quadratischen Funktion f: $y=x^2$ ist die **Normalparabel**.
Die Normalparabel hat ihren **Scheitelpunkt S(0; 0)** im Koordinatenursprung und als **Symmetrieachse** die **y-Achse**.

Merke

Quadratische Funktionen mit der Gleichung $y = (x + d)^2$

- Den Graphen der Funktion $y = (x + d)^2$ erhält man, indem man den Graphen der Funktion $y = x^2$ **um –d Längeneinheiten** in Richtung der **x-Achse verschiebt**.
- Die Graphen der Funktionen $y = (x + d)^2$ sind Parabeln mit dem **Scheitelpunkt S(–d; 0)**.

Beispiele Wertetabelle

	x	–3	–2	–1	0	1	2	3	4
$f_1(x) = x^2$	y_1	9	4	1	0	1	4	9	16
$f_2(x) = (x + 1)^2$	y_2	4	1	0	1	4	9	16	25
$f_3(x) = (x - 2)^2$	y_3	25	16	9	4	1	0	1	4

Graphen

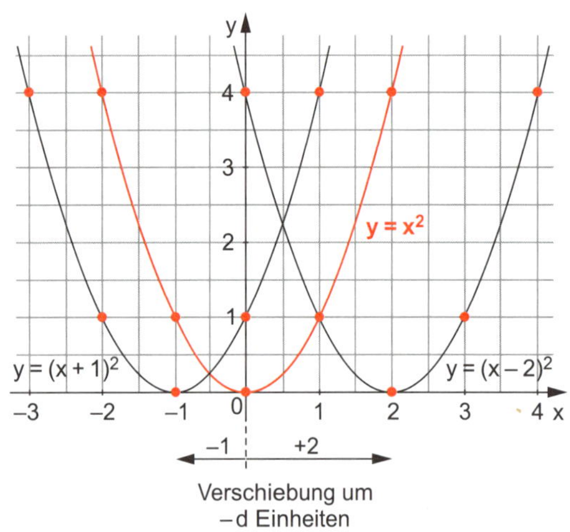

Aufgaben

88 Erstelle für die folgenden Funktionen eine Wertetabelle ($-3 \le x \le 3$), zeichne die Graphen im Koordinatensystem und gib jeweils die Koordinaten des Scheitelpunktes an.

a) f_1: $y = (x + 0{,}5)^2$
b) f_2: $y = (x + 1{,}5)^2$
c) f_3: $y = (x - 0{,}8)^2$
d) f_4: $y = (x - 2{,}5)^2$

89 Ergänze in der Tabelle die Scheitelpunkte bzw. die Funktionsgleichungen in der Form $y = (x + d)^2$.

Funktionsgleichung	$y = (x + 5)^2$	$y = (x - 7)^2$		
Scheitelpunkt			S(–4; 0)	S(6; 0)

90 Die Normalparabel p: $y = x^2$ wird längs der x-Achse so verschoben, dass ihre Symmetrieachse bei $x = -2{,}5$ liegt. Zeichne die verschobene Parabel in ein Koordinatensystem und gib ihren Scheitelpunkt und ihre Funktionsgleichung in der Form $y = (x + d)^2$ an.

91 Die Normalparabel p: $y = x^2$ wird längs der x-Achse so verschoben, dass sie durch den Punkt P(2; 1) verläuft.
Bestimme die Funktionsgleichung der verschobenen Parabel. Beachte, dass es zwei unterschiedliche Lösungen gibt.

Merke

Quadratische Funktionen mit der Gleichung $y = (x + d)^2 + e$

- Den Graphen der Funktion $y = (x + d)^2 + e$ erhält man, indem man den Graphen der Funktion $y = x^2$ **um –d Längeneinheiten** in Richtung der **x-Achse** und **um e Längeneinheiten** in Richtung der **y-Achse verschiebt**.
- Die Form $y = (x + d)^2 + e$ wird auch **Scheitelpunktsform** genannt, da man die Lage des Scheitelpunktes direkt ablesen kann:

$$y = (x + \mathbf{d})^2 + \mathbf{e}$$
$$\downarrow \quad \swarrow$$
Scheitelpunkt: $S(-\mathbf{d}; \mathbf{e})$

Beispiele
Wertetabelle

	x	–2	–1	0	1	2	Scheitelpunkt
$f_1(x) = x^2$	y_1	4	1	0	1	4	$S_1(0; 0)$
$f_2(x) = (x + 1)^2$	y_2	1	0	1	4	9	$S_2(-1; 0)$
$f_3(x) = (x + 1)^2 + 2$	y_3	3	2	3	6	11	$S_3(-1; 2)$

Graphen

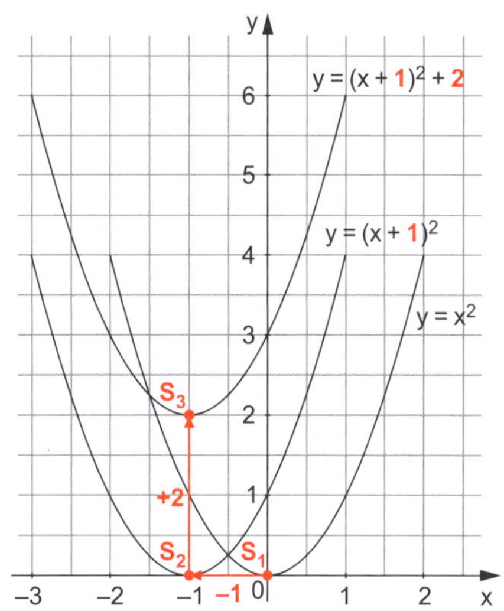

Aufgaben

92 Erstelle für die folgenden Funktionen eine Wertetabelle ($-3 \leq x \leq 3$), zeichne die Graphen im Koordinatensystem und gib jeweils die Koordinaten des Scheitelpunktes an.

a) f_1: $y = (x + 0{,}5)^2 + 2$

b) f_2: $y = (x + 1{,}5)^2 - 2$

c) f_3: $y = (x - 0{,}8)^2 + 1$

d) f_4: $y = (x - 2{,}5)^2 - 0{,}5$

93 Ergänze in der Tabelle die Scheitelpunkte bzw. die Funktionsgleichungen in der Form $y = (x + d)^2 + e$.

Funktionsgleichung	$y = (x + 5)^2 + 7$	$y = (x - 7)^2 + 3$		
Scheitelpunkt			S(–4; –1)	S(6; –4)

94 Die Normalparabel p: $y = x^2$ wird so verschoben, dass ihr tiefster Punkt bei $x = 3$ und $y = -2$ liegt.
Zeichne die Parabel in ein Koordinatensystem und gib die Funktionsgleichung der verschobenen Parabel in der Scheitelpunktsform an.

95 Die Normalparabel p: $y=x^2$ wird so verschoben, dass ihre Symmetrieachse bei $x=4$ liegt und sie durch den Punkt P(3; 2) verläuft.
Zeichne die Parabel in ein Koordinatensystem, lies den Scheitelpunkt ab und bestimme so die Funktionsgleichung der verschobenen Parabel.

96 Der Graph der Funktion f: $y=(x+2)^2-3$ wird an der y-Achse gespiegelt. Zeichne den Graphen und sein Spiegelbild in ein Koordinatensystem. Gib die Funktionsgleichung des Spiegelbildes in der Form $y=(x+d)^2+e$ an.

Merke

Quadratische Funktionen mit der Gleichung $y = x^2 + px + q$

- Den Graphen der Funktion $y=x^2+px+q$ erhält man aus der Normalparabel $y=x^2$ durch **Verschiebung**.
- Die Koordinaten des neuen **Scheitelpunktes** $\mathbf{S(x_S; y_S)}$ lassen sich aus p und q berechnen:
$$x_S = -\frac{p}{2} \qquad y_S = -\frac{p^2}{4}+q$$
- Die Form $y=x^2+px+q$ heißt **Normalform** der quadratischen Funktion, da das quadratische Glied x^2 keinen Faktor enthält (d. h. der Faktor ist 1).

Beispiele

a) f_1: $y = x^2 + 4x + 5$ → $p = 4; q = 5$

→ $x_S = -\frac{p}{2} = -\frac{4}{2} = -2$ $\qquad y_S = -\frac{p^2}{4}+q = -\frac{4^2}{4}+5 = 1$

→ Scheitelpunkt $S_1(-2; 1)$

b) f_2: $y = x^2 - 3x + 1$ → $p = -3; q = 1$

→ $x_S = -\frac{p}{2} = -\frac{(-3)}{2} = 1,5$ $\qquad y_S = -\frac{p^2}{4}+q = -\frac{(-3)^2}{4}+1 = -1,25$

→ Scheitelpunkt $S_2(1,5; -1,25)$

c) f_3: $y = x^2 - x - 1,5$ → $p = -1; q = -1,5$

→ $x_S = -\frac{p}{2} = -\frac{(-1)}{2} = 0,5$ $\qquad y_S = -\frac{p^2}{4}+q = -\frac{(-1)^2}{4}+(-1,5) = -1,75$

→ Scheitelpunkt $S_3(0,5; -1,75)$

Wertetabelle

	x	–3	–2	–1	0	1	2	3
$f_1(x)=x^2+4x+5$	y_1	2	1	2	5	10	17	26
$f_2(x)=x^2-3x+1$	y_2	19	11	5	1	–1	–1	1
$f_3(x)=x^2-x-1,5$	y_3	10,5	4,5	0,5	–1,5	–1,5	0,5	4,5

Graphen

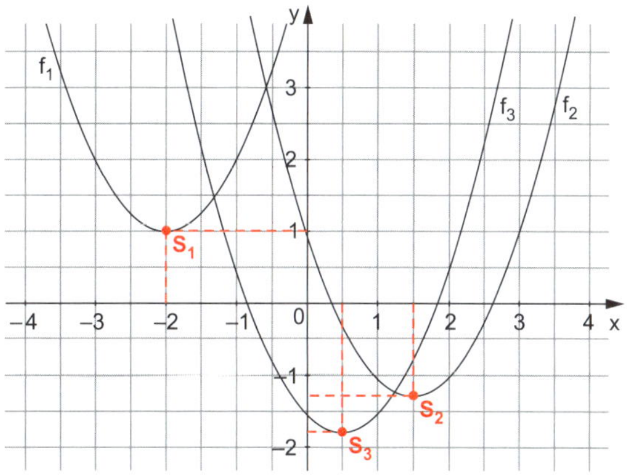

Aufgaben

97 Berechne den Scheitelpunkt der Parabel $y = x^2 - 4x + 1$ und zeichne den Graphen in ein Koordinatensystem ($-1 \le x \le 5$).
Lies aus dem Graphen die fehlenden Koordinaten ab und ergänze die Tabelle. Beachte, dass es manchmal mehrere Lösungen oder gar keine Lösung gibt.

x	0,5	1,5	2,5	4				0	
y					−3	−2	−3,5		0

98 Berechne jeweils den Scheitelpunkt der Parabel und zeichne den Graphen in ein Koordinatensystem.
a) f_1: $y = x^2 + 2x - 1$
b) f_2: $y = x^2 - 4x + 5{,}5$
c) f_3: $y = x^2 - 2x$
d) f_4: $y = x^2 + 3x + 3{,}25$

Merke

Quadratische Funktionen mit der Gleichung $y = ax^2$

- Die Funktionswerte der quadratischen Funktion $y = ax^2$ ergeben sich aus den entsprechenden Funktionswerten von $y = x^2$ durch **Multiplikation mit dem Faktor a**.
- Die Graphen der Funktionen $y = ax^2$ sind Parabeln mit dem **Scheitelpunkt S(0; 0)**.
- Für $a > 0$ ist die Parabel **nach oben geöffnet**. Es gilt:
  $a = 1$: **Normalparabel**
  $a > 1$: in y-Richtung **gestreckte** (schmale) Parabel
  $0 < a < 1$: **gestauchte** (breite) Parabel
- Für $a < 0$ ist die Parabel **an der x-Achse gespiegelt** und **nach unten geöffnet**. Es gilt:
  $a = -1$: Form wie die Normalparabel (nur gespiegelt)
  $a < -1$: gestreckte (schmale) Parabel
  $-1 < a < 0$: gestauchte (breite) Parabel

Beispiele

	x	−2	−1	0	1	2
$f_1(x) = x^2$	y_1	4	1	0	1	4
$f_2(x) = \mathbf{1{,}5}x^2$	y_2	6	1,5	0	1,5	6
$f_3(x) = \mathbf{0{,}5}x^2$	y_3	2	0,5	0	0,5	2
$f_4(x) = \mathbf{-0{,}5}x^2$	y_4	−2	−0,5	0	−0,5	−2
$f_5(x) = \mathbf{-1{,}5}x^2$	y_5	−6	−1,5	0	−1,5	−6

Graphen

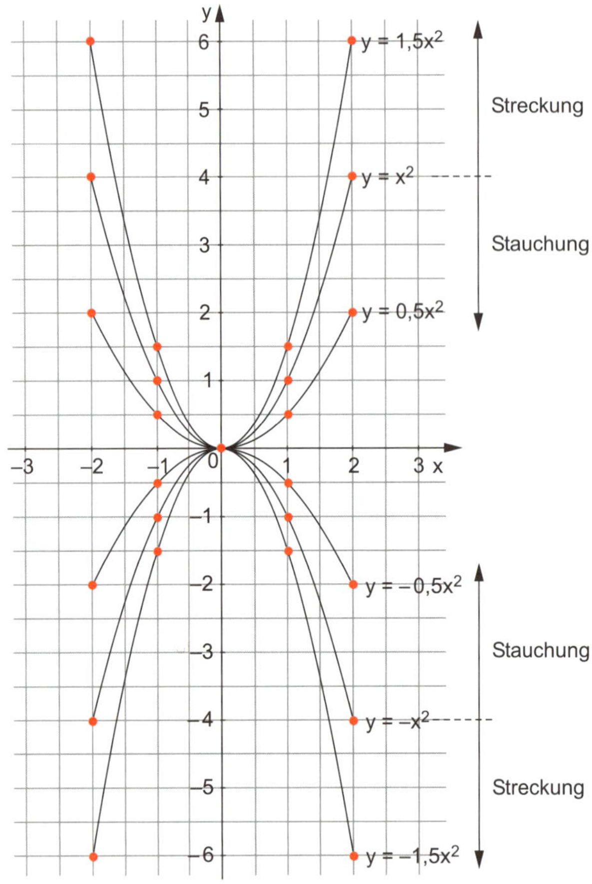

Aufgaben

99 Bestimme den Faktor a so, dass der Graph der Funktion $y = ax^2$ durch den Punkt

a) P(2; –2)
b) Q(–5; 12,5)
c) A(–2,5; –18,75)
d) B(2; –4)

verläuft.

100 Die Graphen der Funktionen $y = ax^2$ sind alles Parabeln mit dem Scheitelpunkt S(0; 0). Form und Öffnung der Parabeln hängen jedoch vom Wert des Faktors a ab.
Fülle die Tabelle aus.

Faktor	Öffnung	Form der Parabel	Beispiel
$a > 1$			
$a = 1$			
$0 < a < 1$			
$-1 < a < 0$			
$a = -1$			
$a < -1$			

101 Für den Bremsweg s eines ICE in Abhängigkeit von der Geschwindigkeit v gilt näherungsweise:
$s = 0{,}042 \cdot v^2$ (s in m und v in $\frac{km}{h}$).

a) Erstelle für den Bremsweg s in Abhängigkeit von der Geschwindigkeit v für $0\,\frac{km}{h} \le v \le 240\,\frac{km}{h}$ in Schritten von $30\,\frac{km}{h}$ eine Wertetabelle und zeichne den zugehörigen Graphen.
b) Entnimm der grafischen Darstellung die Bremswege für $v_1 = 40\,\frac{km}{h}$ und für $v_2 = 200\,\frac{km}{h}$.
c) Überprüfe dein Ergebnis aus Teilaufgabe b rechnerisch.

102 Für den Bremsweg s eines Autos auf trockener Straße in Abhängigkeit von der Geschwindigkeit v gilt die Faustregel $s = a \cdot v^2$ (s in m; v in $\frac{km}{h}$).
Für $v = 90\,\frac{km}{h}$ ergibt sich $s = 81$ m.
a) Bestimme den Faktor a in der Faustregel.
b) Berechne die Bremswege für $50\,\frac{km}{h}$, $60\,\frac{km}{h}$, $80\,\frac{km}{h}$, $100\,\frac{km}{h}$ und $130\,\frac{km}{h}$.
c) Stelle den Bremsweg s in Abhängigkeit von v für den Bereich $0\,\frac{km}{h} \le v \le 150\,\frac{km}{h}$ grafisch dar. (x-Achse: 1 cm $\triangleq$ 20 $\frac{km}{h}$; y-Achse: 1 cm $\triangleq$ 20 m)

Merke

Quadratische Funktionen mit der Gleichung $y = ax^2 + c$

- Die Funktionswerte der quadratischen Funktion $y = ax^2 + c$ ergeben sich aus den entsprechenden Funktionswerten von $y = ax^2$ **durch Addition von c**.
- Den Graphen der Funktion $y = ax^2 + c$ erhält man, indem man den Graphen von $y = ax^2$ **längs der y-Achse um c Längeneinheiten verschiebt**.
- Die Graphen der Funktionen $y = ax^2 + c$ sind Parabeln mit dem Scheitelpunkt **S(0; c)**.

Beispiele Wertetabelle

$f_1(x) = \frac{1}{2}x^2$

$f_2(x) = \frac{1}{2}x^2 + 1$

$f_3(x) = \frac{1}{2}x^2 - 2$

x	−2	−1	0	1	2
y_1	2	0,5	0	0,5	2
y_2	3	1,5	1	1,5	3
y_3	0	−1,5	−2	−1,5	0

Graphen

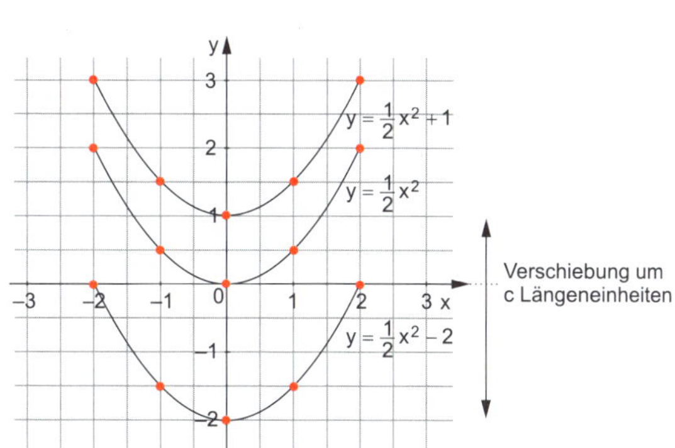

Aufgaben

103 Erstelle jeweils für die Funktion f: $y = ax^2 + c$ eine Wertetabelle und zeichne den zugehörigen Graphen ($-5 \leq x \leq 5$).

a) $a = \frac{3}{4}$; $c = -3$

b) $a = -\frac{1}{2}$; $c = 5$

c) $a = 2$; $c = -3$

d) $a = \frac{1}{4}$; $c = -1$

104 Die Normalparabel p: $y = x^2$ wird längs der y-Achse so verschoben, dass sie durch den Punkt P (–2; 6) verläuft.
Bestimme die Funktionsgleichung der verschobenen Parabel.

105 Bestimme die Parameter a und c der quadratischen Funktion f: $y = ax^2 + c$ so, dass der Graph von f durch die Punkte P(3; 12) und Q(–2; –3) verläuft.

106 Die vier Bilder zeigen Graphen von Funktionen der Form $y = ax^2 + c$.
Bestimme jeweils die Koeffizienten a und c und gib die Funktionsgleichung an.

a)
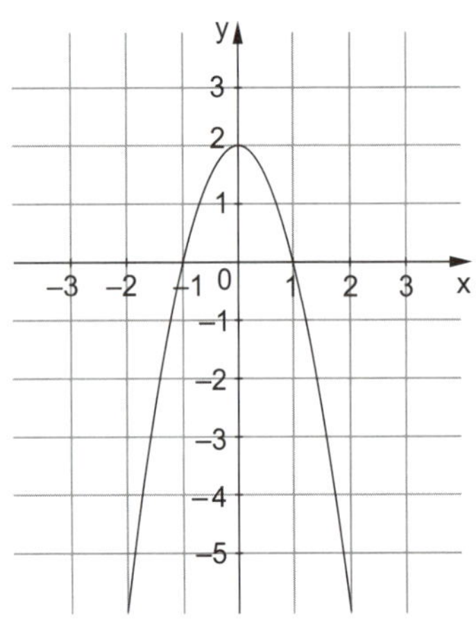

b)
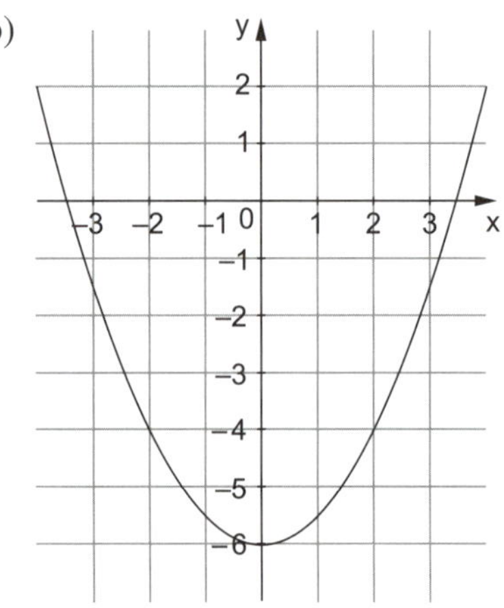

c)
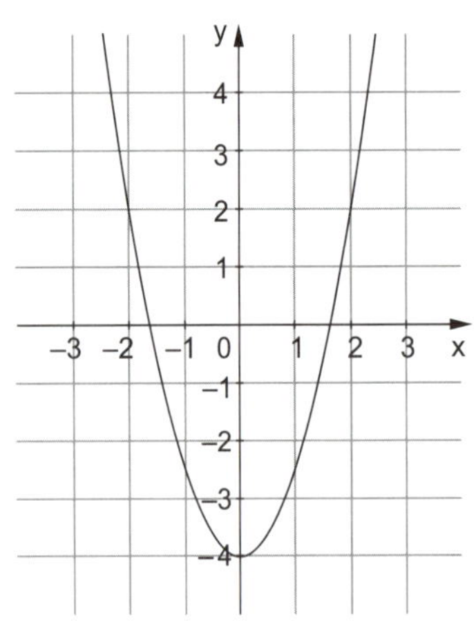

d)
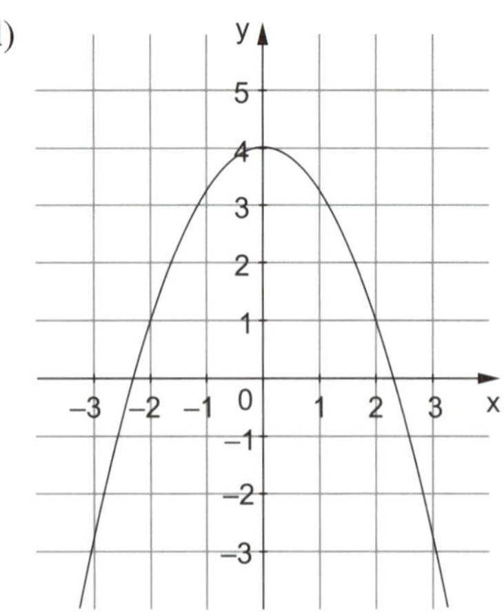

107 Für die Bewegung eines fallenden Apfels gilt näherungsweise die Formel $y = -4{,}9 \cdot x^2 + 6{,}0$ wobei x die Zeit (in Sekunden) und y die Höhe über der Wiese (in Meter) ist.
Erstelle eine Wertetabelle für $0 \leq x \leq 1{,}2$ und zeichne den Graphen in ein Koordinatensystem. Lies aus dem Graphen ab,

a) aus welcher Höhe der Apfel fällt.
b) in welcher Höhe sich der Apfel nach 0,5 s (0,9 s) befindet.
c) zu welchem Zeitpunkt er sich noch 1,0 m über der Wiese befindet.
d) zu welchem Zeitpunkt er auf der Wiese auftrifft.

Radiere den Teil des Graphen weg, der die Bewegung des Apfels nicht mehr richtig beschreibt.

3.2 Quadratische Gleichungen

Merke

Formen von quadratischen Gleichungen

- Gleichungen der Form $\mathbf{ax^2 + bx + c = 0}$ (wobei a, b, c reelle Zahlen sind und $a \neq 0$) nennen wir **quadratische Gleichungen**.
- Nach der Größe von a unterscheidet man:
  - $\mathbf{a \neq 1}$: **allgemeine** quadratische Gleichung — z. B. $\mathbf{3x^2} + 6x - 45 = 0$
  - $\mathbf{a = 1}$: **Normalform** der quadratischen Gleichung — z. B. $\mathbf{x^2} - 8x + 12 = 0$
- Nach der Größe von b unterscheidet man:
  - $\mathbf{b \neq 0}$: **gemischtquadratische** Gleichung — z. B. $3x^2 + \mathbf{6x} - 45 = 0$
  - $\mathbf{b = 0}$: **reinquadratische** Gleichung — z. B. $2x^2 - 32 = 0$

Die einfachste Form einer quadratischen Gleichung erhält man für $b = 0$.

Merke

Reinquadratische Gleichungen

- Quadratische Gleichungen mit $b = 0$ und der Form $\mathbf{ax^2 + c = 0}$ heißen **reinquadratische Gleichungen**.
- Das **Lösen** solcher Gleichungen erfolgt über äquivalentes Umformen und Wurzelziehen.

Beispiele

1. $\frac{1}{2}x^2 - 2 = 0$
2. $3x^2 + 21 = 0$
3. $(x+4)^2 - 2x = 6x + 16$

Lösungen:

1. $\frac{1}{2}x^2 - 2 = 0 \quad |+2$ — Reinquadratische Gleichung

$\frac{1}{2}x^2 = 2 \quad |\cdot 2$ — Äquivalente Umformung

$x^2 = 4 \quad |\sqrt{\;}$

$x_1 = 2 \quad x_2 = -2$ — Es gibt 2 verschiedene Werte für x, die die Gleichung erfüllen.

$L = \{-2; 2\}$ — Lösungsmenge

2. $3x^2 + 21 = 0 \quad |-21$ — Reinquadratische Gleichung

$3x^2 = -21 \quad |:3$ — Äquivalente Umformung

$x^2 = -7$

$L = \varnothing$ — Keine Lösung, weil es keinen reellen Wert für x gibt, der die Gleichung erfüllt.

3. $(x+4)^2 - 2x = 6x + 16$ — Klammer auflösen

$x^2 + 8x + 16 - 2x = 6x + 16 \quad |-6x - 16$ — Zusammenfassen und äquivalente Umformungen

$x^2 = 0 \quad |\sqrt{\;}$

$x = 0$ — Es gibt nur eine Lösung.

$L = \{0\}$ — Nur x = 0 erfüllt die gegebene Gleichung.

Aufgaben

108 Löse die Gleichungen *ohne Taschenrechner* ($G = \mathbb{R}$).

a) $2x^2 - 98 = 0$

b) $3x^2 - \frac{108}{169} = 0$

c) $(x-2)^2 + 12x = -3x^2 + (x+4)^2$

d) $5x^2 + 45 = 0$

109 Gib jeweils zu den angegebenen Lösungsmengen eine zugehörige reinquadratische Gleichung an.

a) $L = \{-3; 3\}$

b) $L = \left\{-\frac{3}{4}; \frac{3}{4}\right\}$

c) $L = \{-\sqrt{5}; \sqrt{5}\}$

d) $L = \{-0,5; 0,5\}$

110 Berechne die Kantenlänge eines Würfels, der einen Oberflächeninhalt von 37,5 cm² hat.

111 Eine 0,75 m lange Spiralfeder kann um eine Strecke x gedehnt ($x > 0$) oder zusammengedrückt ($x < 0$) werden. Die in der Feder gespeicherte mechanische Energie beträgt $E = 100 \cdot x^2$ (Energie in Joule, x in Meter).

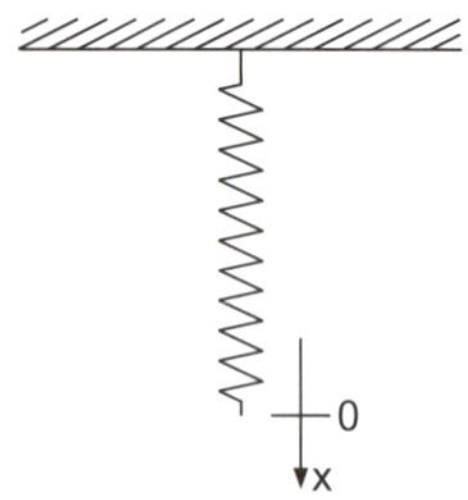

a) Berechne die Längenänderung x, die erforderlich ist, um in der Feder eine Energie von 1,96 Joule zu speichern. Beachte dass es zwei Lösungen gibt.

b) Berechne, wie lang die Feder dann ist.

Merke

Normalform der quadratischen Gleichung

- Die **Normalform der quadratischen Gleichung** lautet $x^2 + px + q = 0$ ($p, q \in \mathbb{R}$).
- Das **Lösen** erfolgt über die Lösungsformel $\mathbf{x_{1,2} = -\frac{p}{2} \pm \sqrt{\left(\frac{p}{2}\right)^2 - q}}$.
- Der Ausdruck $\mathbf{D = \left(\frac{p}{2}\right)^2 - q}$ heißt **Diskriminante**. Der Wert von D entscheidet, ob die quadratische Gleichung zwei, eine oder keine reelle Lösung hat.

  $D > 0$: 2 verschiedene Lösungen x_1 und x_2
  $D = 0$: 1 Lösung (zwei zusammenfallende Lösungen $x_1 = x_2$)
  $D < 0$: keine Lösung

Beispiele

1. $x^2 + 2x - 15 = 0$

   Normalform mit $p = 2$, $q = -15$

   $D = \frac{2^2}{4} - (-15) = 16 > 0$, also **zwei** Lösungen

   $$x_{1,2} = -\frac{2}{2} \pm \sqrt{\frac{2^2}{4} - (-15)}$$
   $$x_{1,2} = -1 \pm 4$$
   $x_1 = -1 + 4 = 3$ $\quad x_2 = -1 - 4 = -5$

   Probe für $x_1 = 3$:
   $3^2 + 2 \cdot 3 - 15 = 0$?
   $0 = 0$ wahr

   Probe für $x_2 = -5$:
   $(-5)^2 + 2 \cdot (-5) - 15 = 0$?
   $0 = 0$ wahr

   Lösungsmenge: $L = \{-5; 3\}$

2. $x^2 - 4x + 4 = 0$

   Normalform mit $p = -4$, $q = 4$

   $D = \frac{(-4)^2}{4} - 4 = 0$, also **genau eine** Lösung

   $$x_{1,2} = -\frac{(-4)}{2} \pm \sqrt{\frac{(-4)^2}{4} - 4}$$
   $$x_{1,2} = 2 \pm 0$$
   $$x = 2$$

   Probe:
   $2^2 - 4 \cdot 2 + 4 = 0$?
   $0 = 0$ wahr

   Lösungsmenge: $L = \{2\}$

3. $x^2 - 6x + 10 = 0$

   Normalform mit $p = -6$, $q = 10$

   $D = \frac{(-6)^2}{4} - 10 = -1 < 0$, also **keine** Lösung

   $$x_{1,2} = -\frac{(-6)}{2} \pm \sqrt{\frac{(-6)^2}{4} - 10}$$
   $$x_{1,2} = 3 \pm \sqrt{-1}$$

   keine reelle Lösung

   Lösungsmenge: $L = \varnothing$

Merke

Allgemeine quadratische Gleichungen

- Quadratische Gleichungen mit $b \neq 0$ und der Form $ax^2+bx+c=0$ heißen gemischtquadratische Gleichungen oder allgemeine quadratische Gleichungen.
- Durch Division mit dem Koeffizienten a des quadratischen Gliedes wird die Gleichung in die Normalform $x^2+px+q=0$ umgewandelt.

$$ax^2+bx+c=0 \xrightarrow[\text{durch a}]{\text{Division}} x^2+\frac{b}{a}x+\frac{c}{a}=0$$

Mit $p=\frac{b}{a}$ und $q=\frac{c}{a}$ erhält man: $\mathbf{x^2+px+q=0}$

- Zum Lösen der Normalform kann dann die Lösungsformel verwendet werden.

Beispiele

1. $5x^2+10x-15=0 \quad |:5$ — Allgemeine Form mit $a=5$
   $x^2+2x-3=0$ — Normalform mit $p=2,\ q=-3$

2. $\frac{1}{4}x^2+2x+4=0 \quad |\cdot 4$ — Allgemeine Form mit $a=\frac{1}{4}$
   $x^2+8x+16=0$ — Normalform mit $p=8,\ q=16$

3. $-2x^2+8x-14=0 \quad |:(-2)$ — $a=-2$
   $x^2-4x+7=0$ — Normalform mit $p=-4,\ q=7$

4. $6x(x+3)+5x+46=3(x+6)^2-20+2x$ — Ausmultiplizieren
   $6x^2+18x+5x+46=3\cdot(x^2+12x+36)-20+2x$ — Ausmultiplizieren, zusammenfassen
   $6x^2+23x+46=3x^2+36x+108-20+2x$ — Zusammenfassen
   $6x^2+23x+46=3x^2+38x+88$ — $|-3x^2-38x-88$
   $3x^2-15x-42=0$ — $|:3$
   $x^2-5x-14=0$ — Normalform mit $p=-5,\ q=-14$

Aufgaben

112 Gib für die folgenden quadratischen Gleichungen jeweils die Lösungsmenge an ($G=\mathbb{R}$). Stelle zunächst jeweils die Anzahl der Lösungen fest.

a) $2x^2+6x-20=0$
b) $x^2-2x-15=0$
c) $(2x-5)^2=x(x-9)+19$
d) $3x(x-1)-2(10-x)=40+2x$

113 Die vier Beispiele im Abschnitt „Lösen der allgemeinen quadratischen Funktion" (S. 55) wurden nur in die Normalform umgewandelt. Führe die Lösungen zu Ende und gib die Lösungsmengen an. Führe die Probe mit der (allgemeinen) Ausgangsgleichung durch.

114 Das Produkt zweier aufeinanderfolgender natürlicher Zahlen beträgt 1 406. Berechne die Zahlen.

115 Ein Rechteck ist 3,1 cm länger als breit und hat einen Flächeninhalt von 60,8 cm^2. Berechne die Seitenlängen.

116 Die Länge ℓ eines rechteckigen Grundstücks ist um 20 m größer als dessen Breite b. Die Länge wird um 5 m verkürzt und zugleich wird die Breite verdoppelt. Der Flächeninhalt des so entstandenen Grundstücks ist um 936 m^2 größer als der des ursprünglichen Grundstücks. Wie groß sind Länge und Breite des ursprünglichen Grundstücks?

3.3 Nullstellen von quadratischen Funktionen

Merke

Nullstellen von Funktionen

- Die Stellen (x-Werte), an denen der Funktionswert (y-Wert) null ist, heißen **Nullstellen** der Funktion.
- An den Nullstellen schneidet (oder berührt) der Graph die x-Achse.

Bestimmung der Nullstellen einer quadratischen Funktion

- Setze den **Funktionsterm gleich null**.
- Bestimme die Lösungen der **quadratischen Gleichung**.
- Entsprechend der **Anzahl der Lösungen** gibt es drei Fälle:
  2 Nullstellen → die Parabel **schneidet** die x-Achse
  1 Nullstelle → die Parabel **berührt** die x-Achse
  0 Nullstellen → die Parabel **meidet** die x-Achse

Beispiele

1. Bestimme die Nullstellen der Funktion f_1: $y = \frac{1}{4}x^2 - 1$.

Rechnerische Lösung:

$\frac{1}{4}x^2 - 1 = 0 \quad |\cdot 4$ — Funktionsterm gleich null setzen ($y = 0$) → quadratische Gleichung

$x^2 - 4 = 0$ — Normalform $p = 0$, $q = -4$ (oder reinquadratisch)

$x_{1,2} = -\frac{0}{2} \pm \sqrt{\frac{0^2}{4} - (-4)}$ — $D = \frac{0^2}{4} - (-4) = 4 > 0 \rightarrow$ 2 Lösungen

$x_{1,2} = 0 \pm 2$

$x_1 = 2 \quad x_2 = -2$ — 2 Nullstellen

Grafische Lösung:

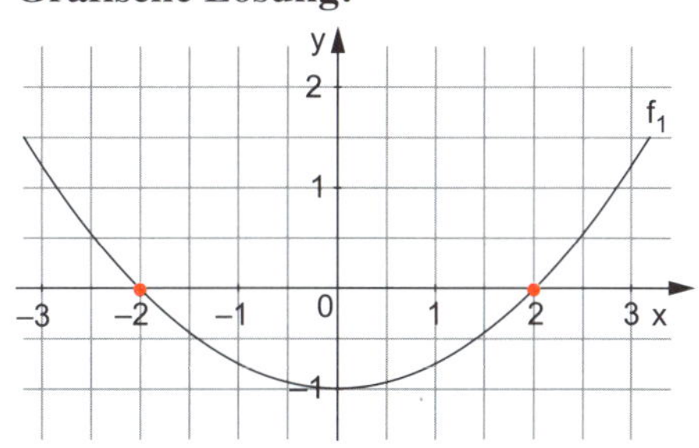

Die Parabel schneidet die x-Achse in den Punkten (–2; 0) und (2; 0). Die Nullstellen sind also –2 und 2.

2. Bestimme die Nullstellen der Funktion f_2: $y = x^2 - x + \frac{1}{4}$.

Rechnerische Lösung:

$x^2 - x + \frac{1}{4} = 0$ — Normalform: $p = -1$, $q = \frac{1}{4}$

$x_{1,2} = -\frac{(-1)}{2} \pm \sqrt{\frac{(-1)^2}{4} - \frac{1}{4}}$ — $D = \frac{(-1)^2}{4} - \frac{1}{4} = 0 \rightarrow$ 1 Lösung

$x_{1,2} = \frac{1}{2} \pm 0$

$x = \frac{1}{2}$ — 1 Nullstelle

Grafische Lösung:

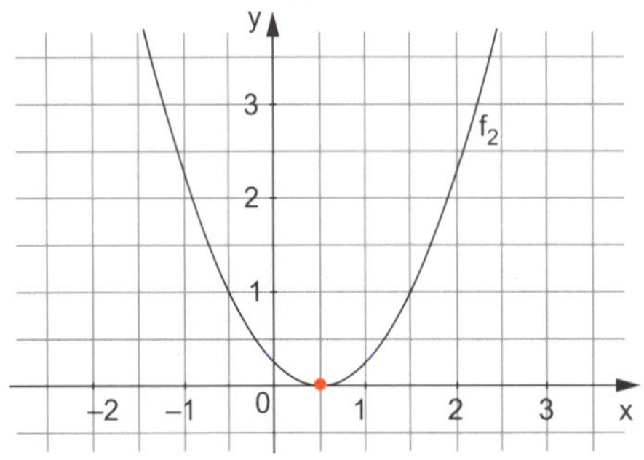

Die Parabel berührt die x-Achse im Punkt (0,5; 0).
Die Nullstelle ist also 0,5.

3. Bestimme die Nullstellen der Funktion f_3: $y = x^2 - 4x + 4{,}5$.

Rechnerische Lösung:

$x^2 - 4x + 4{,}5 = 0$ — Normalform: $p = -4$, $q = 4{,}5$

$$x_{1,2} = -\frac{(-4)}{2} \pm \sqrt{\frac{(-4)^2}{4} - 4{,}5}$$

$D = \frac{(-4)^2}{4} - 4{,}5 = -0{,}5 < 0$ → keine Lösung
→ keine Nullstelle

Grafische Lösung:

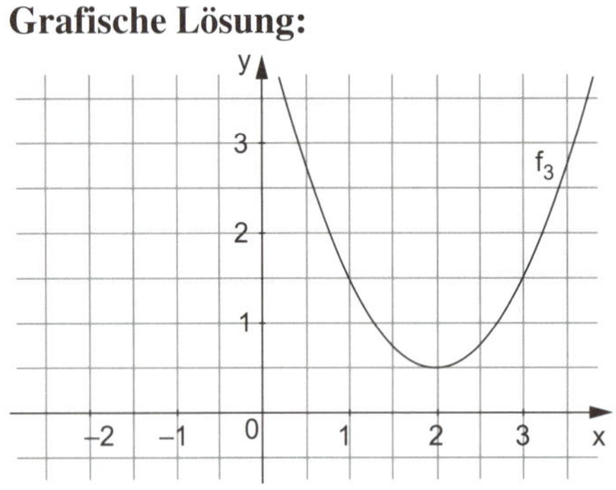

Die Parabel meidet die x-Achse.
Die quadratische Funktion hat keine Nullstelle.

Aufgaben

117 Ermittle für die angegebenen Funktionen die Nullstellen.
Prüfe jeweils zunächst, ob und wie viele Nullstellen vorliegen.

a) f_1: $y = x^2 + 3x + 1{,}25$
b) f_2: $y = -0{,}5x^2 + 4{,}5$
c) f_3: $y = (x-2)^2 - 4$
d) f_4: $y = (x+1)^2$
e) f_5: $y = x^2 + x - 2$
f) f_6: $y = x^2 - 4x + 4$

118 Beim idealen Kugelstoß mit einem optimalen Abwurfwinkel von 45° lässt sich die Flugkurve der Kugel angenähert durch eine quadratische Funktion mit der Gleichung $y = -\frac{g}{{v_0}^2} \cdot x^2 + x + h$ beschreiben.

Dabei bedeuten
g: Erdbeschleunigung $\left(9{,}81\,\frac{m}{s^2}\right)$
v_0: Anfangsgeschwindigkeit, mit der die Kugel die Hand des Athleten verlässt
h: Abwurfhöhe, in der die Kugel die Hand verlässt
Bestimme für $v_0 = 13{,}5\,\frac{m}{s}$ und h = 2,20 m, in welcher Entfernung x die Kugel auf dem Boden auftrifft.

3.4 Schnittpunkte zwischen Parabel und Gerade

Merke

Schnittpunkte zwischen Funktionsgraphen

An den Stellen (x-Werte), an denen die Funktionswerte (y-Werte) von zwei Funktionen gleich sind, schneiden (oder berühren) sich die Graphen.

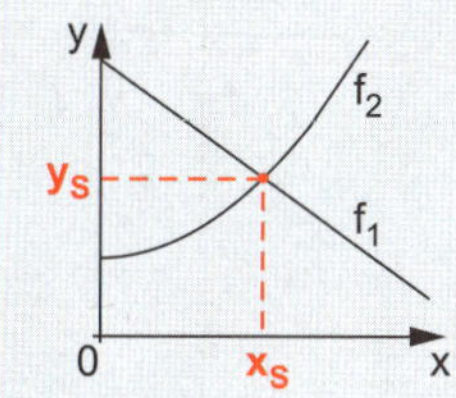

Beispiel

$f_1(x) = -4x + 16$

$f_2(x) = x^2 + 4$

x	0	1	2	3
y_1	16	12	**8**	4
y_2	4	5	**8**	13

An der Stelle $x = 2$ stimmen die Funktionswerte überein: $y_1 = y_2 = 8$
Die Koordinaten des Schnittpunktes lauten: $(x_s;\ y_s) = (2;\ 8)$

Merke

Schnittpunkte zwischen Parabel und Gerade

- Setze die **Funktionsterme** der Parabel und der Geraden **einander gleich**.
- Wandle die **quadratische Gleichung** in die **Normalform** um.
- Die **Lösung** der quadratischen Gleichung liefert die **x-Werte**.
  Dabei gibt es **drei Fälle**:
  2 Lösungen → 2 Schnittpunkte
  1 Lösung → 1 Berührpunkt; die Gerade ist eine Tangente der Parabel
  keine Lösung → keine gemeinsamen Punkte
- Um die **y-Werte** der gemeinsamen Punkte zu berechnen, musst du die x-Werte in eine der beiden Funktionsgleichungen einsetzen.

Beispiele

1. Gegeben sind die Parabel p mit $y = \frac{1}{2}x^2 - 1{,}5$ und die Gerade g mit $y = \frac{1}{2}x - 0{,}5$.

   Berechne den Schnittpunkt von Parabel und Gerade.

   Lösung:

   $\frac{1}{2}x^2 - 1{,}5 = \frac{1}{2}x - 0{,}5 \quad \left| -\frac{1}{2}x + 0{,}5\right.$ Gleichsetzen und Umformen der Funktionsterme

   $\frac{1}{2}x^2 - \frac{1}{2}x - 1 = 0 \quad |\cdot 2$

   $x^2 - x - 2 = 0$ Normalform: $p = -1,\ q = -2$

   $x_{1,2} = -\frac{(-1)}{2} \pm \sqrt{\frac{(-1)^2}{4} - (-2)}$ $D = \frac{(-1)^2}{4} - (-2) = \frac{9}{4} > 0 \rightarrow$ 2 Lösungen

   $x_{1,2} = \frac{1}{2} \pm \frac{3}{2}$

   $x_1 = \mathbf{2}$ $\quad x_2 = \mathbf{-1}$ x-Werte der Schnittpunkte

   $y_1 = \frac{1}{2} \cdot \mathbf{2} - 0{,}5$ $\quad y_2 = \frac{1}{2} \cdot (\mathbf{-1}) - 0{,}5$ Einsetzen der x-Werte in die Geradengleichung

   $y_1 = 0{,}5$ $\quad y_2 = -1$ y-Werte der Schnittpunkte

$y_1 = \frac{1}{2} \cdot 2^2 - 1,5$ $\quad y_2 = \frac{1}{2} \cdot (-1)^2 - 1,5$

$y_1 = 0,5$ $\quad y_2 = -1$

Probe: Beim Einsetzen der x-Werte in die Parabelgleichung müssen sich die gleichen y-Werte wie bei der Geradengleichung ergeben.

→ Schnittpunkte: $S_1(2; 0,5)$ und $S_2(-1; -1)$

Grafische Darstellung:

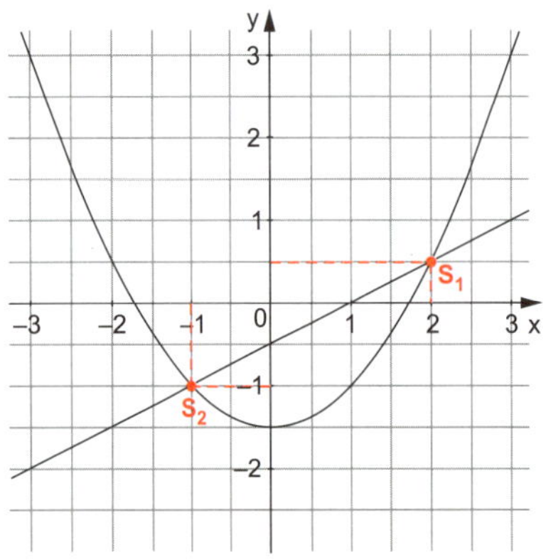

2. Die Gerade $y = -2x + 4$ ist eine Tangente an die Parabel $y = (x-2)^2 + 1$. Überprüfe diese Behauptung rechnerisch und ermittle die Koordinaten des Berührpunktes.

Lösung:

$(x-2)^2 + 1 = -2x + 4$		Gleichsetzen der Funktionsterme
$x^2 - 4x + 4 + 1 = -2x + 4$	$\mid +2x - 4$	Umformen
$x^2 - 2x + 1 = 0$		Normalform: $p = -2$, $q = 1$
$x_{1,2} = -\frac{(-2)}{2} \pm \sqrt{\frac{(-2)^2}{4} - 1}$		$D = \frac{(-2)^2}{4} - 1 = 0$ → **nur 1 Lösung** (Berührung)
$x_{1,2} = 1 \pm 0$		
$x = 1$		x-Wert des Berührpunktes
$y = -2x + 4$	$\mid x = 1$	Einsetzen des x-Wertes in die Geradengleichung
$y = -2 \cdot 1 + 4$		
$y = 2$		y-Wert des Berührpunktes
$y = (x-2)^2 + 1$	$\mid x = 1$	Probe: Beim Einsetzen des x-Wertes in die Parabelgleichung muss sich der gleiche y-Wert wie bei der Geradengleichung ergeben.
$y = (1-2)^2 + 1$		
$y = 2$		

→ Berührpunkt: $S(1; 2)$

Grafische Darstellung:

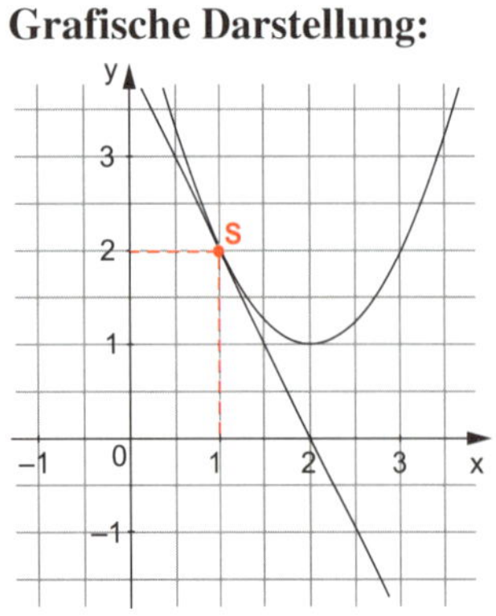

Aufgaben

119 Bestimme rechnerisch die Schnittpunkte der Parabel $y = \frac{1}{4}x^2 - 3$ und der Geraden $y = -0{,}5x - 1$.
Prüfe zunächst, wie viele Schnittpunkte es gibt.

120 Gegeben sind die Gerade $y = -2x - 2$ und die Parabel $y = (x-1)^2 - 3$.
a) Zeichne die Gerade und die Parabel in ein Koordinatensystem ein.
b) Weise rechnerisch nach, dass die Gerade eine Tangente an die Parabel ist.
c) Bestimme durch Rechnung den Berührpunkt.

121 Gegeben sind die beiden Funktionen f und g mit den Funktionsgleichungen
f: $y = x^2 - 4x + 5$ und g: $y = -x + 5$.
a) Zeichne die Graphen beider Funktionen in ein gemeinsames Koordinatensystem (1 Einheit = 1 cm).
b) Die Graphen beider Funktionen schneiden einander in den Punkten A und B. Berechne die Koordinaten dieser Punkte.
c) Die Punkte A und B bilden zusammen mit dem Koordinatenursprung O das Dreieck ABO. Berechne den Flächeninhalt dieses Dreiecks.

122 Die Abbildung zeigt die Graphen der Funktionen
$f(x) = \frac{1}{18}x^2 - 1{,}5$ und $g(x) = -4x + 11$.

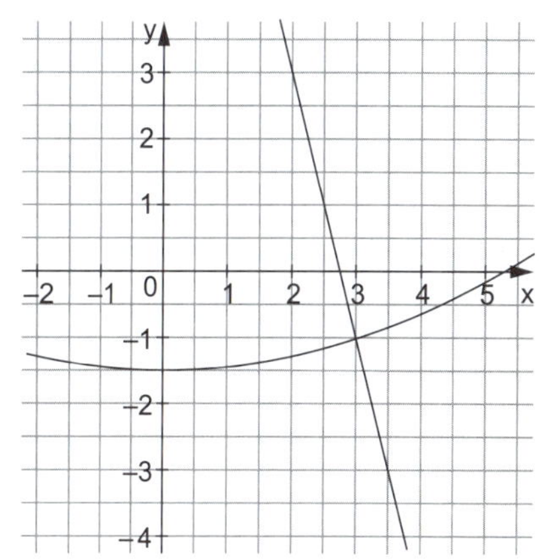

a) Lies die Koordinaten des Schnittpunktes ab.
b) Prüfe rechnerisch, ob noch ein weiterer Schnittpunkt existiert und gib gegebenenfalls seine Koordinaten an.
c) Vervollständige die Wertetabelle

	x	–100	–50	0	50	100
f(x)	y_1					
g(x)	y_2					

und zeichne die Graphen der Funktionen im Bereich $-100 \le x \le 100$.
Wähle für die Koordinatenachsen einen geeigneten Maßstab.

123 Gegeben sind die Funktionen $f(x) = x^2 + 4$ und $g(x) = 2x + n$.
a) Bestimme rechnerisch den Wert von n so, dass die Funktionsgraphen sich genau berühren.
b) Prüfe dein Ergebnis, indem du die Graphen zeichnest.

4 Potenzfunktionen

Potenzfunktionen mit der Gleichung $y = x^n$

Merke

Funktionen mit der Gleichung $y = x^n$ ($n \in \mathbb{Z}^*$) heißen **Potenzfunktionen**.

Nach dem typischen Verlauf der Graphen unterscheidet man **4 Fälle:**

- n ist **positiv** und **gerade**, $n \in \{2; 4; 6; \ldots\}$
- n ist **positiv** und **ungerade**, $n \in \{1; 3; 5; \ldots\}$
- n ist **negativ** und **gerade**, $n \in \{-2; -4; -6; \ldots\}$
- n ist **negativ** und **ungerade**, $n \in \{-1; -3; -5; \ldots\}$

Merke

Potenzfunktionen mit positivem, geradem n

- Definitionsbereich: $D = \mathbb{R}$ Wertebereich: $W = [0; +\infty[$
- Nullstelle: $x = 0$
- Gemeinsame Punkte aller Graphen: (–1; 1), (0; 0), (1; 1)

Beispiele Wertetabelle

	x	–2	–1	$-\frac{1}{2}$	0	$\frac{1}{2}$	1	2
$f_1(x) = x^2$	y_1	4	1	$\frac{1}{4}$	0	$\frac{1}{4}$	1	4
$f_2(x) = x^4$	y_2	16	1	$\frac{1}{16}$	0	$\frac{1}{16}$	1	16

Graphen

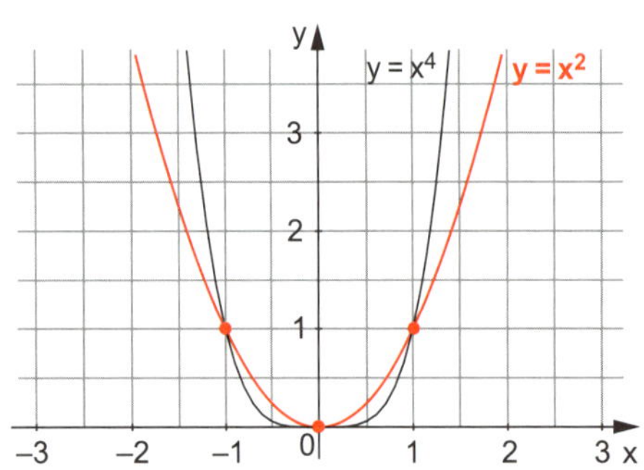

Die Graphen sind **Parabeln** n-ten Grades. (Parabeln zweiten/vierten/… Grades)

Merke

Potenzfunktionen mit positivem, ungeradem n

- Definitionsbereich: $D = \mathbb{R}$ Wertebereich: $W = \mathbb{R}$
- Nullstelle: $x = 0$
- Gemeinsame Punkte aller Graphen: (–1; –1), (0; 0), (1; 1)

Beispiele Wertetabelle

	x	–2	–1	$-\frac{1}{2}$	0	$\frac{1}{2}$	1	2
$f_1(x) = x^3$	y_1	–8	–1	$-\frac{1}{8}$	0	$\frac{1}{8}$	1	8
$f_2(x) = x^5$	y_2	–32	–1	$-\frac{1}{32}$	0	$\frac{1}{32}$	1	32

Graphen

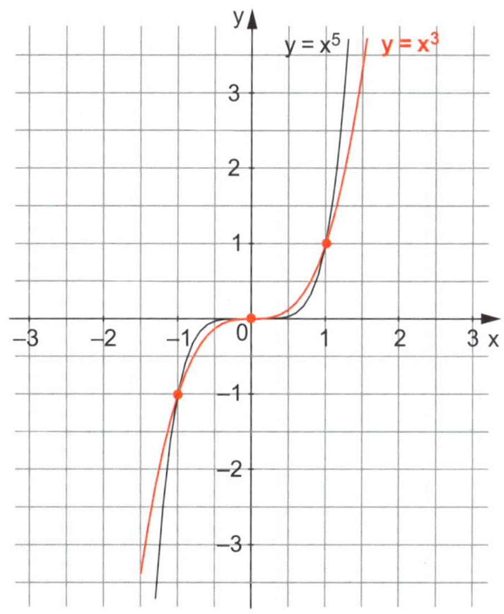

Die Graphen sind **Parabeln** n-ten Grades. (Parabeln dritten/fünften/… Grades)

Merke

Potenzfunktionen mit negativem, geradem n

- Definitionsbereich: $D = \mathbb{R} \setminus \{0\}$ Wertebereich: $W =]0; +\infty[$
- Nullstellen: keine
- Gemeinsame Punkte aller Graphen: (–1; 1), (1; 1)

Beispiele

$y = x^{-2}$ oder $y = \frac{1}{x^2}$, $y = x^{-4}$ oder $y = \frac{1}{x^4}$

Wertetabelle

$f_1(x) = x^{-2}$

$f_2(x) = x^{-4}$

x	–2	–1	$-\frac{1}{2}$	0	$\frac{1}{2}$	1	2
y_1	$\frac{1}{4}$	1	4	–	4	1	$\frac{1}{4}$
y_2	$\frac{1}{16}$	1	16	–	16	1	$\frac{1}{16}$

Graphen

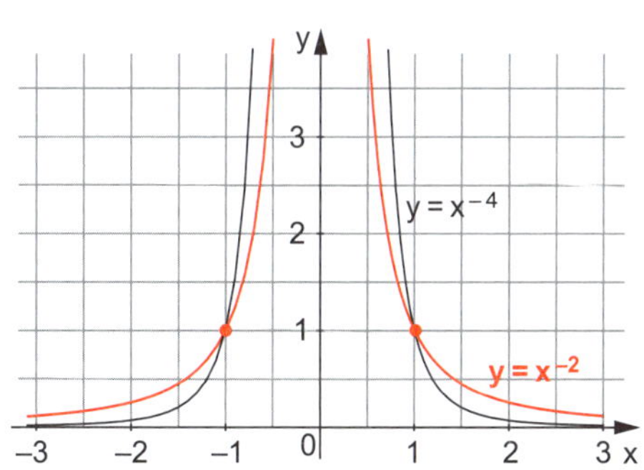

Die Graphen sind **Hyperbeln**.

Merke

Potenzfunktionen mit negativem, ungeradem n

- Definitionsbereich: $D = \mathbb{R} \setminus \{0\}$ Wertebereich: $W = \mathbb{R} \setminus \{0\}$
- Nullstellen: keine
- Gemeinsame Punkte aller Graphen: (–1; –1), (1; 1)

Beispiele

$y = x^{-1}$ oder $y = \frac{1}{x}$, $y = x^{-3}$ oder $y = \frac{1}{x^3}$, $y = x^{-5}$ oder $y = \frac{1}{x^5}$

Wertetabelle

	x	–2	–1	$-\frac{1}{2}$	0	$\frac{1}{2}$	1	2
$f_1(x) = x^{-1}$	y_1	$-\frac{1}{2}$	–1	–2	–	2	1	$\frac{1}{2}$
$f_2(x) = x^{-3}$	y_2	$-\frac{1}{8}$	–1	–8	–	8	1	$\frac{1}{8}$

Graphen

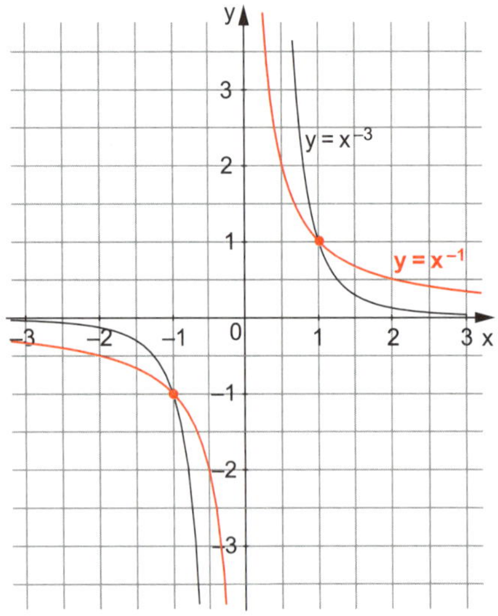

Die Graphen sind **Hyperbeln**.

Merke

Potenzfunktionen mit der Gleichung $y = a \cdot x^n$

- Die Funktionswerte der Funktion $y = a \cdot x^n$ ergeben sich aus den entsprechenden Funktionswerten der Funktion $y = x^n$ durch **Multiplikation mit dem Faktor a**.
- Für $a > 0$ gilt:
  $a > 1$: **Streckung** des Graphen **in y-Richtung**
  $0 < a < 1$: **Stauchung** des Graphen
- Für $a < 0$ ist der Graph **an der x-Achse gespiegelt**. Zusätzlich gilt:
  $a < -1$: Streckung des Graphen
  $a = -1$: nur Spiegelung an der x-Achse
  $-1 < a < 0$: Stauchung des Graphen

Beispiele
Wertetabelle

	x	–2	–1	–0,5	0,5	1	2
$f_1(x) = x^{-2}$	y_1	0,25	1	4	4	1	0,25
$f_2(x) = 1{,}5x^{-2}$	y_2	0,375	1,5	6	6	1,5	0,375
$f_3(x) = 0{,}5x^{-2}$	y_3	0,125	0,5	2	2	0,5	0,125
$f_4(x) = -x^{-2}$	y_4	–0,25	–1	–4	–4	–1	–0,25
$f_5(x) = -0{,}5x^{-2}$	y_5	–0,125	–0,5	–2	–2	–0,5	–0,125
$f_6(x) = -1{,}5x^{-2}$	y_6	–0,375	–1,5	–6	–6	–1,5	–0,375

Graphen

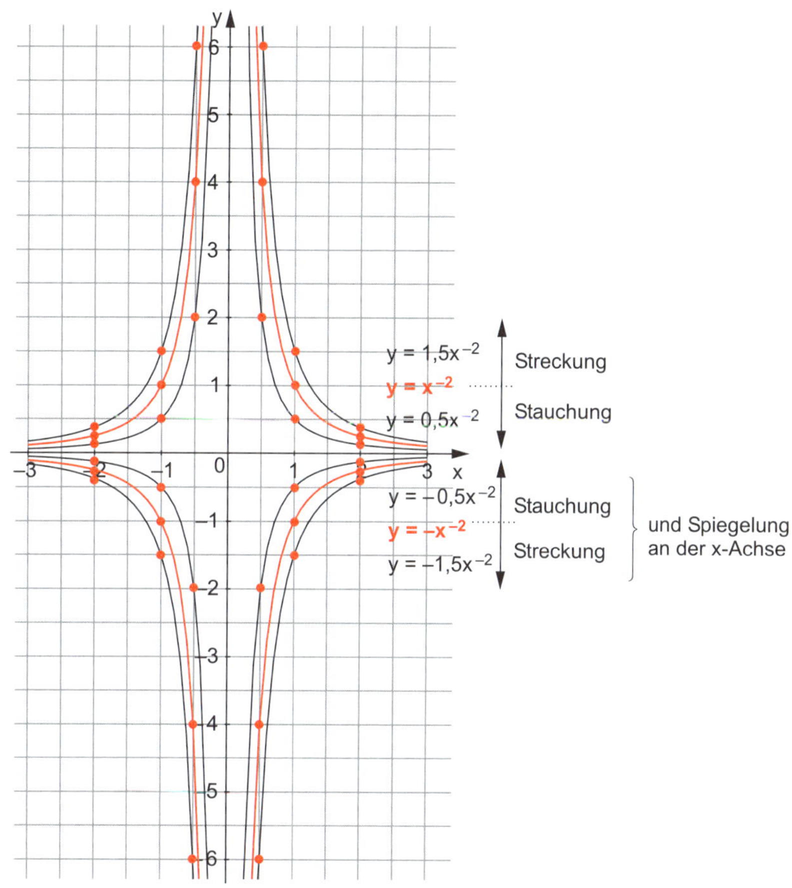

Aufgaben

124 Vervollständige die Wertetabelle für die Funktion $y = x^{-1}$ und zeichne den Graphen in ein Koordinatensystem.

x	–5	–3		$-\frac{1}{2}$		$\frac{1}{4}$	$\frac{1}{2}$		2		
y			–1		–4			1		$\frac{1}{4}$	0,2

125 Vervollständige die Wertetabelle für die Funktion $y = x^{-2}$ und zeichne den Graphen in ein Koordinatensystem.

x	–3	–2	–1	$-\frac{1}{2}$	$-\frac{1}{3}$	$\frac{1}{3}$	$\frac{1}{2}$				
y								1	$\frac{1}{4}$	$\frac{1}{9}$	$\frac{1}{16}$

126 Welche Eigenschaft muss n haben, damit für die Potenzfunktion $y = x^n$ gilt:

a) Der Graph verläuft symmetrisch zur y-Achse.
b) Der Graph verläuft durch den Punkt (–1; –1).
c) Der Graph verläuft durch den Punkt (0; 0).
d) Der Graph verläuft durch den Punkt (1; 1).

127 Forme die Formeln so um, dass die rote Variable in Potenzschreibweise erscheint und die anderen Bestandteile einen gemeinsamen Faktor bilden. Gib auch den Typ der Funktion an.

(Beispiel: Radialkraft: $F = m \cdot \frac{4\pi^2 \cdot r}{\mathbf{T}^2} \rightarrow F = \underbrace{4\pi^2 mr}_{a} \cdot \mathbf{T}^{-2} \rightarrow$ Typ $y = a \cdot \mathbf{x}^{-2}$)

a) Geschwindigkeit: $v = \frac{s}{\mathbf{t}}$

b) Wurfweite beim schrägen Wurf: $s_w = \frac{\mathbf{v}^2 \cdot \sin 2\alpha}{g}$

c) Volumen eines Kegels: $V = \frac{\pi}{3}\mathbf{r}^2 h$

d) Coulombsches Gesetz im Vakuum: $F = \frac{1}{4\pi\varepsilon_0} \cdot \frac{Q_1 \cdot Q_2}{\mathbf{r}^2}$

128 Betrachte die angegebenen Formeln als Funktionsgleichungen und die rot hervorgehobenen Variablen als die Argumente (x-Werte) dieser Funktionen. Der Rest sei konstant. Kreuze an, welchen Typ der Funktionsgraph hat.

Formel	Bedeutung	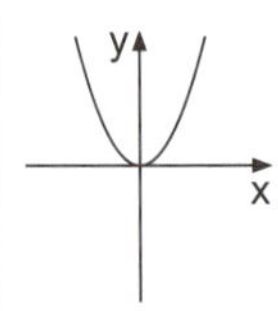	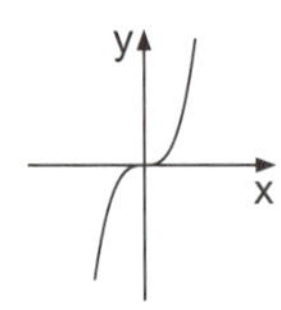	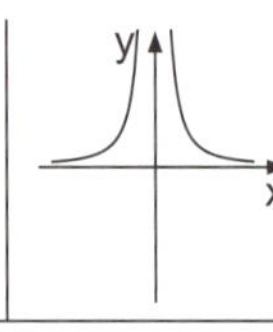	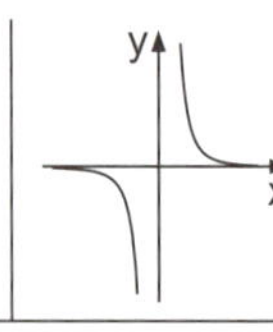
$V = \frac{1}{3}\mathbf{a}^2 h$	Volumen einer quadr. Pyramide	☒	☐	☐	☐
$m = \rho \cdot \mathbf{a}^3$	Masse eines Würfels	☐	☐	☐	☐
$A = 6\mathbf{a}^2$	Oberfläche eines Würfels	☐	☐	☐	☐
$A = \pi\mathbf{r}^2$	Flächeninhalt eines Kreises	☐	☐	☐	☐
$F = \gamma \cdot \frac{m \cdot M}{\mathbf{r}^2}$	Gravitationsgesetz	☐	☐	☐	☐
$BAG = \frac{m_{Alkohol}}{m_K \cdot \mathbf{r}}$	Blutalkoholgehalt in ‰	☐	☐	☐	☐
$s_h = \frac{\mathbf{v}^2}{2g}$	Steighöhe beim Wurf nach oben	☐	☐	☐	☐

129 Um alle Zimmer in einem neu gebauten Haus zu tapezieren, benötigen 4 Maler 12 Tage.

a) Vervollständige die Wertetabelle.

Anzahl der Maler: x	4	2	3	6	8	10
Arbeitszeit in Tagen: y	12					

b) Stelle diesen Zusammenhang in einem Koordinatensystem dar.
(x-Achse: 1 cm ≙ 1 Maler, y-Achse: 1 cm ≙ 2 Tage)

c) Die Punkte liegen auf dem Graphen einer Potenzfunktion. Gib die Funktionsgleichung dieser Funktion an.

d) Welche Art Proportionalität besteht zwischen der Anzahl der Maler und der Arbeitszeit?

5 Exponentialfunktionen und Wachstumsprozesse

5.1 Exponentialfunktionen

Merke

Exponentialfunktionen mit der Gleichung $y = a^x$

- Funktionen mit der Gleichung $y = a^x$ ($a \in \mathbb{R}^+ \setminus \{1\}$) heißen **Exponentialfunktionen**, weil das Argument x als Exponent der Zahl a auftritt.
- Definitionsmenge: $D = \mathbb{R}$ Wertemenge: $W = \mathbb{R}^+$
- Gemeinsamer Punkt aller Graphen: (0; 1)
- Wählt man für die Wertetabelle die Schrittweite 1 für x, so erhält man den Funktionswert an der Stelle x + 1 aus dem Funktionswert an der Stelle x durch Multiplikation mit dem Faktor a.
- Die Graphen aller Exponentialfunktionen mit der Gleichung $y = a^x$ haben die x-Achse als Asymptote.
- Nach dem typischen Verlauf der Graphen unterscheidet man **zwei Fälle:**
  $a > 1$: Die Graphen sind monoton steigend:
  Exponentielle Zunahme oder **exponentielles Wachstum**
  $0 < a < 1$: Die Graphen sind monoton fallend:
  Exponentielle Abnahme oder **exponentieller Zerfall**
- Die Graphen von $y = \left(\frac{1}{a}\right)^x$ ergeben sich aus den Graphen von $y = a^x$ durch Spiegelung an der y-Achse.
- Funktionen der Form $y = \left(\frac{1}{a}\right)^x$ werden manchmal auch in der Form $y = a^{-x}$ geschrieben.

Beispiele

Wertetabelle

1. $y = \mathbf{10}^x$

x	−3	−2	−1	0	1	2	3
y	0,001	0,01	0,1	1	10	100	1 000

$\cdot\, 10$

2.

$f_1(x) = \mathbf{2}^x$

$f_2(x) = \mathbf{4}^x$

$f_3(x) = \left(\frac{1}{2}\right)^x$

$f_4(x) = \left(\frac{1}{4}\right)^x$

x	−3	−2	−1	0	1	2	3
y_1	0,125	0,25	0,5	1	2	4	8
y_2	0,016	0,063	0,25	1	4	16	64
y_3	8	4	2	1	0,5	0,25	0,125
y_4	64	16	4	1	0,25	0,063	0,016

Graphen

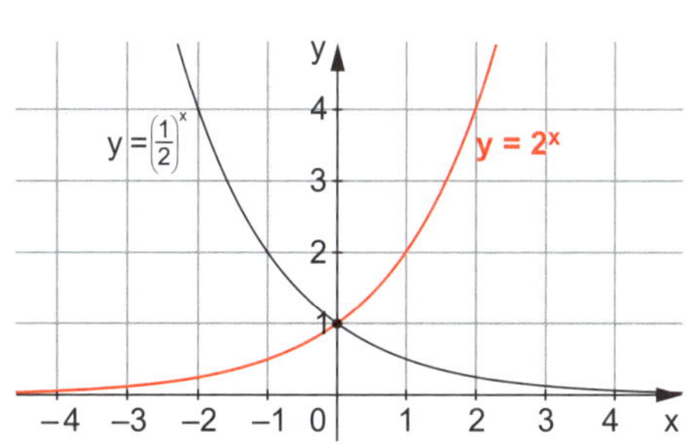

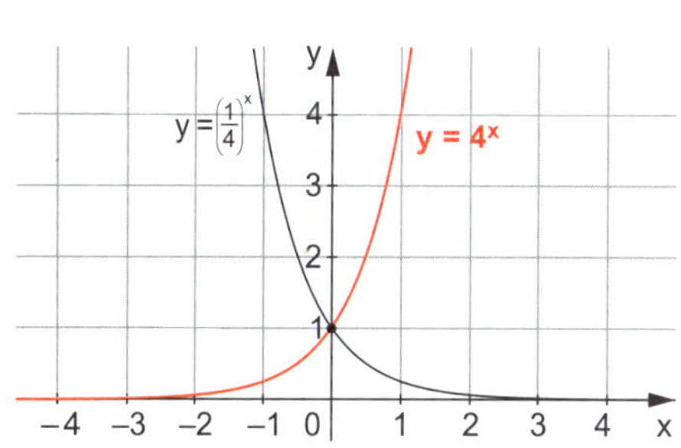

3. Die Funktion $y = \left(\frac{1}{2}\right)^x$ kann auch in der Form $y = 2^{-x}$ geschrieben werden.
   Ebenso kann die Funktion $y = \left(\frac{1}{4}\right)^x$ auch in der Form $y = 4^{-x}$ geschrieben werden.

4. Der Graph einer Exponentialfunktion $y = a^x$ verläuft durch den Punkt $A\left(6; \frac{1}{64}\right)$.
   Bestimme a und gib die Funktionsgleichung an.
   Lösung:
   Der Punkt $A\left(6; \frac{1}{64}\right)$ liefert das Wertepaar $x = 6;\ y = \frac{1}{64}$.
   In die Funktionsgleichung eingesetzt, ergibt sich

$$y = a^x$$

$$\frac{1}{64} = a^6 \qquad \left|\sqrt[6]{\ }\right.$$

$$\sqrt[6]{\frac{1}{64}} = a \qquad |\text{ wegen } a > 0 \text{ gibt es nur eine Lösung}$$

$$\frac{1}{2} = a$$

   Funktionsgleichung: $y = \left(\frac{1}{2}\right)^x$

Aufgaben

130 Bestimme zu den angegebenen Funktionsgleichungen das Monotonieverhalten. Erstelle jeweils eine Wertetabelle für ein geeignetes x-Intervall und zeichne die Graphen in ein Koordinatensystem.

a) $y = 3^x$

b) $y = \left(\frac{1}{3}\right)^x$

c) $y = 2{,}5^x$

d) $y = 0{,}4^x$

131 Der Graph einer Exponentialfunktion $y = a^x$ verläuft durch den Punkt P(3; 64).
Bestimme a und gib die Funktionsgleichung an.

132 Prüfe, ob die Wertetabelle zu einer Exponentialfunktion $y = a^x$ gehört. Begründe deine Aussage. Falls es sich um eine Exponentialfunktion handelt, gib die Funktionsgleichung an.

x	–3	–2	–1	0	1	2	3	4	5
y	0,008	0,04	0,2	1	5	25	125	625	3 125

133 Ein Bogen Papier im Format A0 besitzt einen Flächeninhalt von 1,0 m². Ein Bogen im Format A1 hat den halben Flächeninhalt eines Bogens im Format A0. Durch fortgesetztes Halbieren entstehen die Formate A2, A3 usw.

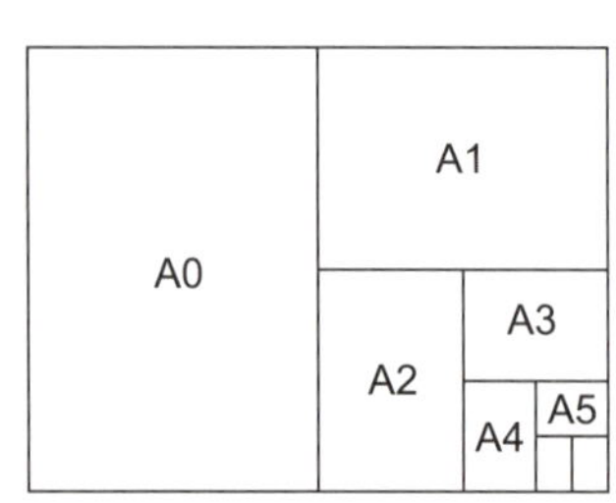

a) Gib für die Formate A0 bis A6 den Flächeninhalt in m² an (ohne Runden).

b) Stelle den Zusammenhang zwischen der Nummer des Formates (x) und dem zugehörigen Flächeninhalt (y) im Koordinatensystem dar (y-Achse: 1 cm ≙ 0,1 m²).

c) Die Punkte im Koordinatensystem liegen auf dem Graphen einer Exponentialfunktion $y = a^x$. Gib die Funktionsgleichung an.

Merke

Exponentialfunktionen mit der Gleichung $y = c \cdot a^x$

- Definitionsmenge: $D = \mathbb{R}$ Wertemenge: $W = \mathbb{R}^+$ für $c > 0$
  $W = \mathbb{R}^-$ für $c < 0$
- Die Funktionswerte der Funktion $y = c \cdot a^x$ ergeben sich aus den entsprechenden Funktionswerten der Funktion $y = a^x$ durch **Multiplikation mit dem Faktor c**.
- Für $c > 0$ gilt:
  $c > 1$: **Streckung** des Graphen **in y-Richtung**
  $0 < c < 1$: **Stauchung** des Graphen
- Für $c < 0$ ist der Graph an **der x-Achse gespiegelt**. Zusätzlich gilt:
  $c < -1$: **Streckung** des Graphen
  $c = -1$: **nur Spiegelung** an der x-Achse
  $-1 < c < 0$: **Stauchung** des Graphen

Beispiele
Wertetabelle

1.

$f_1(x) = 2^x$
$f_2(x) = \mathbf{1{,}5} \cdot 2^x$
$f_3(x) = \mathbf{0{,}5} \cdot 2^x$
$f_4(x) = \mathbf{-}2^x$
$f_5(x) = \mathbf{-0{,}5} \cdot 2^x$
$f_6(x) = \mathbf{-1{,}5} \cdot 2^x$

x	–2	–1	0	1	2
y_1	0,25	0,5	1	2	4
y_2	0,375	0,75	1,5	3	6
y_3	0,125	0,25	0,5	1	2
y_4	–0,25	–0,5	–1	–2	–4
y_5	–0,125	–0,25	–0,5	–1	–2
y_6	–0,375	–0,75	–1,5	–3	–6

Graphen

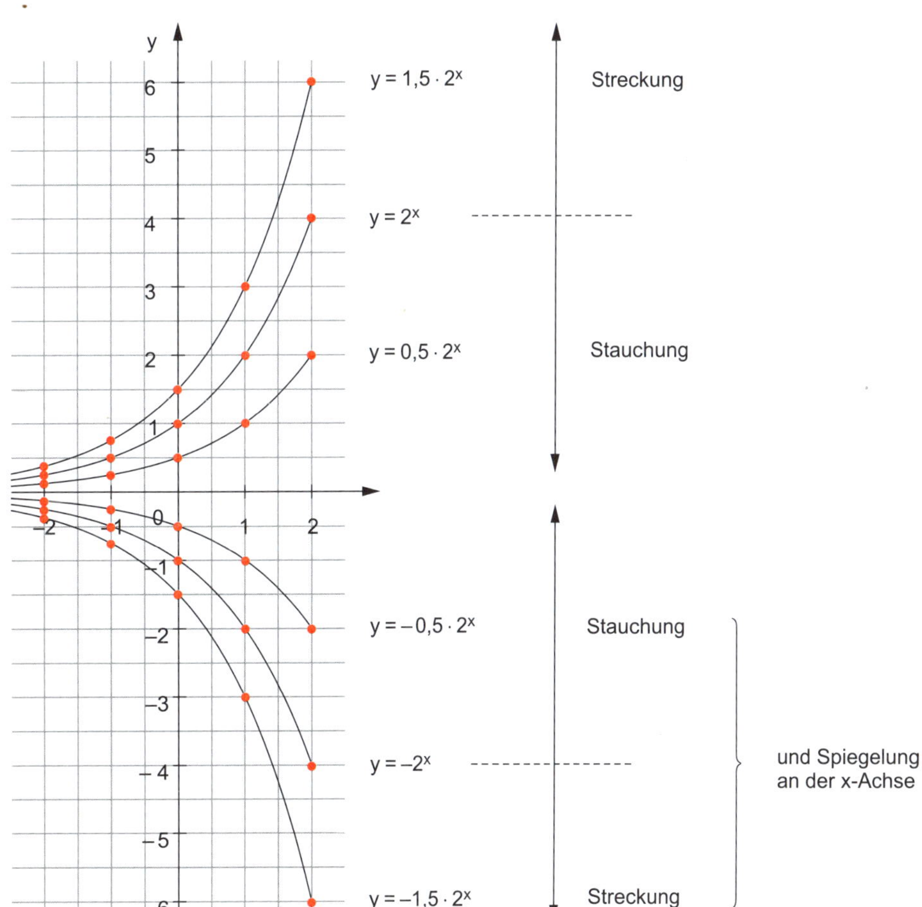

2. Wie müssen die Konstanten a und c gewählt werden, damit der Graph der zugehörigen Exponentialfunktion $y = c \cdot a^x$ durch die Punkte A(2; 1) und B(–3; 243) verläuft?

Lösung:

A(2; 1) liefert $x = 2$; $y = 1$

In $y = c \cdot a^x$ eingesetzt:

$1 = c \cdot a^2$ | nach c auflösen

$\frac{1}{a^2} = c$

$c = a^{-2}$

B(–3; 243) liefert $x = -3$; $y = 243$

In $y = c \cdot a^x$ eingesetzt:

$243 = c \cdot a^{-3}$ | $c = a^{-2}$ einsetzen

$243 = a^{-2} \cdot a^{-3}$ | 1. Potenzgesetz

$a^{-5} = 243$ | Kehrwerte bilden

$a^5 = \frac{1}{243}$ | $\sqrt[5]{\ }$

$a = \sqrt[5]{\frac{1}{243}}$ | wegen $a > 0$ gibt es nur eine Lösung

$a = \frac{1}{3}$

c bestimmen:

$c = a^{-2}$

$c = \left(\frac{1}{3}\right)^{-2} = 9$

Funktionsgleichung: $y = 9 \cdot \left(\frac{1}{3}\right)^x$

Aufgaben

134 Bestimme zu den angegebenen Funktionsgleichungen jeweils die Definitions- und die Wertemenge sowie das Monotonieverhalten. Erstelle jeweils eine Wertetabelle für ein geeignetes x-Intervall und zeichne den Graphen in ein Koordinatensystem.

a) $y = \frac{1}{2} \cdot 3^x$

b) $y = -0{,}5 \cdot 4^x$

c) $y = 2 \cdot 1{,}5^x$

d) $y = -2 \cdot 0{,}5^x$

135 Bestimme die Konstanten a und c einer Exponentialfunktion $y = c \cdot a^x$ so, dass der zugehörige Graph durch die Punkte $P\left(-1; -\frac{2}{3}\right)$ und Q(3; –54) verläuft. Gib die Funktionsgleichung an.

136 Prüfe, ob die Wertetabelle zu einer Exponentialfunktion $y = a^x$ gehört. Begründe deine Aussage. Falls es sich um eine Exponentialfunktion handelt, gib die Funktionsgleichung an.

x	–2	–1	0	1	2	3	4
y	0,08	0,4	2	10	50	250	1 250

137 Einer Legende nach erbat sich der Erfinder des Schachspiels seinen Lohn vom König in Form von Getreidekörnern. Auf das erste Feld des Schachbretts sollte *ein* Korn gelegt werden, auf das zweite *zwei*, auf das dritte *vier*, auf das vierte *acht* und so weiter: auf jedes Feld die doppelte Anzahl des Vorgängerfeldes. Dabei zeigte sich, dass die gesamten Kornvorräte des Landes nicht ausreichten, um alle 64 Felder des Schachbrettes zu füllen.

a) Stelle die Anzahl der Körner pro Feld für die ersten zehn Felder in einer Wertetabelle zusammen.

b) Stelle den Zusammenhang im Koordinatensystem dar (x-Achse: Nummer des Feldes, y-Achse: Anzahl der Körner auf dem Feld, 1 mm $\hat{=}$ 10 Körner).

c) Die Punkte im Koordinatensystem liegen auf dem Graphen einer Exponentialfunktion $y = c \cdot a^x$.
Gib die Funktionsgleichung an.

5.2 Exponentialgleichungen

Merke

Lösen von Exponentialgleichungen

- Gleichungen, bei denen die gesuchte Größe x im Exponenten einer Potenz steht, heißen **Exponentialgleichungen**.
- **Rechnerisch** können wir nur solche Exponentialgleichungen lösen, bei denen sich beide Seiten der Gleichung als **Potenzen zur gleichen Basis** schreiben lassen.
- **Grafisch** können wir Exponentialgleichungen lösen, indem wir beide Seiten der Gleichung jeweils als Term einer Funktion auffassen und die **Schnittpunkte** der zugehörigen Graphen ermitteln.

Beispiele

1. An welcher Stelle x hat die Funktion $y = \left(\frac{1}{2}\right)^x$ den Funktionswert $f(x) = 16$?
Rechnerische Lösung:

$y = \left(\frac{1}{2}\right)^x$ | Wenn man für y den Wert 16 einsetzt, erhält man eine Gleichung.

$\underbrace{16}_{} = \underbrace{\left(\frac{1}{2}\right)}_{}^x$ | als Potenzen zur Basis 2 darstellen

$2^4 = (2^{-1})^x$ | 5. Potenzgesetz: Potenz einer Potenz

$2^4 = (2)^{-1 \cdot x}$

$2^4 = 2^{-x}$ | gleiche Basis → die Exponenten müssen gleich sein

$4 = -x$

$x = -4$

An der Stelle $x = -4$ ist der Funktionswert $f(x) = 16$.

2. Bestimme die Lösungsmenge der Gleichung $2^x = 2 \cdot x$.
Grafische Lösung:
Beide Seiten werden als Funktionsterme aufgefasst:

$$2^x = 2 \cdot x$$

↙ ↘

$y = 2^x$ $y = 2 \cdot x$

Graphen

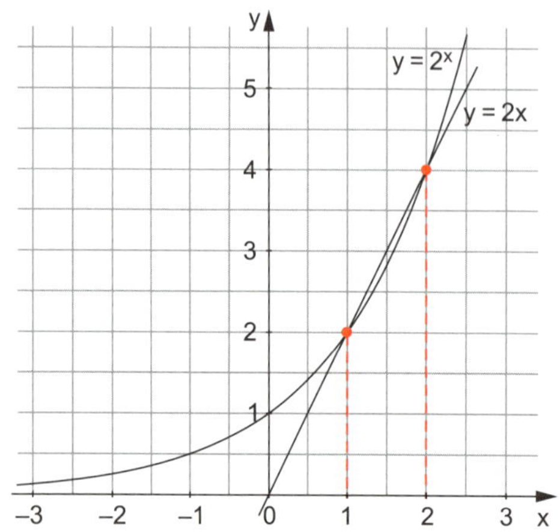

Die Graphen haben die zwei Schnittpunkte (**1**; 2) und (**2**; 4). Für die Lösungsmenge benötigen wir nur die x-Werte: L = {**1**; **2**}

Probe: $2^1 = 2 = 2 \cdot 1$ wahr
$2^2 = 4 = 2 \cdot 2$ wahr

Aufgaben

138 Bestimme rechnerisch die Lösungsmenge der folgenden Exponentialgleichungen:

a) $2^x = \frac{1}{16}$ b) $3^x = 243$

c) $\left(\frac{1}{5}\right)^x = 125$ d) $2^{x+1} = 16$

139 Bestimme grafisch die Lösungsmenge der folgenden Exponentialgleichungen:

a) $4 \cdot \left(\frac{1}{2}\right)^x = -\frac{3}{2}x + 4$ b) $-2 \cdot 2^x = x$

140 Bestimme grafisch die Schnittpunkte der Graphen der Funktionen $y = 0{,}5 \cdot 2^x$ und $y = x$.

141 Zeichne den Graphen der Funktion $y = 1{,}2^x$ im Bereich $0 \le x \le 4$ in ein Koordinatensystem und lies ab, an welcher Stelle x der Funktionswert $f(x) = 2$ ist.

5.3 Wachstums- und Zerfallsprozesse

Merke

Exponentielle Wachstums- oder Zerfallsprozesse

- Vorgänge, bei denen eine Größe y in gleichen Zeiträumen immer um den selben Faktor a zu- oder abnimmt, heißen **exponentielle Wachstums-** oder **Zerfallsprozesse**.
- Derartige Vorgänge können mathematisch durch Exponentialfunktionen $y = c \cdot a^x$ beschrieben werden:
  $a > 1$: Exponentielles Wachstum
  $0 < a < 1$: Exponentieller Zerfall

Beispiele

1. In den verschiedenen Wissenschaften werden statt x, y, a und c typische Formelzeichen verwendet:

$K = K_0 \cdot q^n$	K	Kapital nach n Jahren
	K_0	Startkapital
	q	Zinsfaktor
	n	Anzahl der Jahre
$N = N_0 \cdot 2^n$	N	Anzahl der Individuen nach n Generationen
	N_0	Anzahl der Individuen zu Beginn
	n	Anzahl der Generationen (Verdopplungen)
$N = N_0 \cdot \left(\frac{1}{2}\right)^n$	N	Anzahl der nicht zerfallenen Atomkerne
	N_0	Anzahl der zu Beginn vorhandenen Atomkerne
	n	Anzahl der vergangenen Halbwertszeiten
$p = p_0 \cdot 0{,}887^h$	p	Luftdruck in der Höhe h
	p_0	Luftdruck in der Höhe null
	h	Höhe (in km)

2. Ein Kapital von 15 000 € wird mit einem Zinssatz von 4,5 % pro Jahr und einer Laufzeit von 10 Jahren verzinst.
   a) Wie hoch ist das Guthaben nach 10 Jahren?
   b) Welchen Betrag müsste man anlegen, damit man nach 10 Jahren ein Guthaben von 30 000 € hat?

   Lösung:

   a) Bei einem Zinssatz von p % = 4,5 % beträgt der Zinsfaktor q:

   $$q = 1 + \frac{p}{100} = 1 + \frac{4{,}5}{100} = 1{,}045$$

   Das heißt, in jedem Jahr wächst das Kapital auf das 1,045-Fache des Vorjahresbetrags:

Beginn	nach **1** Jahr	nach **2** Jahren	…	nach **n** Jahren
K_0	$K_0 \cdot q$	$K_0 \cdot q^2$	…	$K_0 \cdot q^n$

   $\xrightarrow{\cdot q}$ jeweils von Schritt zu Schritt ($\cdot q$, $\cdot q$, $\cdot q$, $\cdot q$)

   Das Kapital K beträgt nach n Jahren:

   $K = K_0 \cdot q^n$

   $K = 15\,000\text{ €} \cdot 1{,}045^{10}$

   $K = 23\,294{,}54\text{ €}$

   Nach 10 Jahren beträgt das Kapital annähernd 23 295 €.

b) $K = K_0 \cdot q^n$

$30\,000\text{ €} = K_0 \cdot 1{,}045^{10} \quad |:1{,}045^{10}$

$K_0 = \dfrac{30\,000\text{ €}}{1{,}045^{10}}$

$K_0 = 19\,317{,}83\text{ €}$

Um 30 000 € zu erhalten, müsste man 19 318 € als Startkapital anlegen.

3. Bei der Herstellung von Joghurt wird der Pilz Lactobacillus bulgaricus verwendet. Diese Pilze vermehren sich durch Zellteilung, wobei innerhalb einer bestimmten Zeit, der Generationszeit, aus einer Zelle zwei Tochterzellen entstehen. Die Generationszeit für den Joghurtpilz beträgt 30 Minuten.

a) Auf wie viele Pilze wächst eine Pilzkultur von 100 Pilzen in 24 Stunden an?
b) Wie viele Pilze waren es 1 Stunde vor Beobachtungsbeginn?

Lösung:

a) In jedem Generationszyklus verdoppelt sich die Anzahl der Pilze:

Beginn	**1.** Generation	**2.** Generation	…	**n.** Generation
N_0	$N_0 \cdot 2$	$N_0 \cdot 2^2$	…	$N_0 \cdot 2^n$
	$\cdot 2$	$\cdot 2$	$\cdot 2$	$\cdot 2$

Die Zahl N der Pilze beträgt nach n Generationszyklen:

$N = N_0 \cdot 2^n$

In 24 Stunden laufen 48 Generationszyklen ab.

$N = 100 \cdot 2^{48}$

$N = 2{,}8 \cdot 10^{16}$

Nach 24 Stunden sind es $2{,}8 \cdot 10^{16}$ Pilze.

b) In einer Stunde gab es zwei Generationszyklen. Die Zahl der Pilze hat sich in dieser Zeit vervierfacht.

$100 : 4 = 25$

Vor einer Stunde waren es nur 25 Pilze.

4. Nach dem Reaktorunfall von Tschernobyl hatte das radioaktive Nuklid Jod-131 einen sehr großen Anteil an der Strahlenbelastung in Deutschland. Jod-131 hat eine Halbwertszeit von 8,08 Tagen.

a) Nach wie vielen Halbwertszeiten ist die Menge N des Nuklids Jod-131 auf 1,5625 % der anfänglichen Menge N_0 abgesunken?
b) Bei einer Probe aus Jod-131 waren nach 4,0 Tagen noch $7{,}1 \cdot 10^3$ Kerne nicht zerfallen. Wie viele unzerfallene Kerne waren zu Beginn des Beobachtungszeitraums vorhanden?

Lösung:

a) Bei Zerfallsprozessen wird die Zeit oft in Vielfachen der Halbwertszeit $T_{\frac{1}{2}}$ angegeben. Nach Ablauf dieser Zeitspanne ist nur noch die Hälfte unzerfallener Kerne vorhanden.

Beginn	nach $T_{\frac{1}{2}}$	nach $\mathbf{2} \cdot T_{\frac{1}{2}}$	…	nach $\mathbf{n} \cdot T_{\frac{1}{2}}$
N_0	$N_0 \cdot \frac{1}{2}$	$N_0 \cdot \left(\frac{1}{2}\right)^2$	…	$N_0 \cdot \left(\frac{1}{2}\right)^n$
	$\cdot \frac{1}{2}$	$\cdot \frac{1}{2}$	$\cdot \frac{1}{2}$	$\cdot \frac{1}{2}$

Die Zahl N der nach n Halbwertszeiten noch nicht zerfallenen Atomkerne beträgt $N = N_0 \cdot \left(\frac{1}{2}\right)^n$

N ist 1,5625 % von N_0, also gilt $N = 0{,}015625 \cdot N_0$

$0{,}015625 \cdot N_0 = N_0 \cdot \left(\frac{1}{2}\right)^n$

$0{,}015625 = \left(\frac{1}{2}\right)^n \qquad \left|\ 0{,}015625 = \frac{1}{64} = \frac{1}{2^6} = \left(\frac{1}{2}\right)^6\right.$

$\left(\frac{1}{2}\right)^6 = \left(\frac{1}{2}\right)^n \qquad |$ gleiche Basis → die Exponenten müssen gleich sein

$6 = n$

Nach 6 Halbwertszeiten oder 48,5 Tagen ist die Menge von Jod-131 auf 1,5625 % zurückgegangen.

b) 4,0 Tage entsprechen $n = \frac{4{,}0}{8{,}08} = 0{,}495$ Halbwertszeiten.

$N = N_0 \cdot \left(\frac{1}{2}\right)^n$

$7{,}1 \cdot 10^3 = N_0 \cdot \left(\frac{1}{2}\right)^{0{,}495}$

$7\,100 = N_0 \cdot 0{,}7096 \qquad |:0{,}7096$

$N_0 = 10\,006$

Zu Beginn des Beobachtungszeitraums waren ungefähr 10 000 Kerne vorhanden.

Aufgaben

142 Ein Kapital von 1 000 € wird mit 8 % Zinsen angelegt.

a) In welcher Zeit verdoppelt sich das Kapital?
b) Zeige, dass die Verdopplungszeit nicht davon abhängt, wie groß das Anfangskapital ist.
c) Ist folgende Aussage richtig?
„Wenn der Zinssatz verdoppelt wird, halbiert sich die Zeit, in der sich das Kapital verdoppelt." – Begründe durch eine Rechnung.

143 Der Luftdruck nimmt mit zunehmender Höhe über dem Meeresspiegel ab. Der Zusammenhang zwischen dem Luftdruck p (in hPa) und der Höhe h (in km) über dem Meeresspiegel wird durch eine Gleichung der Form $p = p_0 \cdot 0{,}887^h$ beschrieben.
Die Konstante p_0 bedeutet dabei den Normalluftdruck auf Meeresniveau.

a) Auf der Festung Königstein, die 360 m über dem Meeresspiegel liegt, wird ein Luftdruck von 970 hPa gemessen. Bestimme den Wert der Konstanten p_0.
b) Welcher Luftdruck herrscht am Gipfel des 4 477 m hohen Matterhorns?
c) Stelle den Graphen der Luftdruckfunktion in einem Koordinatensystem dar, sodass man zu jeder Höhe bis 10 km den zugehörigen Luftdruck ablesen kann.
d) Lies im Koordinatensystem ab, in welcher Höhe der Luftdruck nur noch halb so groß ist wie auf Meeresniveau.

144 Für das radioaktive Nuklid Bi-210 (Wismut) werden zu einem bestimmten Zeitpunkt 800 Kernzerfälle pro Sekunde registriert. Der Versuch wird 15 Tage später wiederholt, wobei jetzt 100 Kernzerfälle pro Sekunde gezählt werden.

a) Bestimme die Halbwertszeit von Bi-210. (Die Halbwertszeit ist die Zeit, in der die Anzahl der registrierten Kernzerfälle auf die Hälfte abnimmt.)
b) Nach wie viel Tagen werden noch 25 Kernzerfälle pro Sekunde registriert?
c) Welcher Bruchteil der ursprünglich vorhandenen Kerne ist nach 60 Tagen noch nicht zerfallen?

145 Auf Seen und Teichen wächst eine kleine Schwimmpflanze, die Wasserlinse oder „Entengrütze" genannt wird. Sie ist in der Regel kreisförmig und hat einen Durchmesser von 2–3 mm. Die explosionsartige Vermehrung der Wasserlinsen erfolgt folgendermaßen: die Pflanzen teilen sich einfach und bilden Tochtersprossen. Auf diese Art verdoppelt sich die Wasserlinse täglich.

Paul will in den Sommerferien 4 Wochen wegfahren. Sein Gartenteich hat eine Fläche von 7 Quadratmetern. Da er nicht alle Wasserlinsen aus seinem Teich heraussammeln kann, überlegt er, welche Fläche seines Gartenteiches mit Wasserlinsen bedeckt sein wird, wenn sich am Tage seiner Abreise noch insgesamt eine Handfläche voll auf dem Teich befindet.

a) Welche der folgenden Aussagen sind richtig?
   (1) Der Teich ist längst zugewuchert.
   (2) Der Teich ist erst zur Hälfte zugewuchert.
   (3) Der Teich ist erst zu drei Vierteln zugewuchert.
   (4) Der Teich ist erst nach fünf Wochen zugewuchert.
   Begründe deine Entscheidung durch Berechnung. Berechne zur Beurteilung der Aussagen auch, nach wie vielen Tagen der Teich komplett mit Wasserlinsen bedeckt ist.
b) Paul hat beobachtet: „Gestern war der Teich etwa eine Handfläche groß mit Wasserlinsen bewachsen, heute sind es schon zwei Handflächen voll." Er behauptet: „Wenn ich in 28 Tagen aus dem Urlaub wiederkomme sind weitere 28 Handflächen hinzugekommen und der Teich ist noch lange nicht zugewuchert!"
   Erkläre, von welcher Art Wachstum Paul bei dieser Überlegung ausgeht.

146 Seit einigen Jahren nimmt die Gesamtzahl der in Deutschland lebenden Menschen ab. Im Jahr 2005 lebten noch etwa 83 Millionen Menschen in Deutschland, im Jahr 2050 werden es nach Prognose des Statistischen Bundesamtes nur noch zwischen 69 und 74 Millionen Menschen sein. Wir gehen bei unseren Berechnungen von einem exponentiellen Wachstum (hier: exponentielle Abnahme) aus.

a) Gib für die beiden Extremwerte der Prognose je eine exponentielle Funktionsgleichung der Form $y = c \cdot a^x$ an, die den Prozess der Bevölkerungsabnahme für Deutschland bis 2050 beschreibt.
b) Begründe, dass der Wert für a kleiner als 1 sein muss.
c) Ein Mitschüler behauptet, dass die jährliche prozentuale Abnahme der Bevölkerung in Deutschland dann bei ca. 1 % liegen muss. Beweise oder widerlege seine Behauptung durch eine Rechnung.
d) Wenn die Bevölkerung in Deutschland – ähnlich wie in manchen Staaten in Asien oder Afrika – seit 2005 jährlich um 2 % zunehmen würde, wie viele Menschen würden dann 2050 in Deutschland leben?

6 Trigonometrische Funktionen

6.1 Gradmaß und Bogenmaß

Die Größe eines Winkels kann sowohl im Gradmaß als auch im Bogenmaß angegeben werden.
Im **Gradmaß** wird der Vollwinkel in 360 gleiche Teile zerlegt (360°).
Im **Bogenmaß** wird der Winkel x als Verhältnis der Bogenlänge b zum Radius r angegeben:

$x = \frac{b}{r}$

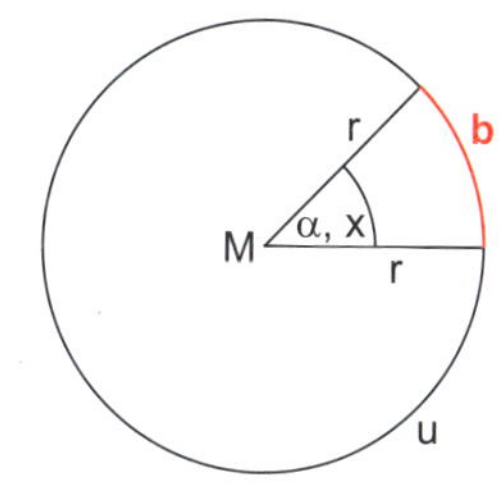

Der zum Vollwinkel gehörende Bogen b entspricht dem Umfang u des Kreises mit dem Radius r: $u = 2\pi r$
Somit ergibt sich:

$$x = \frac{b}{r} = \frac{2\pi \cancel{r}^{1}}{\cancel{r}_{1}} = 2\pi$$

Im Bogenmaß hat also der Vollwinkel den Betrag 2π ($\approx 6{,}28$).

Merke

Gradmaß und Bogenmaß

- Der **Vollwinkel 360°** hat im Bogenmaß den Betrag $\boldsymbol{2\pi}$.
- Für die folgenden Winkel solltest du die Umwandlung zwischen Grad- und Bogenmaß im Kopf beherrschen:

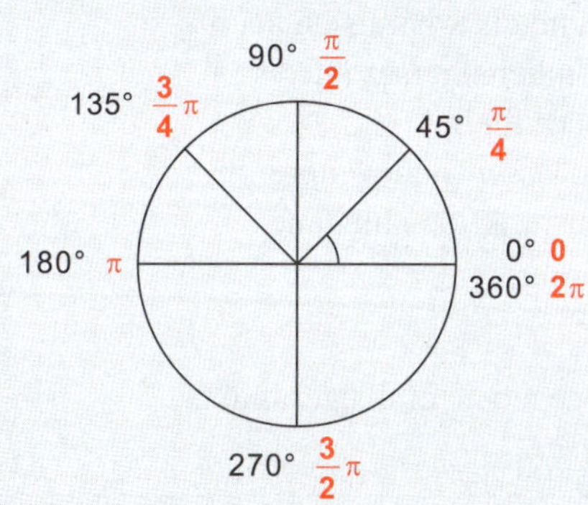

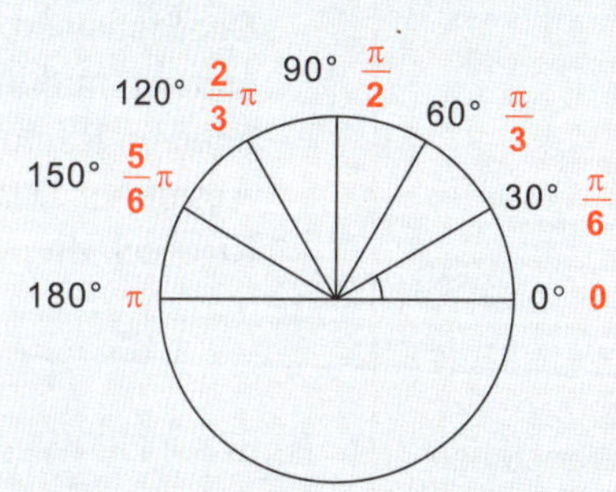

- Zwischen dem Gradmaß α und dem Bogenmaß x besteht die Beziehung
  $\frac{\alpha}{180°} = \frac{x}{\pi}$
  Daraus ergeben sich zwei Gleichungen zum Umrechnen
  – vom Gradmaß α ins Bogenmaß x: $x = \frac{\alpha \cdot \pi}{180°}$
  – vom Bogenmaß x ins Gradmaß α: $\alpha = \frac{x \cdot 180°}{\pi}$

Beispiele

Der Winkel $\alpha = 71{,}5°$ beträgt im Bogenmaß $x = \frac{71{,}5° \cdot \pi}{180°} = 1{,}2479$.

Der Winkel $x = 2{,}731$ beträgt im Winkelmaß $\alpha = \frac{2{,}731 \cdot 180°}{\pi} = 156{,}5°$.

Aufgaben

147 Gib die folgenden Winkel im Bogenmaß an, *ohne den Taschenrechner* zu verwenden.
180° 60° 45° 30° 270° 360° 300° 330°

148 Gib die folgenden Winkel im Gradmaß an, *ohne den Taschenrechner* zu verwenden.
π $\frac{\pi}{2}$ $\frac{\pi}{3}$ $\frac{2}{3}\pi$ $\frac{3}{4}\pi$ $\frac{7}{6}\pi$ 2π $\frac{7}{4}\pi$

149 Rechne ins Bogenmaß um. Runde auf 4 Dezimalstellen.
1° 2° 10° 20° 32° 84° 90° 180°

150 Rechne ins Gradmaß um. Runde auf eine Dezimalstelle.
1,00 1,05 2,00 0,50 3,14 6,28 0,38 1,27

6.2 Sinusfunktionen

Merke

Die Sinusfunktion y = sin x

- Definitionsbereich: $D = \mathbb{R}$
- Wertebereich: $W = [-1; 1]$
- Nullstellen: $x_k = k\pi \quad (k \in \mathbb{Z})$

Beispiele

Nullstellen liegen bei 0, π, $-\pi$, 2π, -2π, 3π, -3π, …

Der Sinuswert eines Winkels x lässt sich auch grafisch mithilfe des Einheitskreises (Kreis mit dem Radius r = 1) ermitteln.
Aus dieser Darstellung lassen sich weitere Eigenschaften der Sinusfunktion ableiten:

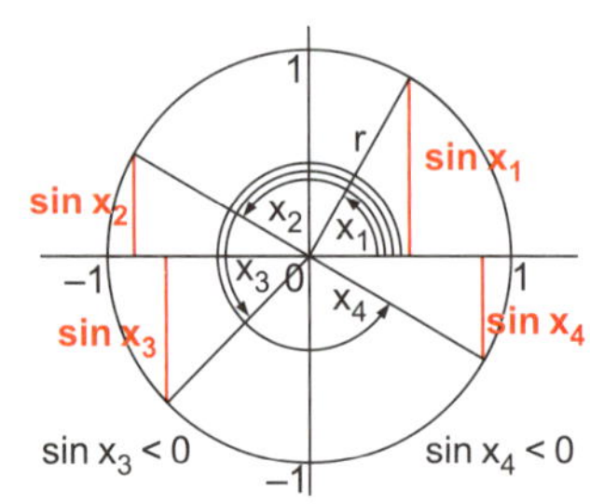

Wertetabelle

Hinweis: Die Werte sind gegebenenfalls gerundet.

Winkelmaß α	–90°	–60°	–45°	–30°	0°	30°	45°	60°	90°	120°	135°
Bogenmaß x	$-\frac{\pi}{2}$	$-\frac{\pi}{3}$	$-\frac{\pi}{4}$	$-\frac{\pi}{6}$	0	$\frac{\pi}{6}$	$\frac{\pi}{4}$	$\frac{\pi}{3}$	$\frac{\pi}{2}$	$\frac{2}{3}\pi$	$\frac{3}{4}\pi$
y = sin α y = sin x	–1	–0,87	–0,71	–0,5	0	0,5	0,71	0,87	1	0,87	0,71

Winkelmaß α	150°	180°	210°	240°	270°	300°	330°	360°	390°	420°	450°
Bogenmaß x	$\frac{5}{6}\pi$	π	$\frac{7}{6}\pi$	$\frac{4}{3}\pi$	$\frac{3}{2}\pi$	$\frac{5}{3}\pi$	$\frac{11}{6}\pi$	2π	$\frac{13}{6}\pi$	$\frac{7}{3}\pi$	$\frac{5}{2}\pi$
y = sin α y = sin x	0,5	0	–0,5	–0,87	–1	–0,87	–0,5	0	0,5	0,87	1

Graph

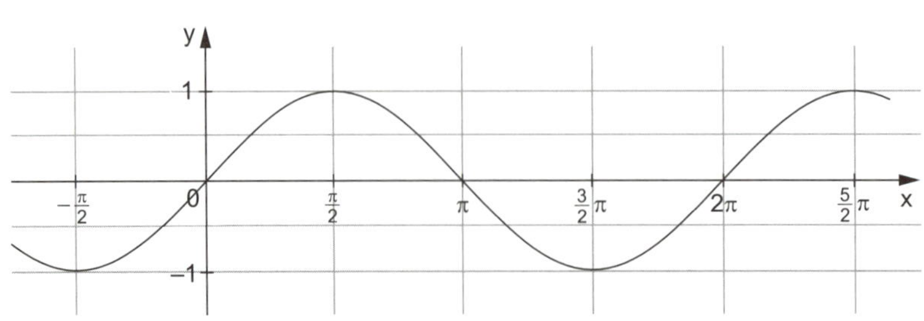

Eigenschaften der Sinusfunktion $y = \sin x$

Merke

Periodizität

Wenn der Winkel x den Wert 2π überschreitet, dann wiederholen sich die Funktionswerte:

$\sin(x + 2\pi) = \sin x$

Man sagt auch, die Sinusfunktion ist **periodisch**.

Die (kleinste) **Periode** der Sinusfunktion ist 2π.

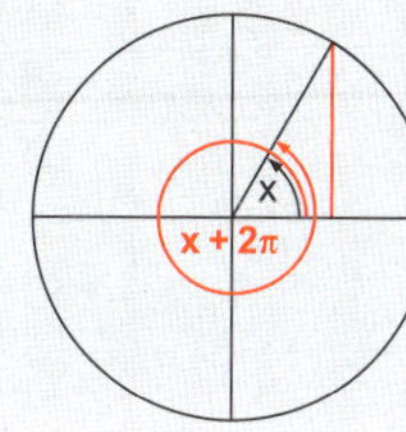

Beispiele

$\sin \frac{5}{2}\pi = \sin \frac{\pi}{2} = 1$

$\sin \frac{9}{4}\pi = \sin \frac{1}{4}\pi = 0{,}71$

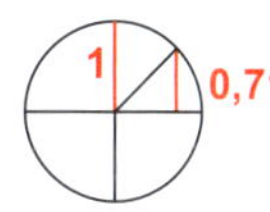

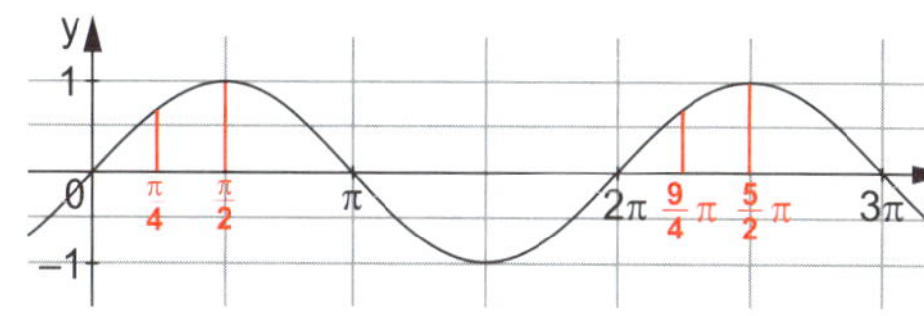

Merke

Punktsymmetrie

Wenn das Vorzeichen eines Winkels umgekehrt wird, dann ändert sich nur das Vorzeichen des Sinuswertes.

$\sin(-x) = -\sin x$

Man sagt auch, die Sinusfunktion ist **punktsymmetrisch** bezüglich des Koordinatenursprungs.

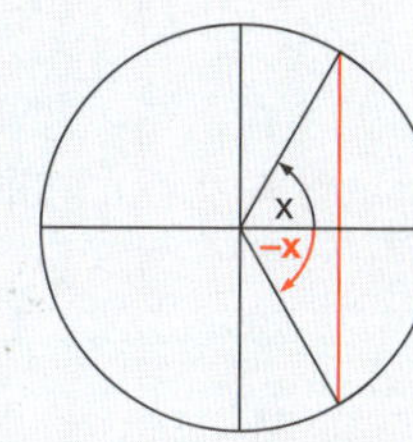

Beispiele

$\sin -\frac{\pi}{2} = -\sin \frac{\pi}{2} = -1$

$\sin -\frac{\pi}{4} = -\sin \frac{\pi}{4} = -0{,}71$

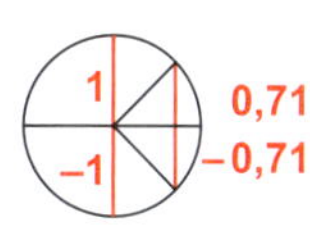

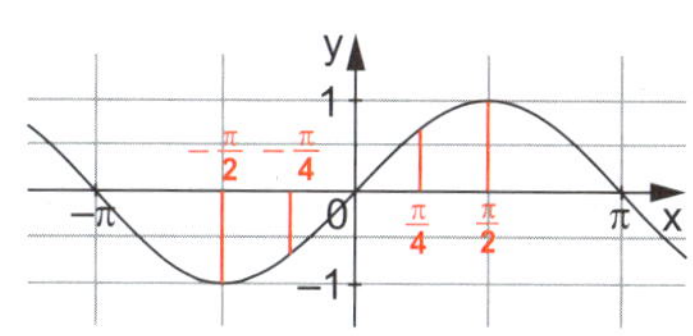

Merke

Achsensymmetrie

Zwei Winkel, die zusammen den gestreckten Winkel π ergeben, haben den gleichen Sinuswert.

$\sin(\pi - x) = \sin x$

Da diese beiden Winkel symmetrisch zu $\frac{\pi}{2}$ liegen, sagt man, die Sinusfunktion ist **achsensymmetrisch zu $\frac{\pi}{2}$**.

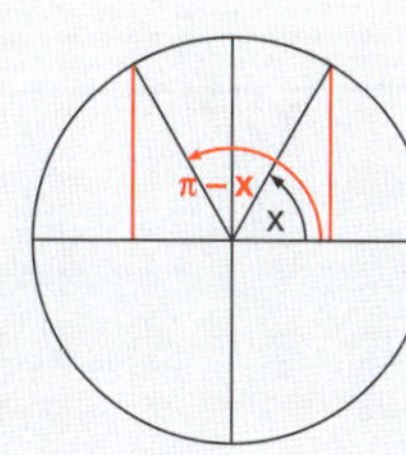

Beispiele

1. $\sin \frac{5}{6}\pi = \sin \frac{\pi}{6} = 0{,}5$

   $\sin \frac{3}{4}\pi = \sin \frac{\pi}{4} = 0{,}71$

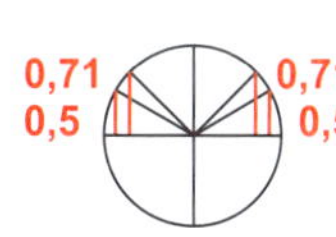

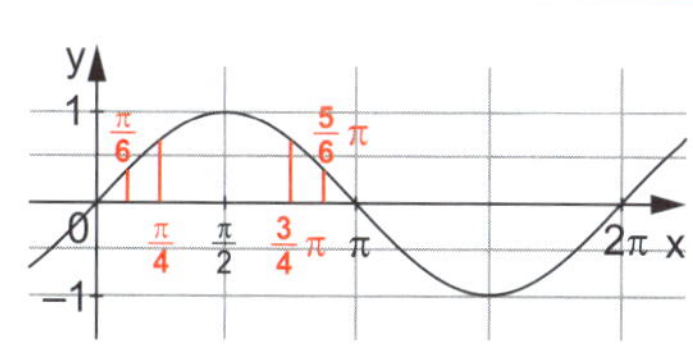

2. Für welche Winkel im Intervall $[0; \pi]$ ist $\sin x = 0{,}9$? Runde auf 2 Dezimalstellen.

   Lösung:

   $\sin x = 0{,}9$ — Taschenrechner auf Bogenmaß (RAD) einstellen und die $\sin^{-1}$ Taste nutzen

   $x_1 = 1{,}12$ — Der Taschenrechner liefert nur einen Wert (x_1).

   $x_2 = \pi - x_1 = \pi - 1{,}12 = 2{,}02$ — x_2 muss zusätzlich berechnet werden.

Aufgaben

151 Gib *ohne Verwendung des Taschenrechners* je vier weitere Winkel an, die den gleichen Sinuswert besitzen wie

a) $\frac{\pi}{6}$ b) $-\frac{\pi}{3}$

c) $\frac{\pi}{5}$ d) $\frac{3}{4}\pi$

152 Gib *ohne Verwendung des Taschenrechners* alle Winkel x im Intervall $[-\pi; 3\pi]$ an, für die gilt:

a) $\sin x = 1$ b) $\sin x = -1$

153 Gib alle Winkel x im Intervall $[-\pi; \pi]$ an, für die gilt:

a) $\sin x = 0{,}6594$ b) $\sin x = -0{,}6594$

c) $\sin x = -0{,}8134$ d) $\sin x = 0{,}8134$

154 Gib alle Winkel x im Intervall $[2\pi; 4\pi]$ an, für die gilt:

a) $\sin x = 0{,}6288$ b) $\sin x = -0{,}6288$

Merke

Sinusfunktionen mit der Gleichung $y = \sin(b \cdot x)$

- Definitionsbereich $D = \mathbb{R}$
- Wertebereich $W = [-1; 1]$
- Nullstellen $x_k = \frac{k\pi}{b}$ $(k \in \mathbb{Z}, b \neq 0)$
- Kleinste Periode: $\frac{2\pi}{b}$ $(b \neq 0)$
- Der Graph der Funktion $y = \sin(b \cdot x)$ entsteht aus dem Graphen der Funktion $y = \sin x$ durch **Streckung** bzw. **Stauchung** in Richtung der **x-Achse**.
  Für $b > 0$ gilt:
  $b > 1$: Stauchung des Graphen in x-Richtung
  $0 < b < 1$: Streckung des Graphen
  Für $b < 0$ ist der Graph an der y-Achse gespiegelt. Zusätzlich gilt:
  $b < -1$: Stauchung des Graphen
  $b = -1$: nur Spiegelung an der y-Achse
  $-1 < b < 0$: Streckung des Graphen

Beispiele

1.

	x	$-\pi$	$-\frac{3\pi}{4}$	$-\frac{\pi}{2}$	$-\frac{\pi}{4}$	0	$\frac{\pi}{4}$	$\frac{\pi}{2}$	$\frac{3\pi}{4}$	π
$f_1(x) = \sin x$	y_1	0	−0,71	−1	−0,71	0	0,71	**1**	0,71	0
$f_2(x) = \sin(\mathbf{2}x)$	y_2	0	1	0	−1	0	**1**	0	−1	0
$f_3(x) = \sin(\mathbf{0{,}5}x)$	y_3	−1	−0,92	−0,71	−0,38	0	0,38	0,71	0,92	**1**
$f_4(x) = \sin(\mathbf{-}x)$	y_4	0	0,71	**1**	0,71	0	−0,71	−1	−0,71	0

Die Funktion $y = \sin x$ hat ihr erstes Maximum $(y = 1)$ bei $\mathbf{x = \frac{\pi}{2}}$.

Die Funktion $y = \sin(2 \cdot x)$ hat ihr erstes Maximum schon bei $x = \frac{\pi}{4}$, denn $2 \cdot \frac{\pi}{4} = \frac{\pi}{2}$.

→ Je größer b ist, umso eher tritt das erste Maximum auf. Der Graph ist **gestaucht** für $b > 1$.

Die Funktion $y = \sin(0{,}5 \cdot x)$ hat ihr erstes Maximum erst bei $x = \pi$, denn $0{,}5 \cdot \pi = \frac{\pi}{2}$.

→ Für positive Werte von b gilt: je kleiner b ist, umso später tritt das erste Maximum auf. Der Graph ist **gestreckt** für $0 < b < 1$.

Bei der Funktion $y = \sin(-x)$ liegt der entsprechende Punkt bei $x = -\frac{\pi}{2}$, denn

$-\left(-\frac{\pi}{2}\right) = \frac{\pi}{2}$.

→ Der Graph ist an der y-Achse **gespiegelt**.

Graphen

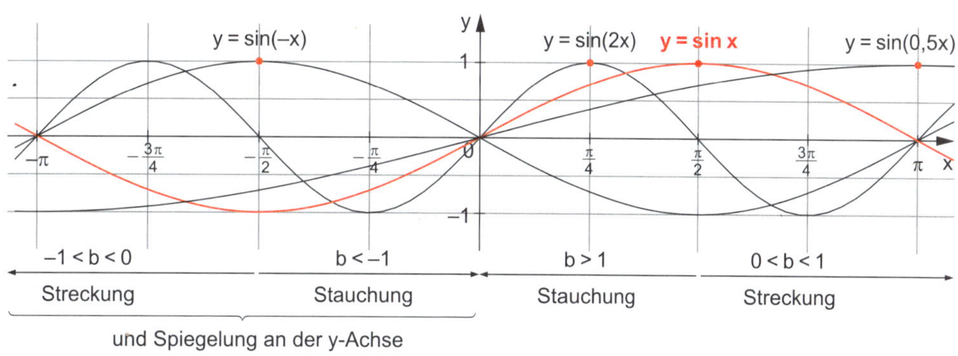

2. Eine Funktion der Form $y = \sin(b \cdot x)$ hat als kleinste Periode den Wert
   a) 6π b) 5
   Gib jeweils den Wert von b an.

Lösung:

a) $\frac{2\pi}{b} = 6\pi \quad |\cdot b \quad |:6\pi$

$\frac{2\pi}{6\pi} = b$ kürzen

$b = \frac{1}{3}$

b) $\frac{2\pi}{b} = 5 \quad |\cdot b \quad |:5$

$\frac{2\pi}{5} = b$ Der Faktor π darf stehenbleiben.

Aufgaben

155 Gib für die folgenden Funktionen an, ob die zugehörigen Graphen gestreckt oder gestaucht sind und ob sie an der y-Achse gespiegelt sind.

a) $y = \sin(-4x)$
b) $y = \sin\left(\frac{1}{3}x\right)$
c) $y = \sin(-0{,}1x)$
d) $y = \sin(8x)$

156 Der Graph einer Funktion der Form $y = \sin(b \cdot x)$ hat sein erstes Maximum bei:

a) $x = 2\pi$

b) $x = \frac{\pi}{6}$

c) $x = 10\pi$

d) $x = \frac{\pi}{10}$

Gib jeweils den Wert von b an.

157 Gib für die folgenden Funktionen jeweils die kleinste Periode und 3 Nullstellen an.

a) $x = \sin(3 \cdot x)$

b) $y = \sin\left(\frac{1}{4} \cdot x\right)$

c) $y = \sin(0{,}1 \cdot x)$

d) $y = \sin(6 \cdot x)$

158 Eine Funktion der Form $y = \sin(b \cdot x)$ hat als kleinste Periode den Wert:

a) 4π

b) $0{,}1\pi$

c) 10

d) $\frac{1}{5}$

Gib jeweils den Wert von b an.

Merke

Sinusfunktionen mit der Gleichung $y = a \cdot \sin(b \cdot x)$

- Definitionsbereich: $D = \mathbb{R}$
- Wertebereich: $W = [-|a|; |a|]$
- Nullstellen: $x_k = \frac{k\pi}{b}$ $(k \in \mathbb{Z}, b \neq 0)$
- Kleinste Periode: $\frac{2\pi}{b}$ $(b \neq 0)$
- Der Graph der Funktion $y = a \cdot \sin(b \cdot x)$ entsteht aus dem Graphen der Funktion $y = \sin(b \cdot x)$ durch **Streckung** bzw. **Stauchung** in Richtung der **y-Achse**.
  Für $a > 0$ gilt:
  $a > 1$: Streckung des Graphen in Richtung der y-Achse
  $0 < a < 1$: Stauchung des Graphen
  Für $a < 0$ ist der Graph an der x-Achse gespiegelt. Zusätzlich gilt:
  $a < -1$: Streckung des Graphen
  $a = -1$: nur Spiegelung an der x-Achse
  $-1 < a < 0$: Stauchung des Graphen

Beispiele

	x	$-\frac{\pi}{2}$	$-\frac{\pi}{4}$	0	$\frac{\pi}{4}$	$\frac{\pi}{2}$	$\frac{3\pi}{4}$	π	$\frac{5\pi}{4}$
$f_1(x) = \sin x$	y_1	–1	–0,71	0	0,71	**1**	0,71	0	–0,71
$f_2(x) = \sin(2x)$	y_2	0	–1	0	**1**	0	–1	0	1
$f_3(x) = 1{,}5 \cdot \sin(2x)$	y_3	0	–1,5	0	**1,5**	0	–1,5	0	1,5
$f_4(x) = 0{,}5 \cdot \sin(2x)$	y_4	0	–0,5	0	**0,5**	0	–0,5	0	0,5
$f_5(x) = -0{,}25 \cdot \sin(2x)$	y_5	0	0,25	0	**–0,25**	0	0,25	0	–0,25

Graphen

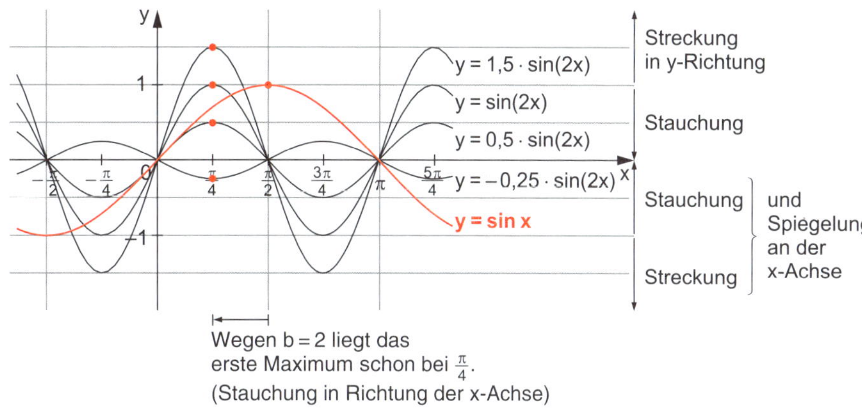

Sinusfunktionen in Natur und Technik

In Natur und Technik gibt es eine Vielzahl von Vorgängen, die mit Funktionen der Form $y = a \cdot \sin(b \cdot x)$ beschrieben werden können. Statt x, y, a und b werden typische Formelzeichen verwendet.

Beispiele

1. Harmonische Schwingung eines Fadenpendels

$$\alpha = \alpha_{max} \cdot \sin\left(\frac{2\pi}{T} \cdot t\right)$$

α	Auslenkungswinkel zur Zeit t
α_{max}	Amplitude (größter Auslenkungswinkel)
T	Periodendauer (Zeit für eine volle Schwingung)
t	Zeit

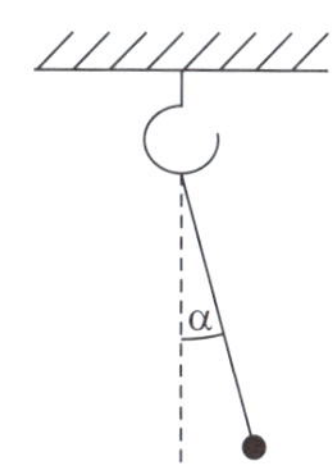

Je länger das Pendel ist, umso länger ist die **Periodendauer**.

Länge in m	Periodendauer T in s	Funktionsgleichung
0,5	**1,42**	$\alpha = 1 \cdot \sin\left(\frac{2\pi}{1{,}42} \cdot t\right)$
1,0	**2,01**	$\alpha = 1 \cdot \sin\left(\frac{2\pi}{2{,}01} \cdot t\right)$
1,5	**2,46**	$\alpha = 1 \cdot \sin\left(\frac{2\pi}{2{,}46} \cdot t\right)$

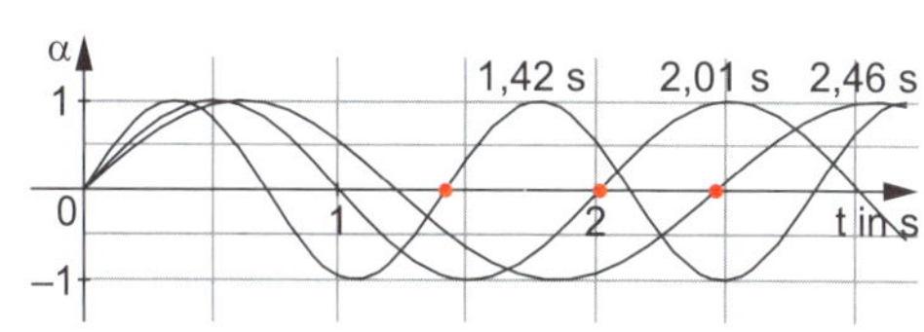

Wenn das gleiche Pendel unterschiedlich stark angestoßen wird, ändert sich die **Amplitude** der Schwingung.

Amplitude α_{max} in °	Funktionsgleichung bei T = 2,01 s
5	$\alpha = 5 \cdot \sin\left(\frac{2\pi}{2{,}01} \cdot t\right)$
10	$\alpha = 10 \cdot \sin\left(\frac{2\pi}{2{,}01} \cdot t\right)$
15	$\alpha = 15 \cdot \sin\left(\frac{2\pi}{2{,}01} \cdot t\right)$

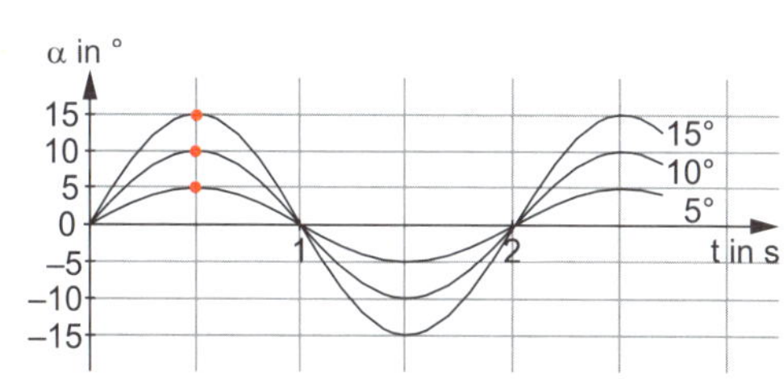

2. Schallwelle

$p = p_{max} \cdot \sin(2\pi f \cdot t)$	p	Änderung des Luftdrucks zur Zeit t am Ort x
und	p_{max}	Amplitude (größte Änderung)
	f	Frequenz des Tones
$p = p_{max} \cdot \sin\left(\frac{2\pi}{\lambda} \cdot x\right)$	t	Zeit
	λ	Wellenlänge
	x	Ortskoordinate

Musik entsteht aus Tönen, die unterschiedliche Tonhöhen und Lautstärken haben. Die **Tonhöhe** hat Einfluss auf die **Frequenz f** und auf die **Wellenlänge λ** der Schallwelle:

hoher Ton → hohe Frequenz f, kurze Wellenlänge λ

tiefer Ton → niedrige Frequenz f, große Wellenlänge λ

Ton	Frequenz f in Hz	Funktions-gleichung
c'	**261,63**	$p = 1 \cdot \sin(2\pi \cdot 261{,}63 \cdot t)$
d'	**293,67**	$p = 1 \cdot \sin(2\pi \cdot 293{,}67 \cdot t)$
e'	**329,63**	$p = 1 \cdot \sin(2\pi \cdot 329{,}63 \cdot t)$

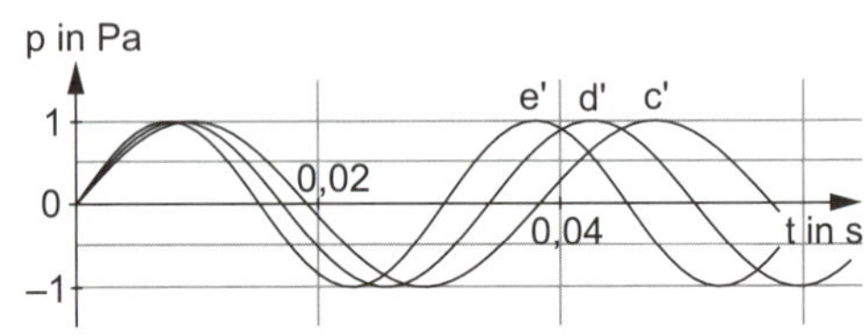

Die **Lautstärke** hat Einfluss auf die **Amplitude p_{max}** der Schallwelle:

leiser Ton → kleine Amplitude p_{max}

lauter Ton → große Amplitude p_{max}

Ton c'	Amplitude p_{max} in Pa	Funktionsgleichung
auf der Flöte	**0,02**	$p = 0{,}02 \cdot \sin(2\pi \cdot 261{,}63 \cdot t)$
auf der Klarinette	**0,08**	$p = 0{,}08 \cdot \sin(2\pi \cdot 261{,}63 \cdot t)$
auf der Trompete	**0,20**	$p = 0{,}20 \cdot \sin(2\pi \cdot 261{,}63 \cdot t)$

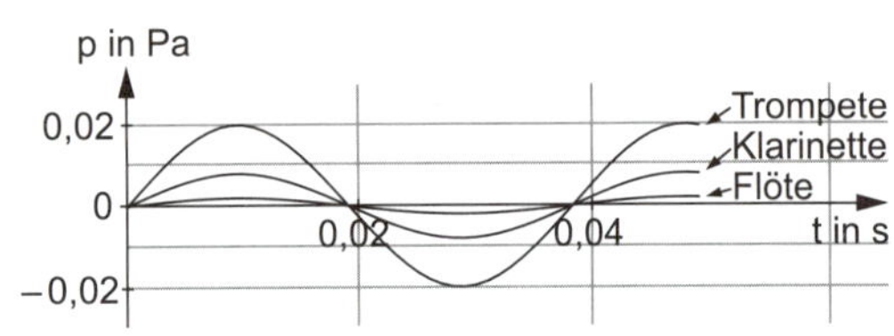

3. Harmonische Wechselspannung

$u = u_{max} \cdot \sin(2\pi f \cdot t)$	u	Spannung zur Zeit t
	u_{max}	Amplitude (größter Spannungswert)
	f	Frequenz
	t	Zeit

In Deutschland hat die Wechselspannung, mit der die Haushalte versorgt werden, eine Frequenz von 50 Hz. Die Amplitude beträgt 320 V. (Die auf vielen elektrischen Geräten zu findende Angabe 230 V–240 V ist der „Effektivwert" der Spannung.) In den USA ist die Frequenz der Wechselspannung auf 60 Hz festgelegt. Die Amplitude beträgt dort 170 V (Effektivwert 120 V).

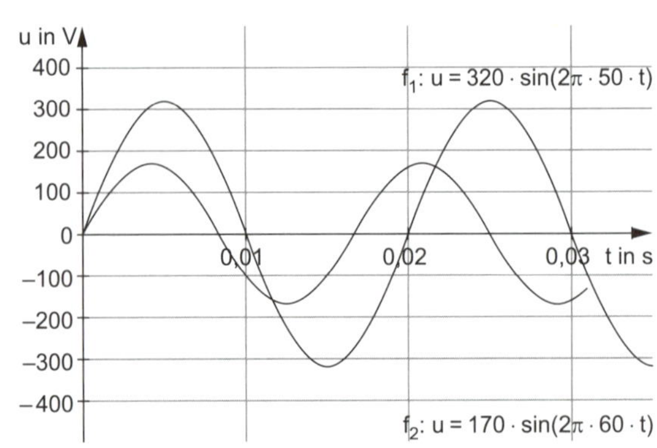

a) Wie groß ist die Spannung zum Zeitpunkt 0,018 s?

Lösung:

In Deutschland $u = 320 \cdot \sin(2\pi \cdot 50 \cdot 0{,}018) = -188 \quad \rightarrow \quad -188\text{ V}$

In den USA $u = 170 \cdot \sin(2\pi \cdot 60 \cdot 0{,}018) = 82 \quad \rightarrow \quad 82\text{ V}$

b) Zu welchen Zeitpunkten beträgt der Spannungswert in Deutschland 0 V?

Lösung:

Um die Nullstellen angeben zu können, wird der Faktor b benötigt.

$$b = 2\pi \cdot 50 \quad \Rightarrow \quad \text{Nullstellen bei } \frac{k\pi}{b} = \frac{k\not{\pi}^{1}}{2\not{\pi}_{1} \cdot 50} = 0{,}01 \cdot k \quad (k \in \mathbb{Z})$$

Immer bei ganzzahligen Vielfachen von 0,01 s beträgt der Spannungswert 0 V.

Aufgaben

159 Gib zu jeder Funktion den Wertebereich, die kleinste Periode und drei Nullstellen an.

a) $y = 1{,}5 \cdot \sin(2x)$

b) $y = -3{,}2 \cdot \sin(4x)$

c) $y = 0{,}8 \cdot \sin\left(\frac{2\pi}{100} \cdot x\right)$

d) $y = 85 \cdot \sin(2\pi \cdot 25 \cdot x)$

160 Ordne den Funktionsgleichungen ihren Graphen zu.

Funktionsgleichung	Nummer
$y = 0{,}5 \cdot \sin(0{,}5x)$	
$y = 0{,}5 \cdot \sin(2x)$	
$y = 2 \cdot \sin(2x)$	
$y = 2 \cdot \sin(0{,}5x)$	

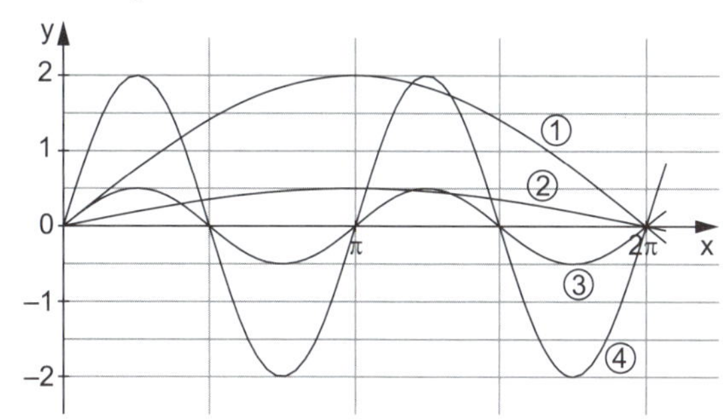

161 Eine Funktion hat die Form $y = a \cdot \sin(b \cdot x)$. Bestimme jeweils a und b so, dass folgende Eigenschaften zutreffen.

a) Größter Funktionswert = 5, Periode = $\frac{\pi}{3}$

b) Wertebereich = [–0,2; 0,2], Nullstellen bei 0, $\frac{\pi}{5}$, $\frac{2}{5}\pi$, $\frac{3}{5}\pi$, …

c) Kleinster Funktionswert = –2, Periode = 8

162 Der Graph der Funktion $y = \sin x$ wird in x-Richtung auf das Doppelte und in y-Richtung auf das Dreifache gedehnt. Gib die Funktionsgleichung des neuen Graphen an.

7 Grafische Darstellungen und Diagramme

Grafische Darstellungen und Diagramme sind Hilfsmittel, die möglicherweise komplizierte Zusammenhänge bildlich verdeutlichen sollen. Man kann im Wesentlichen zwei Arten unterscheiden:

- grafische Darstellungen funktionaler Zusammenhänge
- grafische Darstellungen statistischer Daten

Gelegentlich werden auch beide Arten miteinander vermischt. Dies wird anhand von Beispielen erläutert.

7.1 Interpretation von grafischen Darstellungen funktionaler Zusammenhänge

Hier geht es darum, aus grafischen Darstellungen auf Sachverhalte zu schließen. Dazu achtet man auf Eigenschaften des Graphen: Ist er gerade oder gekrümmt, fällt oder steigt er? Verläuft er glatt oder hat er einen Knick? Die folgende Übersicht hilft bei der Interpretation eines gegebenen Graphen:

Merke

Interpretation von grafischen Darstellungen

Graph	Beschreibung	Deutung
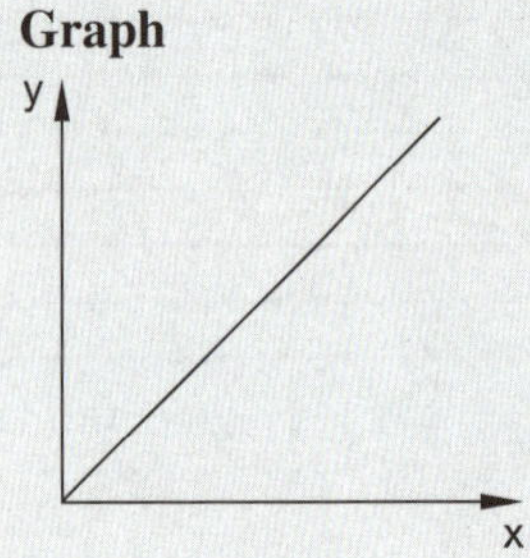	gerader Verlauf, steigend, geht durch den Ursprung	direkte Proportionalität, Gleichung $y = mx$ $(m > 0)$
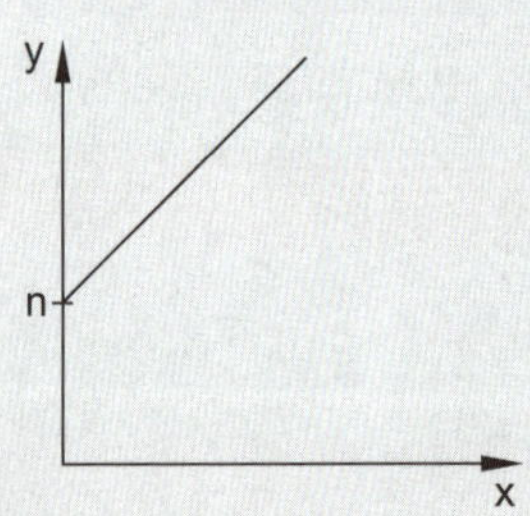	gerader Verlauf, steigend, geht durch den Punkt (0; n)	lineares Wachstum mit einem Anfangswert $n > 0$ Gleichung $y = mx + n$ $(m > 0;\ n > 0)$
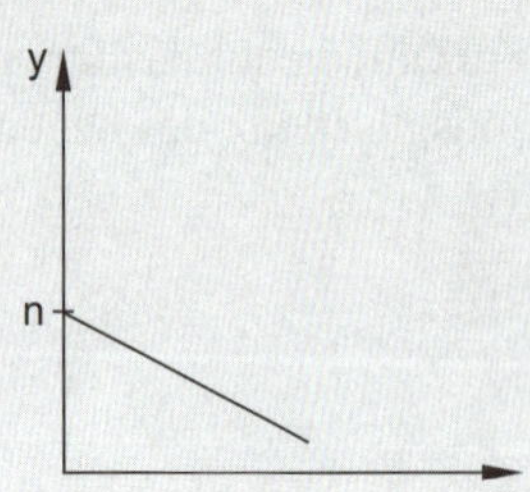	gerader Verlauf, fallend, geht durch den Punkt (0; n)	lineare Abnahme mit einem Anfangswert $n > 0$ Gleichung $y = mx + n$ $(m < 0;\ n > 0)$

Graph	**Beschreibung**	**Deutung**
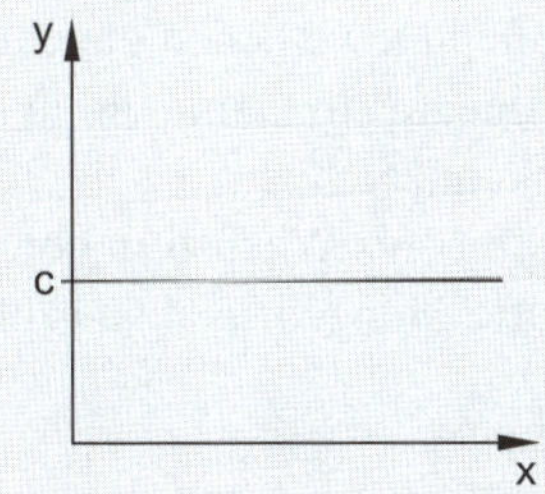	gerader Verlauf, alle Funktionswerte sind gleich c	konstante Funktion Gleichung $y = c$
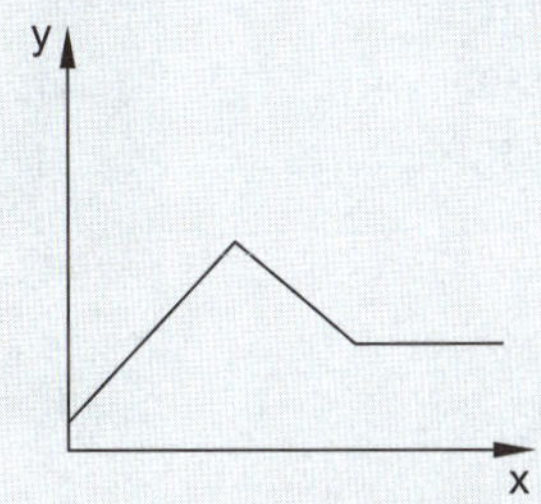	abschnittsweise gerade; Graph enthält zwei „Knickstellen“; zunächst steigend, darauf fallend, dann konstant	zunächst lineares Wachstum, darauf lineare Abnahme, dann konstant
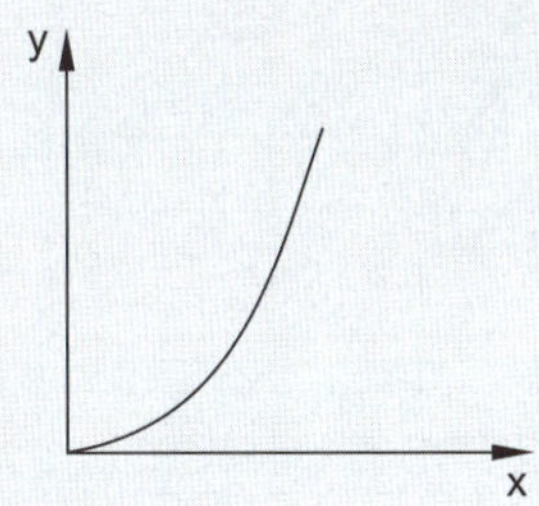	gekrümmter Verlauf; steigend; zu Beginn ist die Steigung geringer, dann größer, der Graph ist also linksgekrümmt	nicht lineares Wachstum; möglicherweise quadratisch (Gleichung $y = ax^2$; $a > 0$) oder exponentiell (Gleichung $y = c \cdot a^x$; $c > 0$, $a > 1$)
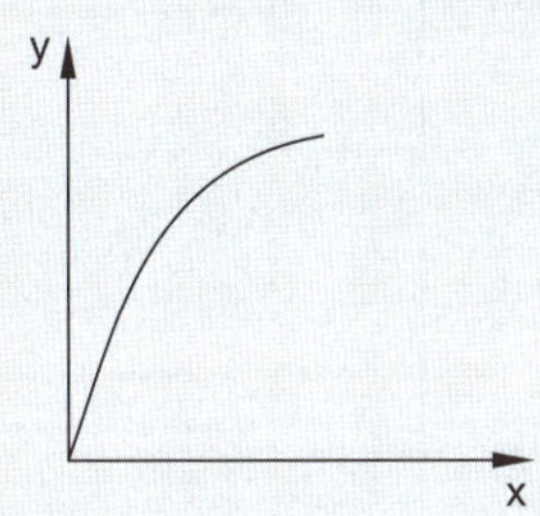	gekrümmter Verlauf; steigend; zu Beginn ist die Steigung größer, dann kleiner, der Graph ist also rechtsgekrümmt	nicht lineares Wachstum, möglicherweise beschränkt
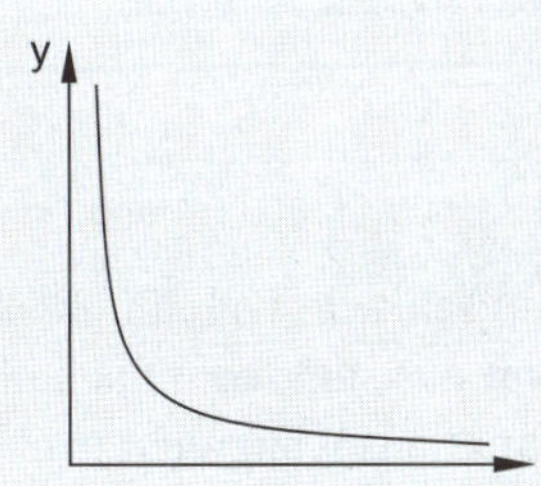	gekrümmter Verlauf; fallend	nicht lineare Abnahme; bei Produktgleichheit $x \cdot y = a$ ($a > 0$) für beliebige x indirekte Proportionalität

Im Folgenden werden die einzelnen Fälle an Beispielen erläutert.

Lineares Wachstum, lineare Abnahme

Beim linearen Wachstum nimmt eine Größe in jeweils den gleichen Abständen um jeweils den gleichen Betrag zu. Entsprechend ist lineare Abnahme durch Abnahme um jeweils den gleichen Betrag in gleichen Abständen gekennzeichnet.
So liegt etwa bei direkter Proportionalität lineares Wachstum vor, d. h. der Preis einer Ware wird k-mal so groß, wenn die gekaufte Menge k-mal so groß wird und kein Mengenrabatt gewährt wird.

Beispiel

In manchen Geschäften kann man sich jede beliebige Menge eines Öls abfüllen lassen. Ein besonderes Olivenöl kostet 2,50 € pro 100 $m\ell$.
Hier hat man es mit direkter Proportionalität zu tun. Diesen Zusammenhang kann man in einem Diagramm darstellen:

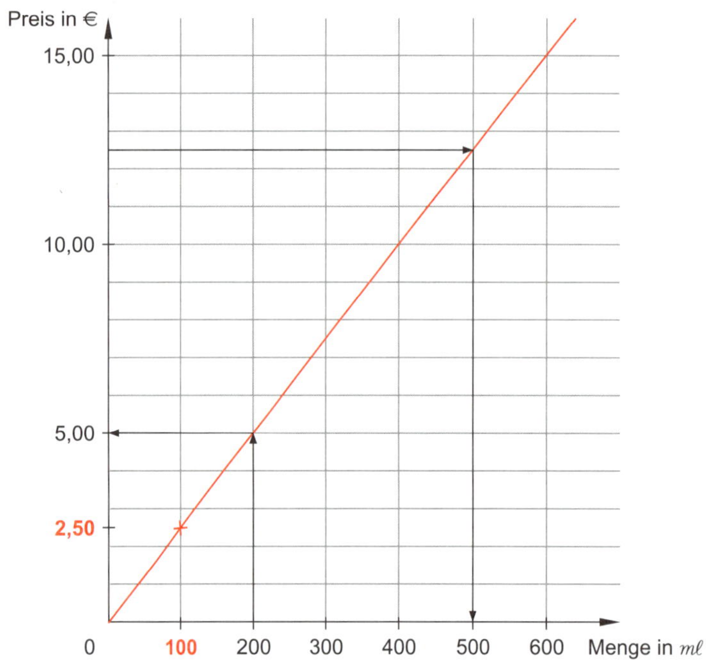

Aus dem Diagramm kann man z. B. ablesen, wie viel 200 $m\ell$ kosten, indem man auf der Mengenskala 200 $m\ell$ sucht, von dort aus senkrecht nach oben geht, bis man den Graphen trifft und dann von diesem Punkt aus waagrecht nach links zur Preisskala geht. Dort liest man ab: 5,00 €.
Umgekehrt kann man zum Preis von 12,50 € die zugehörige Menge Öl aus dem Diagramm ablesen: Jetzt geht man vom Preis 12,50 € aus waagrecht nach rechts bis zum Graphen und von diesem Punkt aus senkrecht nach unten zur Mengenskala. Dort findet man als zugehörige Menge 500 $m\ell$.

Ein Graph, der lineares Wachstum beschreibt, muss jedoch nicht immer durch den Koordinatenursprung gehen. Dies ist z. B. dann der Fall, wenn für eine Dienstleistung eine Grundgebühr erhoben wird oder wenn ein Auto aufgetankt wird, dessen Benzintank noch eine bestimmte Menge Benzin enthält.

Beispiel

Der Preis für eine Taxifahrt in Dresden setzt sich vereinfacht aus der Grundgebühr in Höhe von 2,50 € sowie dem Preis für die gefahrene Strecke zusammen. Zwischen 5 Uhr und 20 Uhr kostet ein Kilometer 1,30 €, zwischen 20 Uhr und 5 Uhr 1,50 €.

a) Stelle die Kosten für eine Taxifahrt zwischen 5 Uhr und 20 Uhr sowie zwischen 20 Uhr und 5 Uhr in einem Diagramm in Abhängigkeit von den gefahrenen Kilometern dar.

b) Lies aus dem Diagramm ab: Wie viel zahlt Herr Walter, der um 22.35 Uhr von der Oper zu seinem 6,2 km entfernten Haus fährt?

c) Frau Werner hat viel eingekauft und lässt sich deshalb am frühen Nachmittag mit dem Taxi nach Hause fahren. Sie zahlt 7,70 €. Wie weit ist sie gefahren?

Überprüfe deine Ergebnisse jeweils durch eine Rechnung.

Lösung:

a)

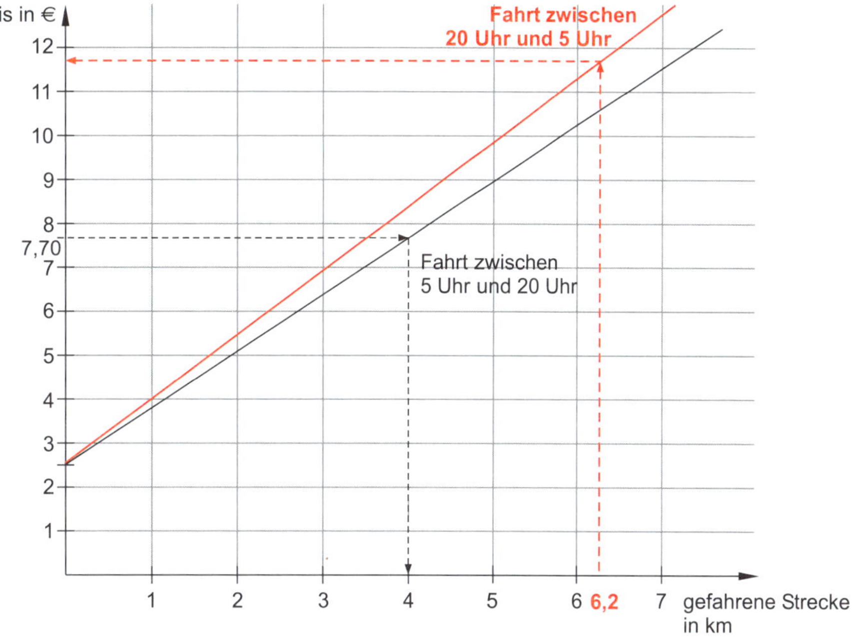

b) Herr Walter zahlt etwa 11,80 € (Ablesen aus dem Diagramm).
Rechnung: Preis = Grundpreis + gefahrene Kilometer · Preis pro km
Preis = 2,50 € + 6,2 · 1,50 € = 11,80 €

c) Ablesen aus dem Diagramm: 4 km
Rechnung: Kilometerzahl = (Preis – Grundpreis) : Kilometerpauschale
Preis abzüglich Grundpreis: 7,70 € – 2,50 € = 5,20 €
5,20 € : 1,30 € = 4
Frau Werner ist also 4 km gefahren.

Das nächste Beispiel zeigt lineare Abnahme, die in eine konstante Funktion übergeht.

Beispiel

Aus einer zylinderförmigen Wassertonne fließt Wasser aus. Die Tonne ist 1,20 m hoch und vollständig gefüllt; die Abflussöffnung befindet sich in 20 cm Höhe. Stelle den qualitativen Verlauf der Höhe des Wasserstands in der Tonne in Abhängigkeit von der Zeit dar, wenn angenommen wird, dass das Wasser gleichmäßig abfließt.

Lösung:

„Gleichmäßig abfließen" bedeutet, dass in jeder Zeiteinheit die gleiche Menge Wasser abfließt. Da der Querschnitt der Tonne überall gleich groß ist, nimmt die Höhe des Wasserstandes in jeder Zeiteinheit um den gleichen Betrag ab. Wenn der Wasserstand die Höhe der Abflussöffnung erreicht hat, fließt kein Wasser mehr aus, der Wasserstand bleibt also konstant bei 20 cm Höhe.

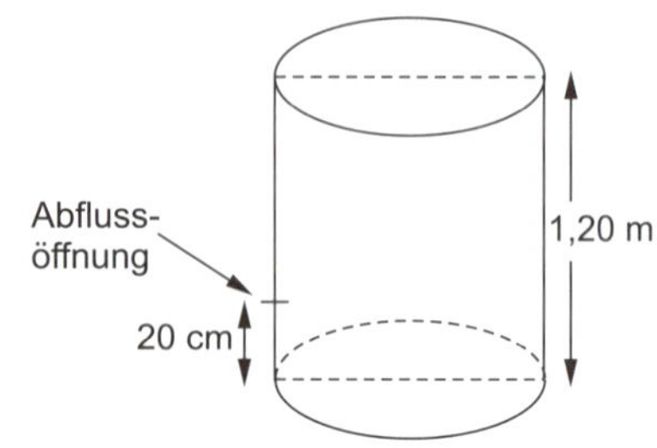

Graph

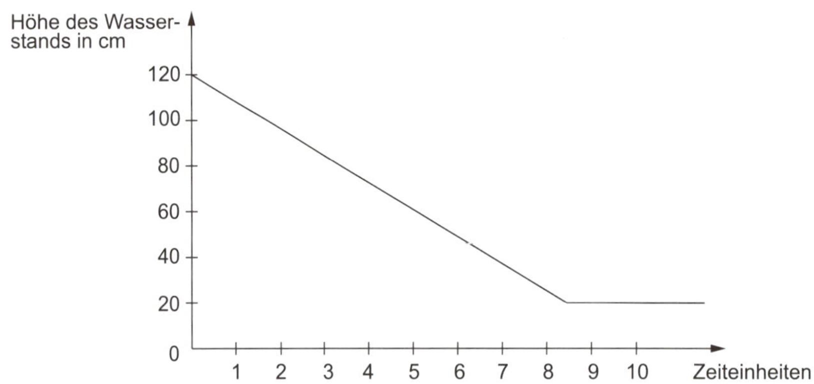

Da der Durchmesser der Wassertonne und die Ausflussgeschwindigkeit nicht bekannt sind, ist keine genauere Darstellung möglich.

Wichtige Beispiele von linearen Funktionsverläufen, bei denen sich Steigung und Bewegungsrichtung abschnittsweise ändern können, sind **Weg-Zeit-Diagramme** bei gleichförmiger, d. h. nicht beschleunigter Bewegung.

Beispiel

Das folgende Diagramm beschreibt Lisas Schulweg an einem bestimmten Tag.

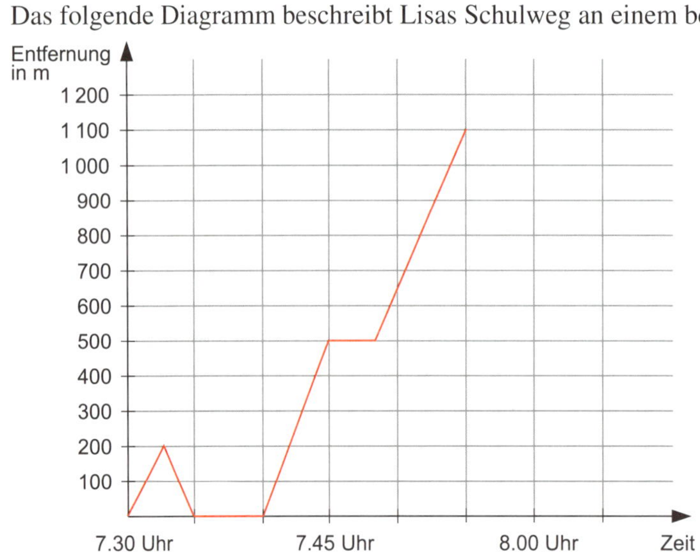

Beantworte folgende Fragen:

a) Wann kommt Lisa in der Schule an?
b) Wie weit ist die Schule von Lisas Wohnung entfernt?
c) Wann geht Lisa das zweite Mal von zu Hause weg?
d) Mit welcher Geschwindigkeit (in $\frac{km}{h}$) geht sie dann von zu Hause weg?
e) Schreibe eine kurze Geschichte, die Lisas Schulweg an diesem Tag beschreibt.

Lösung:

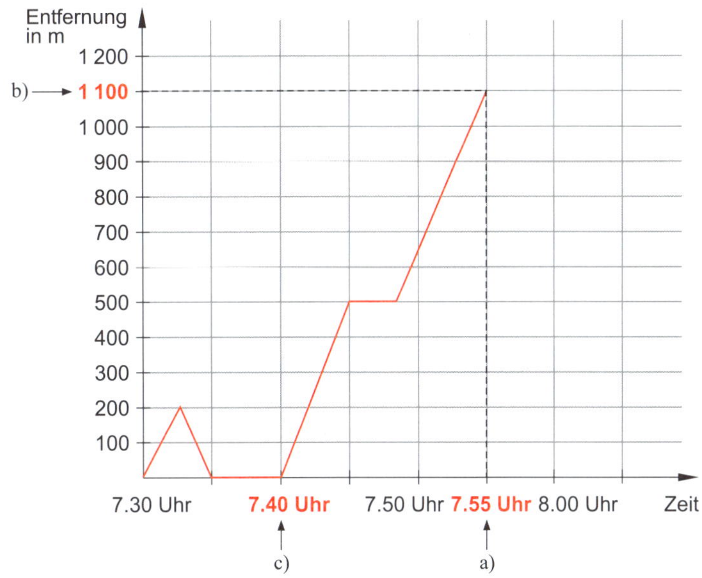

a) Ablesen aus dem Diagramm: Lisa kommt um 7.55 Uhr in der Schule an.
b) Ablesen aus dem Diagramm: Die Schule ist 1 100 m von Lisas Wohnung entfernt.
c) Ablesen aus dem Diagramm: Lisa geht um 7.40 Uhr zum zweiten Mal von zu Hause weg.
d) Ablesen aus dem Diagramm: Lisa legt zwischen 7.40 Uhr und 7.45 Uhr, also in 5 Minuten, 500 m zurück. In 60 min würde sie bei gleich bleibender Geschwindigkeit $12 \cdot 500\text{ m} = 6\,000\text{ m} = 6\text{ km}$ zurücklegen. Ihre Geschwindigkeit beträgt also $6\,\frac{km}{h}$.
e) Lisa verlässt um 7.30 Uhr das Haus. Nachdem sie 200 m gegangen ist, fällt ihr ein, dass sie ihr Mathebuch vergessen hat. Sie geht zurück, findet das Buch aber erst nach längerem Suchen unter ihrem Bett. Um 7.40 Uhr verlässt sie das Haus wieder, sie geht jetzt aber rascher als beim ersten Mal. Um 7.45 Uhr trifft sie eine Freundin, mit der sie sich kurz unterhält. Danach geht sie etwas gemächlicher weiter.
Um 7.55 Uhr kommt Lisa in der Schule an.

Gelegentlich werden bei grafischen Darstellungen einzelne Messwerte durch ein Kurvenstück miteinander verbunden und damit wird ein funktionaler Zusammenhang vorgetäuscht. Häufig geschieht dies, um den Verlauf besser sichtbar zu machen, etwa bei einer Fieberkurve oder bei der Darstellung der Umsatzentwicklung eines Unternehmens.
Durch **geschickte Wahl der Skalen auf den Achsen** können **Daten** so **manipuliert** werden, dass beim Betrachter ein bestimmter, gewünschter, Eindruck entsteht.

Beispiel

Vertreter Apel und Vertreter Berner haben ihre Umsätze im vergangenen halben Jahr in Diagrammen dargestellt:

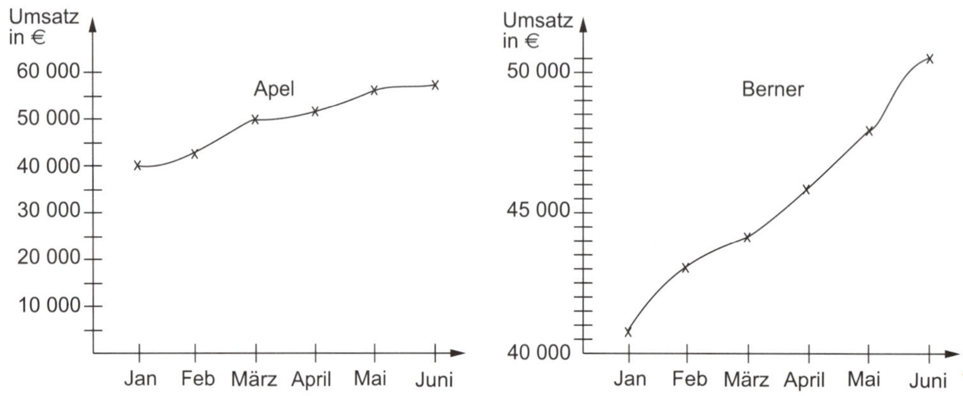

Beantworte folgende Fragen:

a) Welcher der beiden Vertreter hat scheinbar die größere Umsatzsteigerung erzielt?
b) Welchen Umsatz haben Herr Apel und Herr Berner in den Monaten Januar und Juni erzielt?
c) Wie groß ist jeweils die prozentuale Umsatzsteigerung im Juni gegenüber dem Umsatz im Januar?
d) Welcher der beiden Vertreter hat die größere Umsatzsteigerung erzielt?
e) Warum hat Herr Berner die Beschriftung der Achsen so gewählt wie oben angegeben?
f) Welche Art der grafischen Darstellung wäre für die Darstellung der Umsatzentwicklung besser geeignet?

Lösung:

a) Auf den ersten Blick scheint Herr Berner die größere Umsatzsteigerung erzielt zu haben, da seine Kurve steil ansteigt, während die von Herrn Apel eher flach verläuft.
b) Herr Apel: 40 000 € im Januar, 57 000 € im Juni
Herr Berner: 41 000 € im Januar, 51 000 € im Juni.
c) Herr Apel: Umsatzsteigerung um $p\,\% = \dfrac{(57\,000\text{ €} - 40\,000\text{ €}) \cdot 100\,\%}{40\,000\text{ €}} = 42{,}5\,\%$

Herr Berner: Umsatzsteigerung um $p\,\% = \dfrac{(51\,000\text{ €} - 41\,000\text{ €}) \cdot 100\,\%}{41\,000\text{ €}} \approx 24{,}39\,\%$

d) Die größere Umsatzsteigerung hat demnach Herr Apel erzielt.
e) Herr Berner möchte seine Ergebnisse in einem möglichst guten Licht erscheinen lassen. Daher wählt er die Beschriftung der y-Achse so, dass die Umsatzsteigerung als möglichst steile Kurve erscheint; insbesondere beginnt er nicht bei 0 €, sondern bei 40 000 €.
f) Zwischen den Monaten und dem Umsatz besteht eigentlich kein funktionaler Zusammenhang. Hier wäre ein Balkendiagramm besser geeignet.

Aufgaben

163 Für die Nutzung eines Handys entstehen in Abhängigkeit von der Nutzungsdauer Kosten.

a) Bei einem Prepaid-Handy gibt es keine monatlichen Grundgebühren. Beim Telefonieren beträgt der Preis pro Minute 0,39 €. Ergänze in der Tabelle die fehlenden Kosten!

Monatliche Telefonierdauer in Minuten	0	1	2	5	10	60	120
Monatliche Kosten in €	0	0,39					

b) Stelle die Werte aus Teilaufgabe a mithilfe eines Graphen dar (x-Achse: Telefonierdauer, y-Achse: Kosten).

c) Die monatlichen Kosten lassen sich auch als Funktionsgleichung angeben. Begründe, warum die Gleichung $K = 0{,}39 \cdot x$ sinnvoll ist!

d) Bei einem Vertrag hat man eine monatliche Grundgebühr von 9,95 €. Die Kosten pro Minute betragen dafür nur 0,09 €. Ergänze die fehlenden Kosten in der Tabelle!

Monatliche Telefonierdauer in Minuten	0	1	2	5	10	60	120
Monatliche Kosten in €							

e) Stelle die Werte aus Teilaufgabe d mithilfe eines Graphen dar (x-Achse: Telefonierdauer, y-Achse: Kosten).

f) Gib eine Gleichung an, mit deren Hilfe man die monatlichen Kosten für diesen Handy-Vertrag in Abhängigkeit von der Telefonierdauer bestimmen kann!

g) Entscheide und begründe, ob sich bei einer monatlichen Telefonierdauer von 20 Minuten ein Handy-Vertrag lohnt oder ob ein Prepaid-Handy günstiger ist!

h) Bestimme, ab welcher monatlichen Telefonierdauer sich der Abschluss eines Handy-Vertrages lohnt!

164 Ein Diesel-Pkw kostet pro Jahr 293 € an Steuer und Versicherung. Pro 100 km benötigt das Fahrzeug 4,5 Liter Dieselkraftstoff; 1 Liter davon kostet 1,45 €.
Das gleiche Modell mit einem Benzinmotor kostet 94 € an Steuer und Versicherung. Der Benziner braucht 6 Liter Super auf 100 km; 1 Liter Super kostet 1,50 €.

a) Gib die jährlichen Kosten für den Diesel-Pkw an, wenn man damit 5 000 km (10 000 km, 15 000 km) zurücklegt.

b) Welche Kosten entstehen pro Jahr, wenn man mit dem Fahrzeug mit Benzinmotor 5 000 km (10 000 km, 15 000 km) zurücklegt?

c) Übertrage die Werte für die zurückgelegte Strecke und die entstehenden Kosten pro Jahr für die beiden Fahrzeuge in ein Koordinatensystem (x-Achse: zurückgelegte Strecke, y-Achse: entstehende Kosten pro Jahr). Bestimme mithilfe der eingezeichneten Graphen die Strecke, bei der die entstehenden Kosten für die beiden Fahrzeuge gleich sind.

Nicht lineares Wachstum

Sehr viele Vorgänge, die Wachstum oder Abnahme beschreiben, lassen sich nicht durch lineare Funktionen darstellen. Dazu gehören Füllgraphen von Gefäßen mit nicht konstantem Querschnitt bei gleichmäßiger Flüssigkeitszufuhr, Weg-Zeit-Diagramme beschleunigter Bewegungen, das Anwachsen eines Kapitals mit Zinseszinsen oder radioaktiver Zerfall.
Häufig sollen aus einer gegebenen grafischen Darstellung Informationen entnommen werden. Dabei ist es oft hilfreich, sich anzuschauen, *wie* ein Graph steigt oder fällt: Ist die Steigung am Anfang klein (der Graph verläuft flach) und wächst dann (der Graph wird steil) oder ist es umgekehrt? Dies kann man feststellen, indem man ein Lineal oder Geodreieck so am Graphen entlangführt, dass das Lineal den Graphen berührt.
Außerdem ist es von Vorteil, den Verlauf quadratischer Funktionen und von Exponentialfunktionen im Kopf zu haben, siehe auch die entsprechenden Abschnitte.

Beispiele

1. Ein Wasserbehälter hat die Form eines auf der Spitze stehenden Kegels. Welcher der folgenden Graphen beschreibt die Füllhöhe im Gefäß richtig, wenn das Gefäß zunächst leer ist und das Wasser gleichmäßig zufließt?

a) 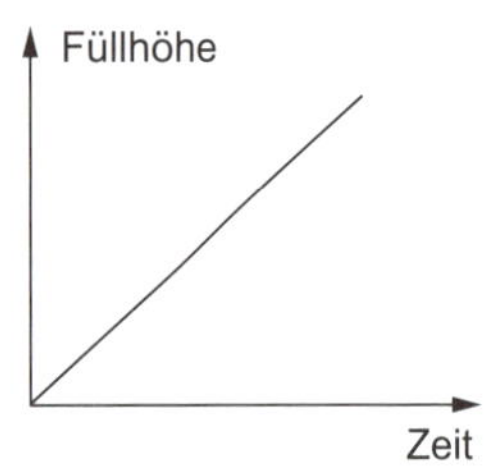

b) 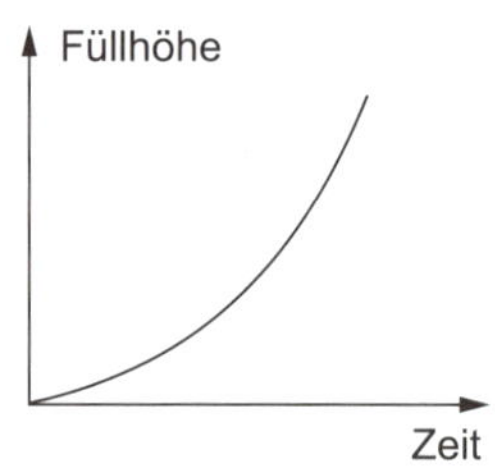

c) 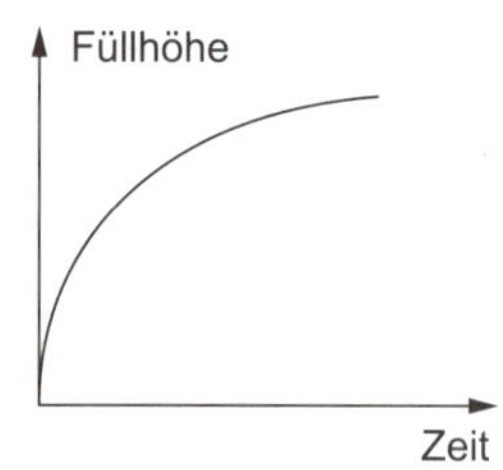

Lösung:
Da der Wasserbehälter die Form eines auf der Spitze stehenden Kegels hat, ändert sich der Querschnitt des Gefäßes ständig:

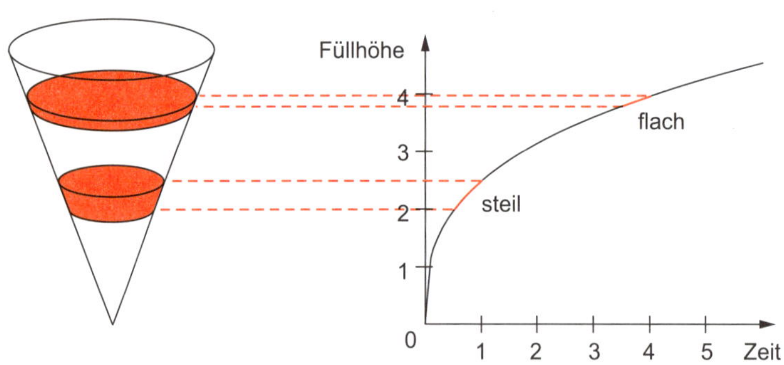

Er ist zunächst klein und wird immer größer. Daher steigt die Füllhöhe am Anfang stärker und dann schwächer. Die Steigung des zugehörigen Graphen muss also zuerst groß sein und dann mit der Zeit abnehmen. Daher ist c der richtige Graph.

2. Die folgende grafische Darstellung zeigt die Bewegung eines Steins, der von einer Felswand fallen gelassen wird.

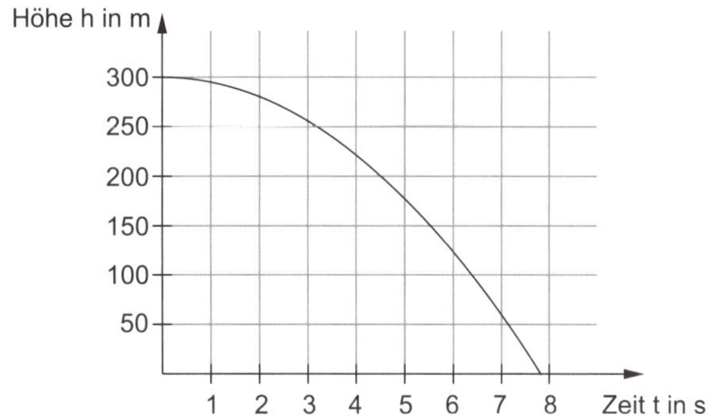

Beantworte die folgenden Fragen:

a) Aus welcher Höhe fällt der Stein?
b) Nach wie viel Sekunden kommt der Stein am Boden auf?
c) Welchen Weg legt der Stein in der vierten Sekunde zurück?
d) Welchen Weg legt der Stein in der siebten Sekunde zurück?
e) Um welche Art von Bewegung handelt es sich? Durch welche Funktionsgleichung kann die Bewegung annähernd beschrieben werden?

Lösung:

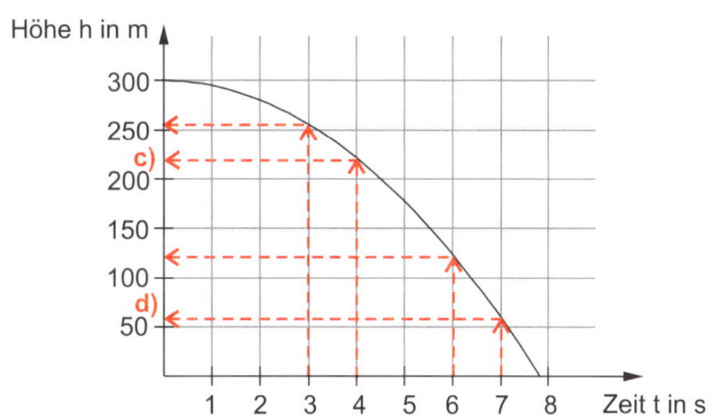

a) Der Stein fällt aus einer Höhe von 300 m.
b) Nach 7,8 s kommt der Stein am Boden auf.
c) Der Stein legt in der vierten Sekunde etwa 30 m zurück.
d) Der Stein legt in der siebten Sekunde etwa 60 m zurück.
e) Es handelt sich um eine beschleunigte Bewegung. Die Funktionsgleichung ist eine quadratische Funktion. Die zugehörige Parabel hat den Scheitelpunkt (0; 300) und ist nach unten geöffnet. Daher hat die Gleichung die Form $y = 300 - at^2$; mit $h = 0$ für $t = 7{,}8$ s ergibt sich $300 - a \cdot 7{,}8^2 = 0$, also $a = \frac{300}{7{,}8^2} \approx 4{,}9 \left(\frac{\text{m}}{\text{s}^2}\right)$.

In der Physik schreibt man üblicherweise für die Fallhöhe $h = \frac{1}{2} \cdot g \cdot t^2$, wobei $g = 9{,}81 \frac{\text{m}}{\text{s}^2}$ die Fallbeschleunigung ist; diese Fallhöhe ist jeweils von der Höhe der Felswand abzuziehen.

3. Bei kurzer Trinkzeit (etwa eine halbe Stunde) ergibt sich ungefähr der folgende Verlauf der Blutalkoholkonzentration (nach W. Schwerd (Hrsg.), Kurzgefaßtes Lehrbuch der Rechtsmedizin für Mediziner und Juristen, Deutscher Ärzte-Verlag, 3. Auflage 1979):

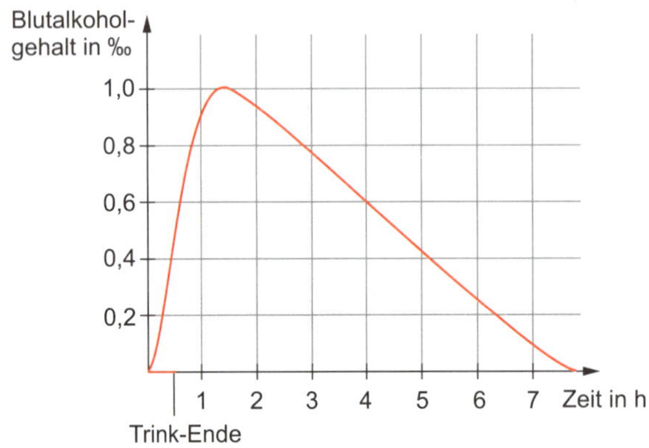

Beantworte folgende Fragen:

a) Welche Blutalkoholkonzentration wird hier maximal erreicht?
b) Nach welcher Zeit ist das Maximum erreicht?
c) Beschreibe den Verlauf der Kurve.

Lösung:

a) Der maximale Blutalkoholgehalt beträgt 1,0 ‰.
b) Das Maximum ist etwa eineinhalb Stunden nach Beginn des Trinkens erreicht.
c) Die Kurve steigt zunächst rasch an; nach eineinhalb Stunden ist das Maximum von 1,0 ‰ erreicht. Danach fällt die Kurve annähernd linear.

Aufgaben

165 In der Tabelle ist die durchschnittliche Körpergröße von Mädchen im Alter bis 14 Jahren angegeben:

Alter (in Jahren)	0	1	2	3	4	5	7	10	11	12	13	14
Durchschnittliche Körpergröße von Mädchen (in cm)	48	75	87	96	103	111	122	142	148	154	158	165

Quelle für die Werte ab 1 Jahr: Forschungsinstitut für Kinderernährung, Dortmund

a) Erstelle anhand der Werte aus der Tabelle einen Graphen (x-Achse: Alter in Jahren, y-Achse: Körpergröße in cm).
b) Lies im Graphen ab, wie groß ein Mädchen durchschnittlich mit 9 Jahren ist!
c) Um wie viel cm wächst ein Mädchen durchschnittlich im ersten Lebensjahr?
d) Begründe, warum die durchschnittliche Größe im Alter 0 Jahre nicht 0 cm sein kann.
e) Lies am Graphen ab, in welchem Jahr ein Mädchen durchschnittlich am meisten wächst! Erkläre, woran du dies erkennst!
f) Zwischen dem Alter von 2 und 3 Jahren wächst ein Mädchen durchschnittlich um 9 cm. Wie groß wäre dieses Mädchen, wenn es bis zu einem Alter von 14 Jahren genauso schnell weiterwachsen würde?
g) Um wie viel Prozent wächst ein Mädchen im Alter von 12 bis 14 Jahren?

7.2 Analyse grafischer Darstellungen bei statistischen Datenerhebungen

Statistische Daten werden der besseren Anschaulichkeit wegen häufig in Diagrammen dargestellt. Besonders gebräuchlich sind Block-, Streifen- und Kreis- bzw. Tortendiagramme. Gelegentlich werden Daten jedoch ausgewertet und ein funktionaler Zusammenhang zwischen einzelnen Merkmalen hergestellt. Dies zeigt unser erstes Beispiel.

Beispiel

In einem Lehrbuch der Rechtsmedizin (W. Schwerd (Hrsg.), Kurzgefaßtes Lehrbuch der Rechtsmedizin für Mediziner und Juristen, Deutscher Ärzte-Verlag, 3. Auflage 1979) findet sich folgende Grafik:

Zunahme der Gefährlichkeit alkoholbeeinflusster Verkehrsteilnehmer mit steigender Blutalkoholkonzentration

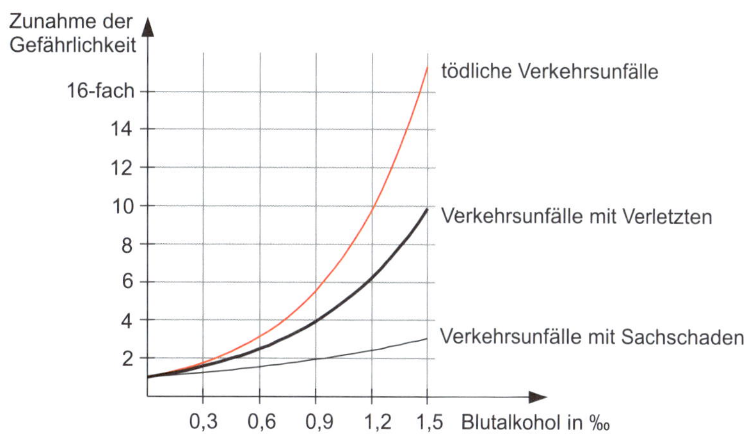

Beantworte folgende Fragen:

a) Wie hoch – im Vergleich zu einem Nüchternen – ist das Risiko einer Person mit einem Blutalkoholgehalt von 1,2 ‰ dafür, einen Verkehrsunfall mit Verletzten zu verursachen?
b) Bei welchem Blutalkoholgehalt steigt das Risiko für einen tödlichen Verkehrsunfall auf das 12-fache an?
c) Für welche Art von Unfällen steigt das Risiko mit steigendem Blutalkoholgehalt besonders stark an?
d) Welche Art von Funktionen gibt den hier gezeigten Sachverhalt wieder?
e) Stelle die Steigerung des Risikos für einen tödlichen Unfall für 0,3 ‰, 0,5 ‰, 0,8 ‰ und 1 ‰ in einem Säulendiagramm dar. Bei welcher Diagrammart zeigt sich die Erhöhung des Risikos deutlicher?

Lösung:

a) Das Risiko für einen Unfall mit Verletzten versechsfacht sich.
b) Bei 1,3 ‰ steigt das Risiko für einen tödlichen Verkehrsunfall auf das 12-Fache.
c) Das Risiko für tödliche Verkehrsunfälle steigt besonders stark an.
d) Es handelt sich um Exponentialfunktionen.

e)

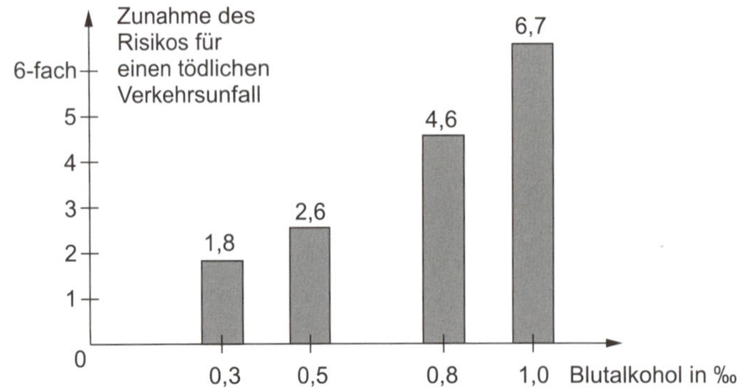

Die Darstellung der Erhöhung des Unfallrisikos durch eine Kurve macht den Zusammenhang deutlicher.

Statistische Daten werden häufig in Säulendiagrammen dargestellt. Es empfiehlt sich, genau auf die Beschriftung der Achsen zu achten.

Beispiel

Die folgenden Diagramme zeigen die durchschnittlichen Schülerzahlen in Grundschulen und in Gymnasien (ohne Oberstufe).

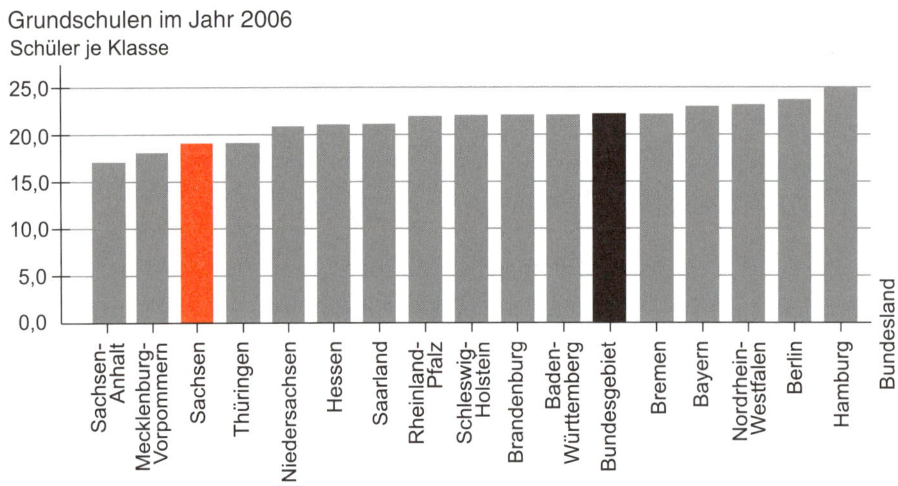

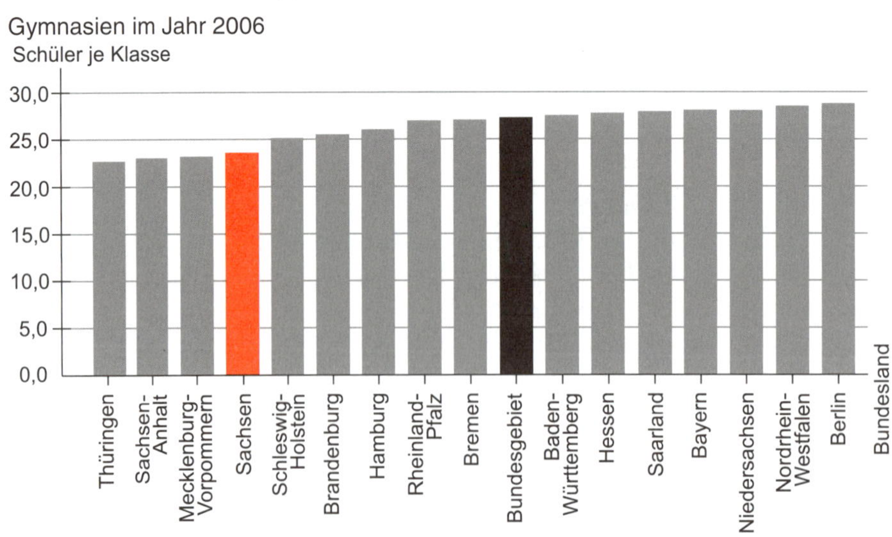

(Quelle: http://www.kmk.org/statist/SKL_2006_Tabellenwerk.xls)

Beantworte anhand der Diagramme die folgenden Fragen:

a) Wie viele Schüler sind in Sachsen durchschnittlich in einer Grundschulklasse? Sind es mehr als im Bundesdurchschnitt?

b) In welchem Bundesland sind die Grundschulklassen am kleinsten? Wo sind sie am größten?

c) Sind die durchschnittlichen Klassenstärken in der Grundschule und am Gymnasium in Sachsen gleich?

d) In welchen Bundesländern hat eine Grundschulklasse durchschnittlich weniger als 20 Schüler?

e) In welchen Bundesländern hat eine Klasse am Gymnasium durchschnittlich weniger als 20 Schüler?

f) Wie groß sind die Klassenstärken an Grundschulen und an Gymnasien im Bundesdurchschnitt?

Lösung:

a) In Sachsen sind durchschnittlich 19 Schüler in einer Grundschulklasse, im Bundesdurchschnitt sind es dagegen 22.

b) In Sachsen-Anhalt sind die Grundschulklassen mit durchschnittlich 18 Schülern am kleinsten, in Hamburg mit durchschnittlich 25 Schülern am größten.

c) Gymnasium: 24 Schüler   Grundschule: 19 Schüler
Die durchschnittliche Klassenstärke ist also am Gymnasium größer.

d) In einer Grundschulklasse sind in Sachsen-Anhalt, Mecklenburg-Vorpommern, Sachsen und Thüringen durchschnittlich weniger als 20 Schüler.

e) Das ist in keinem Bundesland der Fall.

f) Grundschule: 22 Schüler   Gymnasium: 27 Schüler

Gelegentlich werden statistische Aussagen in bildhafte Darstellungen verpackt. In solchen Fällen sind Manipulationen besonders verbreitet.

Beispiel

Ein Versandhaus möchte den Umsatz, den es durch den Versand von Weinen aus aller Welt erzielt, nochmals steigern und plant eine Sonderaktion. Der Geschäftsleitung liegen zwei Entwürfe vor.

Entwurf 1:

Entwurf 2:

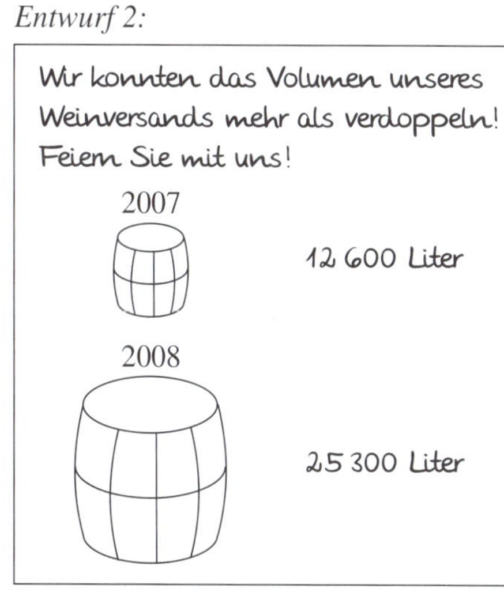

Für welchen Entwurf wird sich die Geschäftsleitung wahrscheinlich entscheiden und warum?

Lösung:
Vermutlich wird die Geschäftsleitung den zweiten Entwurf wählen, da dort das Anwachsen des Umfangs des Weinversands deutlicher wird. Allerdings täuscht das große Fass eine erheblich größere Steigerung der Menge vor, als tatsächlich vorhanden: Das große Fass ist etwa doppelt so breit und doppelt so hoch wie das kleine, besitzt also einen viermal so großen Flächeninhalt! Bedenkt man, dass es sich bei einem Fass um ein dreidimensionales Gebilde handelt, so wird sogar der achtfache Rauminhalt vorgetäuscht.

Manchmal besteht die Manipulation statistischer Daten nur aus der Kunst des Weglassens. Dies zeigt das folgende Beispiel:

Beispiel

Ein Pharmakonzern hat ein neues Medikament gegen eine bestimmte Krebsart entwickelt und gibt eine Langzeitstudie in Auftrag, die über einen Zeitraum von fünf Jahren laufen soll. Dabei wird das neue Medikament (N) mit dem herkömmlichen (H) verglichen. Die Forschergruppe fasst ihre Ergebnisse hinsichtlich der Überlebensrate in folgendem Diagramm zusammen:

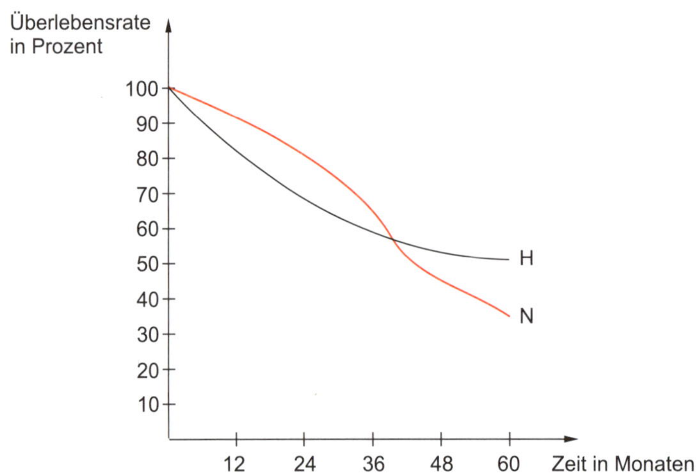

Die Überlebensrate z. B. nach 12 Monaten gibt an, wie viel Prozent der ursprünglich vorhandenen Patienten dann noch leben.

Im Ärzteprospekt für das Medikament N erscheint die folgende Grafik:

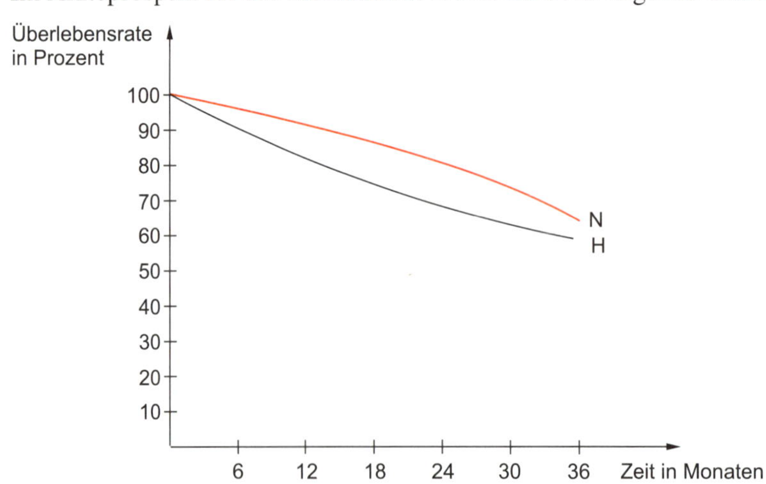

Beantworte die folgenden Fragen:

a) Welche Rückschlüsse hinsichtlich der Wirksamkeit der Medikamente H und N kann man aus der ersten Grafik ziehen?

b) Wie wird die Wirksamkeit des Medikamentes N in der zweiten Grafik dargestellt? Stimmen die dort angegebenen Überlebensraten mit denen aus der ersten Grafik überein?

c) Wie wurde die erste Grafik im Ärzteprospekt manipuliert? Welches Ziel verfolgt diese Manipulation?

d) Was könnte der Grund für den starken Abfall der Überlebensrate nach 36 Monaten bei Medikament N sein?

Lösung:

a) Bei Medikament H fällt die Überlebensrate in den ersten 36 Monaten auf etwa 60 % ab; danach scheint sie aber nur langsam zu fallen. Nach 60 Monaten beträgt die Überlebensrate immerhin noch etwa 50 %.
In den ersten 36 Monaten fällt die Überlebensrate bei Medikament N deutlich schwächer ab als bei Medikament H; nach 36 Monaten beträgt die Überlebensrate etwa 66 %. Im vierten Jahr sinkt die Überlebensrate dramatisch ab und ist nach 60 Monaten nur noch bei 35 %.

b) Nach der zweiten Grafik scheint Medikament N deutlich besser zu sein als Medikament H, da die Überlebensrate unter N stets größer ist als unter H. Die Überlebensraten stimmen für beide Medikamente mit denen aus der ersten Grafik überein.

c) Bei der zweiten Grafik wurde auf der Zeitachse ein doppelt so großer Maßstab gewählt. Außerdem endet die Zeitachse bei 36 Monaten. Dadurch wird der drastische Abfall der Überlebensrate bei Medikament N verschwiegen. Zweck dieser Manipulation ist, das neue Medikament N als das bessere darzustellen, damit möglichst viele Ärzte ihren Patienten das Medikament N verschreiben und so Umsatz und Gewinn des Pharmakonzerns steigern helfen. Würde die ursprüngliche Grafik in den Ärzteprospekt aufgenommen, würde wohl kaum ein Arzt seinen Patienten das neue Medikament verordnen, da es längerfristig deutlich schlechter abschneidet als das herkömmliche Medikament H.

d) Das neue Medikament könnte Nebenwirkungen haben, die innere Organe wie Herz oder Leber schädigen und die nach längerer Zeit zum Tod des Patienten führen.

Bei der Aufbereitung statistischer Daten werden häufig Prozentsätze angegeben. Oft beziehen sich diese Prozentsätze auf eine Stichprobe, über deren Umfang nichts ausgesagt wird. Insbesondere ist unbekannt, ob die Stichprobe überhaupt repräsentativ ist.

Beispiel

In einer Schule wurden zwei Arbeitsgruppen beauftragt, festzustellen, wie zufrieden die Schüler mit ihren schulischen Leistungen sind.

Gruppe A befragte alle 500 Schüler mit folgendem Ergebnis:

zufrieden	241 Schüler	48,2 %
nicht zufrieden	259 Schüler	51,8 %

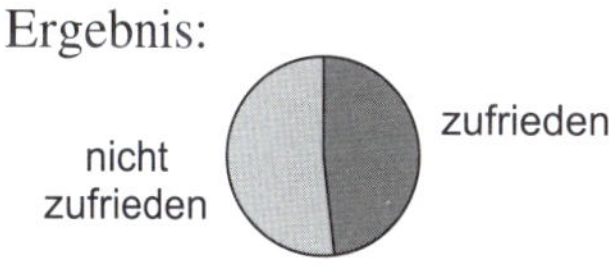

Gruppe B befragte nur die 20 Schülersprecher der Klassen mit dem Ergebnis:

zufrieden	18 Schüler	90 %
nicht zufrieden	2 Schüler	10 %

Die Umfrage der Gruppe B liefert zwar scheinbar ein besseres Ergebnis, repräsentiert aber nicht die Meinung der Mehrheit der Schüler.

Aufgabe 166

In den Häfen von Bremen, Antwerpen, Rotterdam und Hamburg wurden in den Jahren 2003 bis 2007 folgenden Mengen an Containern umgeschlagen:

	2003	**2004**	**2005**	**2006**	**2007**
Bremen	3 200 000	3 400 000	3 700 000	4 400 000	4 900 000
Antwerpen	5 300 000	6 100 000	6 500 000	7 000 000	8 200 000
Rotterdam	7 100 000	8 200 000	9 300 000	9 700 000	10 800 000
Hamburg	6 100 000	7 000 000	8 100 000	8 900 000	9 900 000

(Quelle: www.hafen-hamburg.de)

a) Erstelle aus den gegebenen Daten für den Hamburger Hafen ein Säulendiagramm!

b) Berechne die prozentuale Steigerung des Containerumschlags im Hamburger Hafen in den einzelnen Jahren! Stelle die Ergebnisse in einem Diagramm dar!

c) Herr Meier soll den Containerumschlag des Hamburger Hafens im Vergleich zum Hafen in Bremen besonders positiv darstellen und benutzt dazu das abgebildete Diagramm. Erkläre, an welchen Stellen die Darstellung zu seinen Gunsten „geschönt“ wurde!

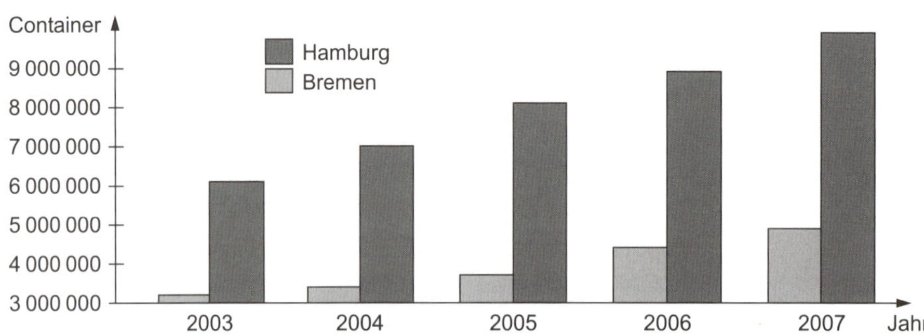

d) Auf der nächsten Pressekonferenz sollen die Ergebnisse wieder positiv präsentiert werden. Um nicht noch einmal die alten Fehler zu wiederholen, hat Herr Meier sich ein neues Diagramm erstellen lassen. Welchen Eindruck erweckt er mit diesem Diagramm?

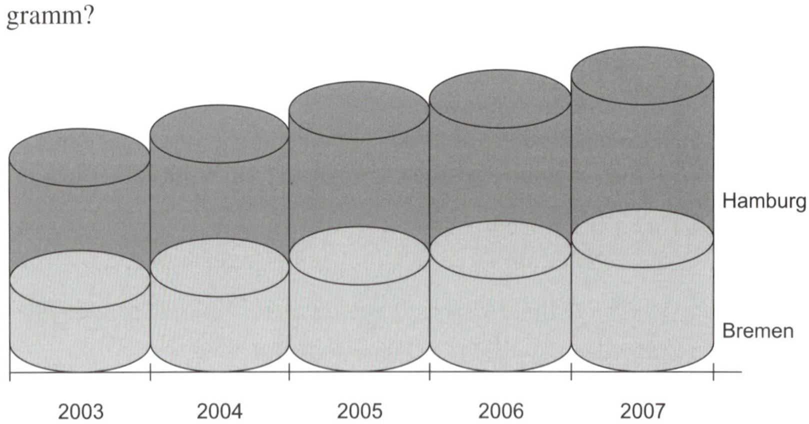

8 Ebene Figuren

8.1 Dreiecke

Merke

Einteilung der Dreiecke nach den Winkeln

- Ein Dreieck mit einem **stumpfen Innenwinkel** heißt **stumpfwinkliges Dreieck**.

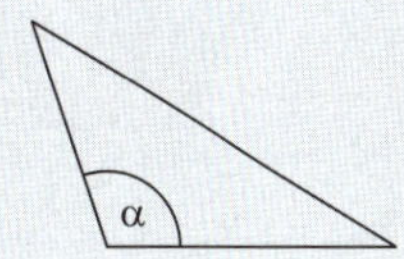

$90° < \alpha < 180°$

- Ein Dreieck mit einem **rechten Innenwinkel** heißt **rechtwinkliges Dreieck**.

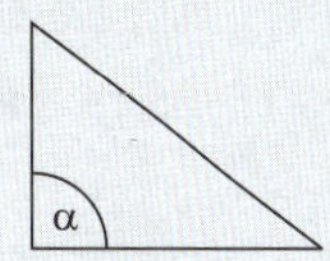

$\alpha = 90°$

- Ein Dreieck mit **drei spitzen Innenwinkeln** heißt **spitzwinkliges Dreieck**.

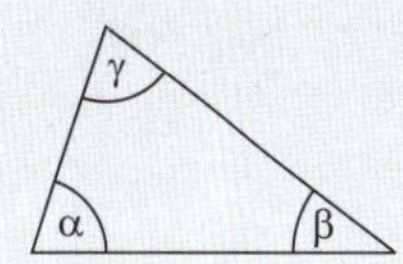

$\alpha, \beta, \gamma < 90°$

Beispiele

1. stumpfwinklige Dreiecke

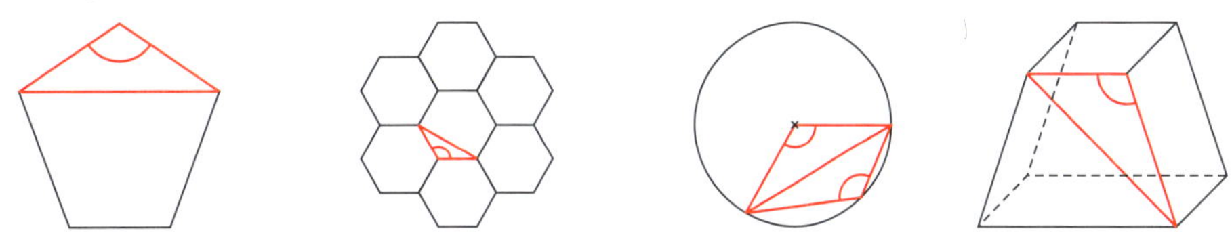

2. rechtwinklige Dreiecke

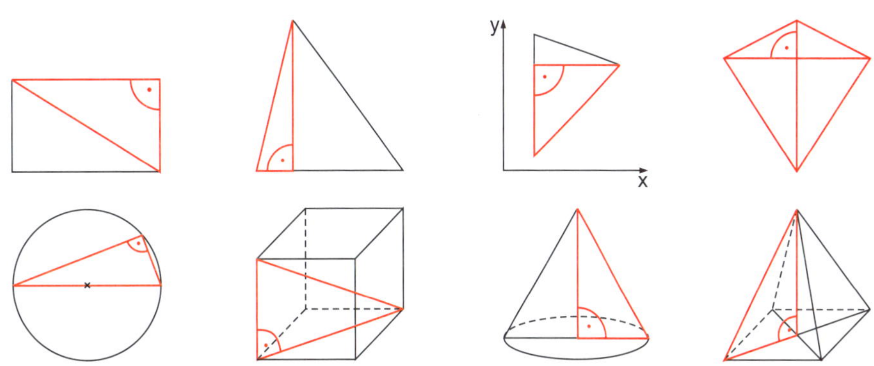

3. spitzwinklige Dreiecke

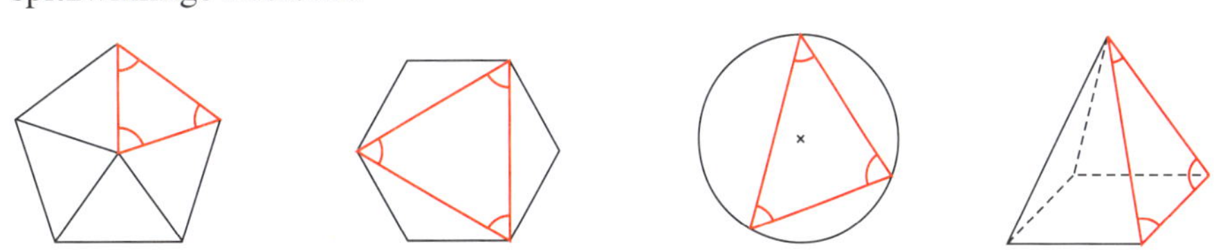

Merke

Einteilung der Dreiecke nach den Seiten

- Ein Dreieck mit **zwei gleich langen Seiten** heißt **gleichschenkliges Dreieck**.
  Die gleich langen Seiten heißen **Schenkel**, die dritte Seite heißt **Basis** des gleichschenkligen Dreiecks.

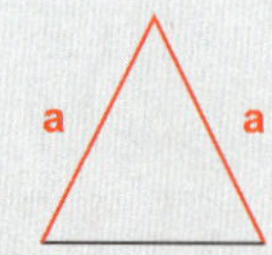

- Ein Dreieck mit **drei gleich langen Seiten** heißt **gleichseitiges Dreieck**.

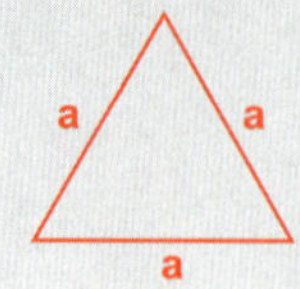

Beispiele

1. gleichschenklige Dreiecke

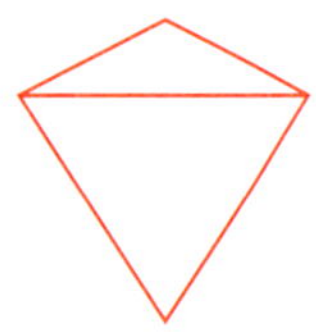

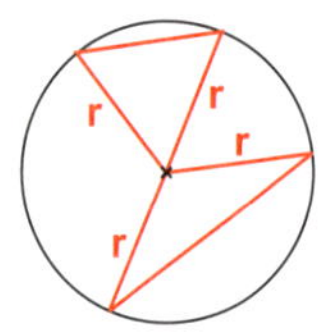

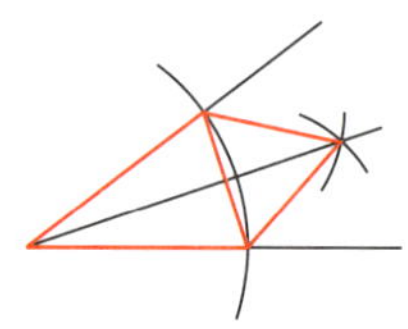

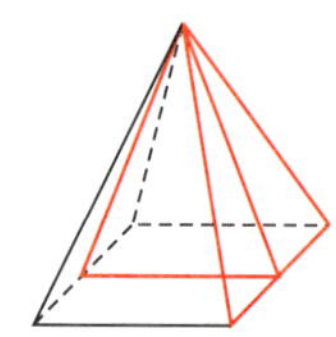

2. gleichseitige Dreiecke

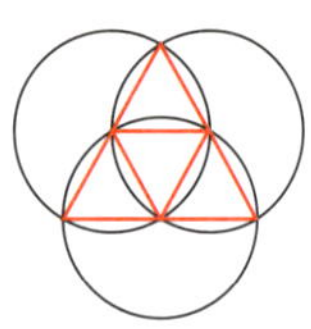

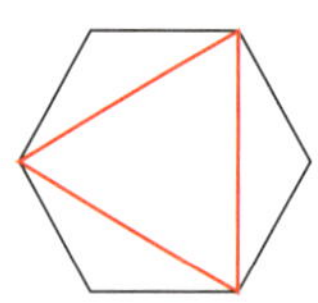

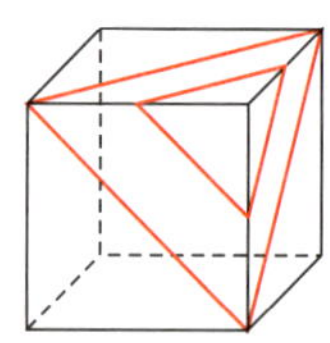

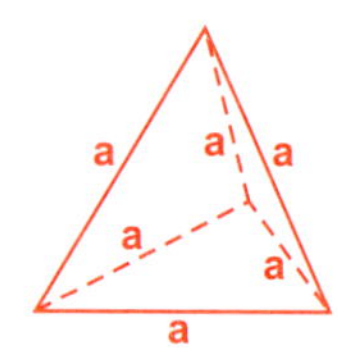

Merke

Symmetrieachsen

- Jedes gleichschenklige Dreieck hat eine **Symmetrieachse**.
  Daraus ergeben sich vier Schlussfolgerungen:
  - Die Symmetrieachse halbiert den Winkel an der Spitze.
  - Die Symmetrieachse halbiert die Basis.
  - Die Symmetrieachse steht senkrecht auf der Basis.
  - Die Basiswinkel sind gleich groß.
- Gleichschenklige Dreiecke spielen eine wichtige Rolle bei geometrischen Konstruktionen, insbesondere beim **Halbieren von Winkeln und Strecken** und bei der Konstruktion von rechten Winkeln (**Lot fällen**; **Senkrechte errichten**).
- Jedes gleichseitige Dreieck hat **drei Symmetrieachsen**.
  Daraus folgt: Alle drei Innenwinkel sind gleich groß (60°).

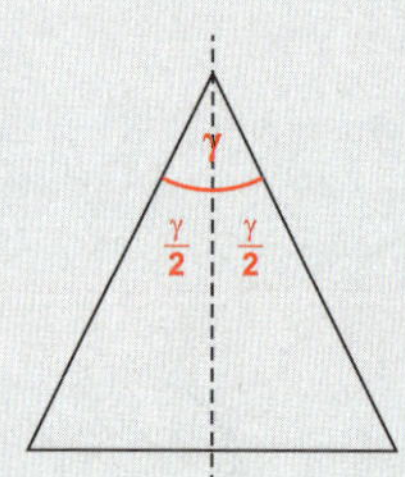

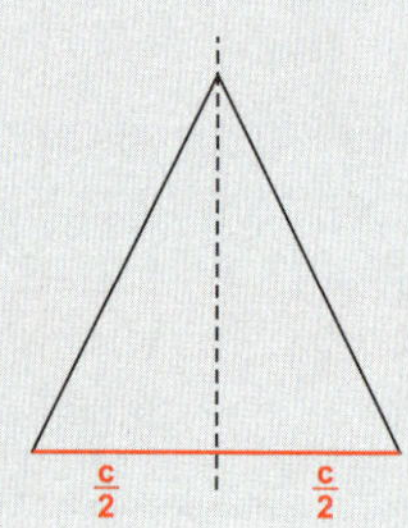

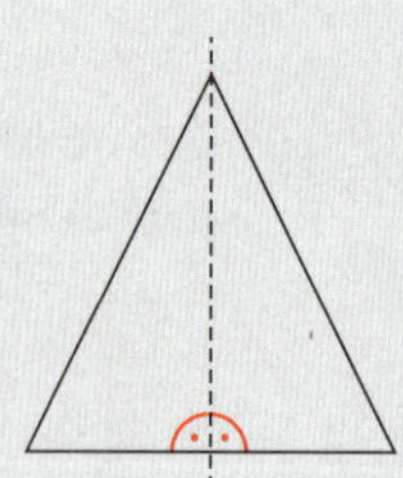

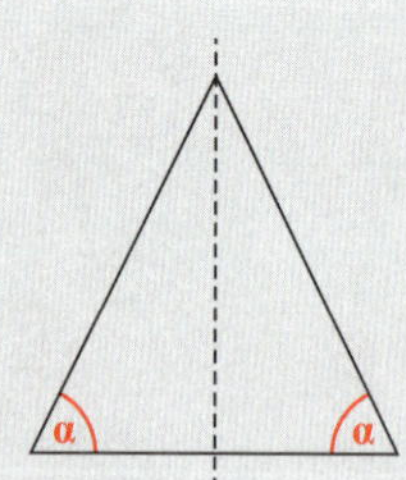

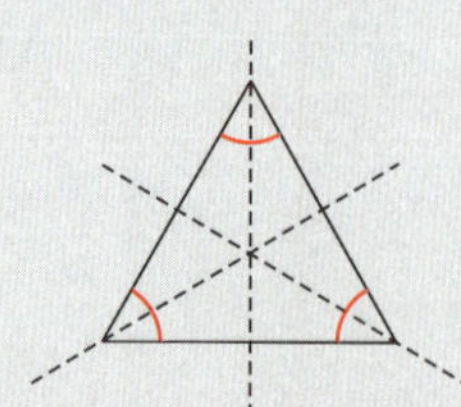

Beispiele

1. Halbieren eines Winkels

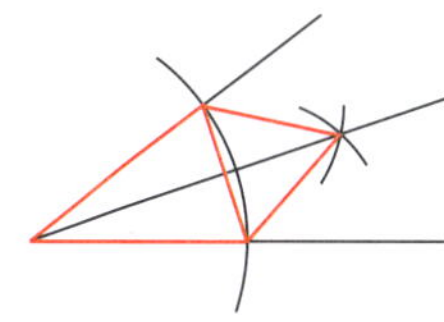

2. Konstruktion des Lotes vom Punkt P auf die Gerade g

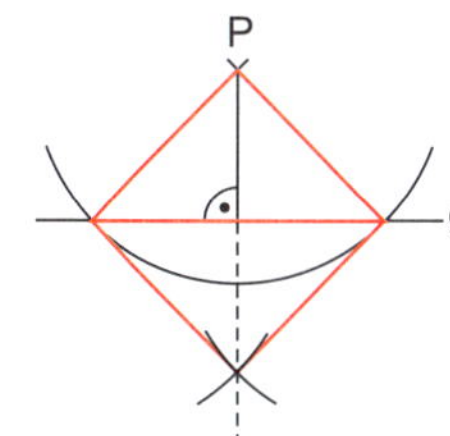

Aufgaben

167 Gib jeweils die Art der rot markierten Dreiecke an. Lege die Einteilung nach Winkeln und Seiten zugrunde.

a)

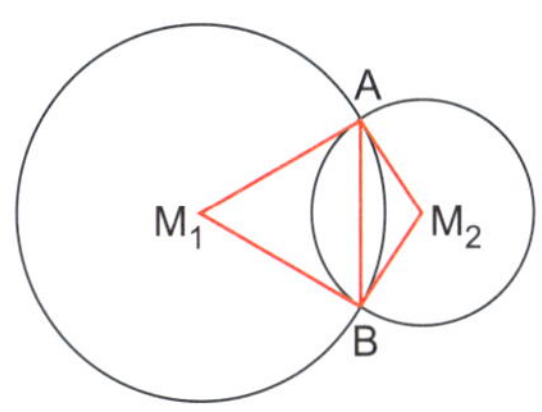

b)

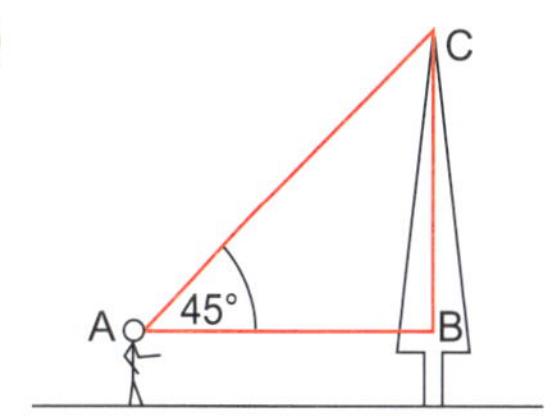

c)

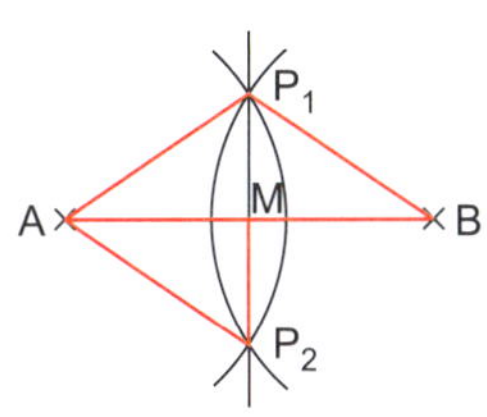

d)

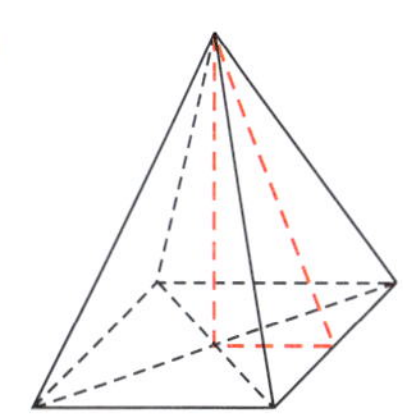

e)

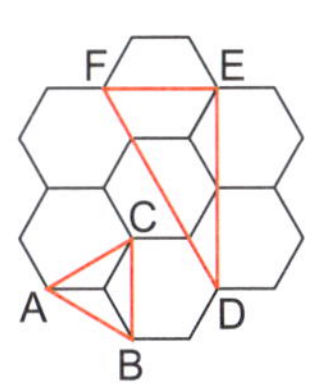

f)

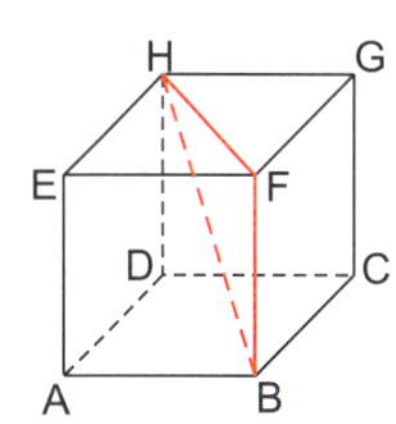

g)

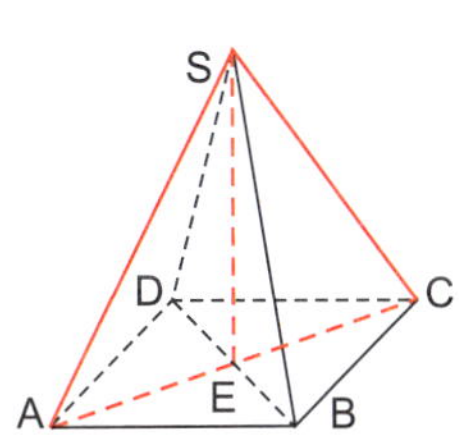

h)

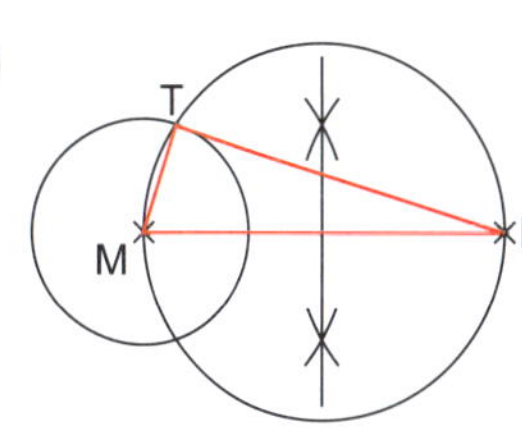

i)

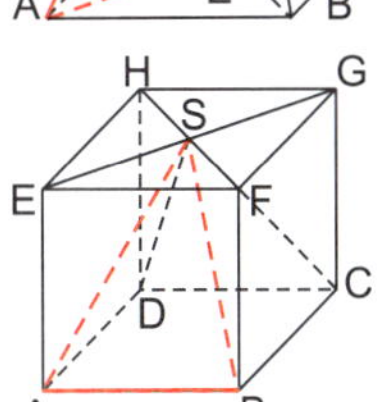

k)

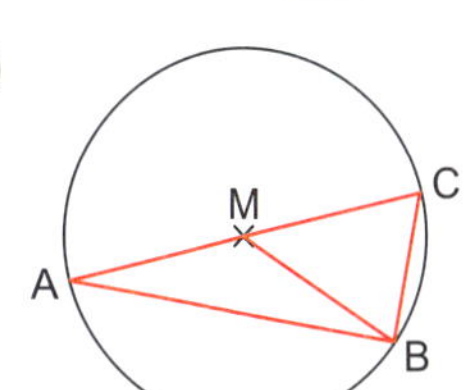

8.2 Rechtwinkliges Dreieck

Merke

Bezeichnungen im rechtwinkligen Dreieck

Ein Dreieck mit einem rechten Winkel (=90°) wird als **rechtwinkliges Dreieck** bezeichnet. Die Dreiecksseite (in der Abbildung Seite c), die dem rechten Winkel gegenüber liegt, heißt **Hypotenuse**.
Die beiden anderen Seiten a und b, die den rechten Winkel einschließen, werden als **Katheten** bezeichnet.

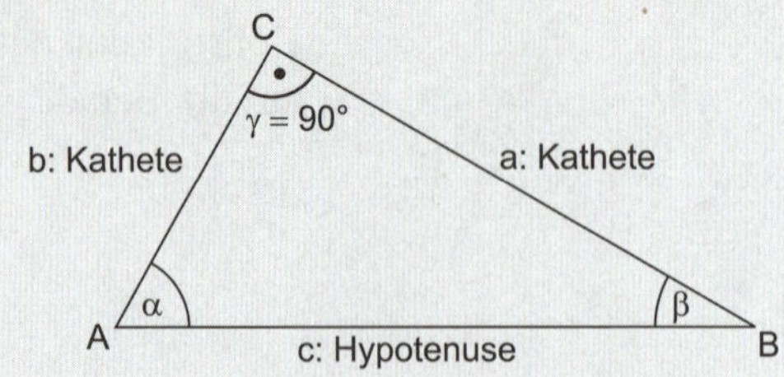

Aufgabe 168

Die Buchstaben der Hypotenusen bilden von links nach rechts gelesen eine Aussage.

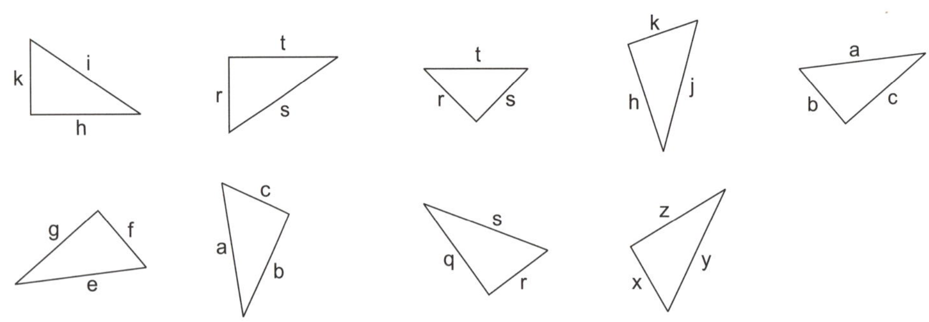

Der Satz des Pythagoras

Merke

Die **Quadrate über den Katheten** eines rechtwinkligen Dreiecks haben **zusammen** den **gleichen Flächeninhalt** wie das **Quadrat über der Hypotenuse**.

$a^2 + b^2 = c^2$

Umgekehrt ist **jedes Dreieck**, für das **diese Beziehung erfüllt** ist, **rechtwinklig**.

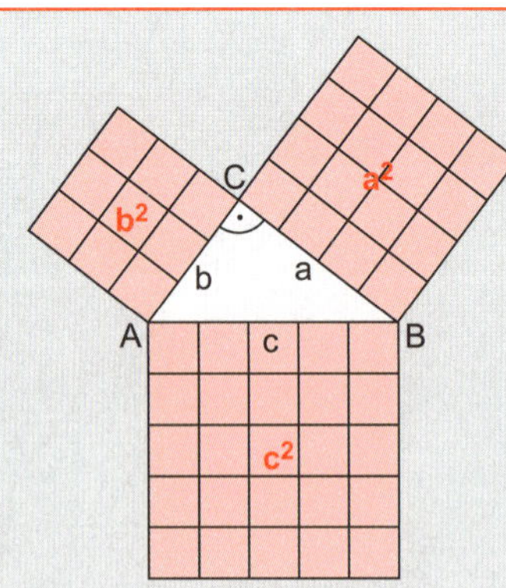

Beispiele

1. Ein rechtwinkliges Dreieck hat die Hypotenuse c = 13 cm und die Kathete a = 5 cm.

$c^2 = a^2 + b^2$	Satz des Pythagoras
$b^2 = c^2 - a^2$	Äquivalenzumformung
$b^2 = (13\,\text{cm})^2 - (5\,\text{cm})^2$	Werte für a und c einsetzen
$b^2 = 169\,\text{cm}^2 - 25\,\text{cm}^2$	
$b^2 = 144\,\text{cm}^2$	
$b = 12\,\text{cm}$	Da $b > 0$ sein muss, scheidet die 2. Lösung $b = -12$ cm aus.

2. Prüfe durch Rechnung, ob das Dreieck rechtwinklig ist:
   a) a = 8 cm; b = 6 cm; c = 10 cm
   b) d = 8 cm; e = 4 cm; f = 6 cm
   c) g = 4 cm; h = 5 cm; i = 3 cm
   d) k = 13 cm; ℓ = 10 cm; m = 9 cm

   Lösung:
   In jedem Dreieck kommt nur die längste Seite als Hypotenuse in Betracht. Das sind die Seiten c, d, h und k.
   a) $64\text{ cm}^2 + 36\text{ cm}^2 = 100\text{ cm}^2$ Das Dreieck ist **rechtwinklig**.
   b) $16\text{ cm}^2 + 36\text{ cm}^2 < 64\text{ cm}^2$ Das Dreieck ist **nicht rechtwinklig**.
   c) $16\text{ cm}^2 + 9\text{ cm}^2 = 25\text{ cm}^2$ Das Dreieck ist **rechtwinklig**.
   d) $100\text{ cm}^2 + 81\text{ cm}^2 > 169\text{ cm}^2$ Das Dreieck ist **nicht rechtwinklig**.

3. Berechne die Länge der Raumdiagonalen $\overline{BH}$ des Quaders.
   a = 10 cm; b = 6 cm; c = 8 cm

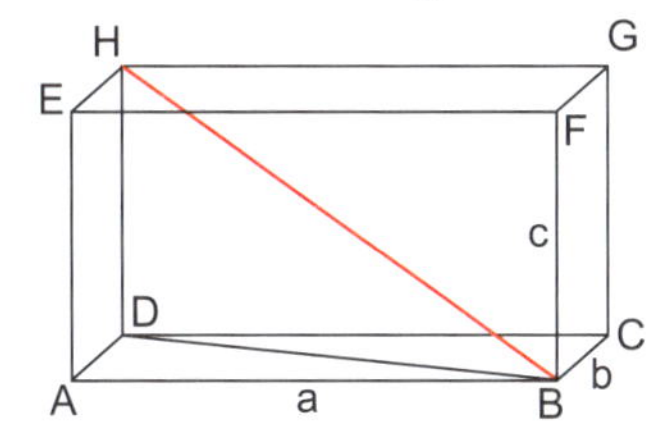

   Lösung:
   Das Dreieck ABD ist bei A rechtwinklig.
   $\overline{BD}^2 = \overline{AB}^2 + \overline{AD}^2$ Satz des Pythagoras im ΔABD
   $\overline{BD}^2 = (10\text{ cm})^2 + (6\text{ cm})^2$
   $\overline{BD}^2 = 136\text{ cm}^2$
   $\overline{BD} = \sqrt{136}\text{ cm} \approx 11{,}66\text{ cm}$
   Die Diagonale $\overline{BD}$ des Rechtecks ABCD (Grundfläche des Quaders) hat die Länge 11,66 cm.
   Das Dreieck DBH ist bei D rechtwinklig.
   $\overline{BH}^2 = \overline{BD}^2 + \overline{HD}^2$ Satz des Pythagoras im ΔDBH
   $\overline{BH}^2 = 136\text{ cm}^2 + (8\text{ cm})^2$
   $\overline{BH}^2 = 200\text{ cm}^2$
   $\overline{BH} = \sqrt{200}\text{ cm} \approx 14{,}14\text{ cm}$
   Die Raumdiagonale $\overline{BH}$ des Quaders hat die Länge 14,14 cm.

4. Berechne den Abstand der beiden Punkte P(–4; –2) und Q(6; 4).

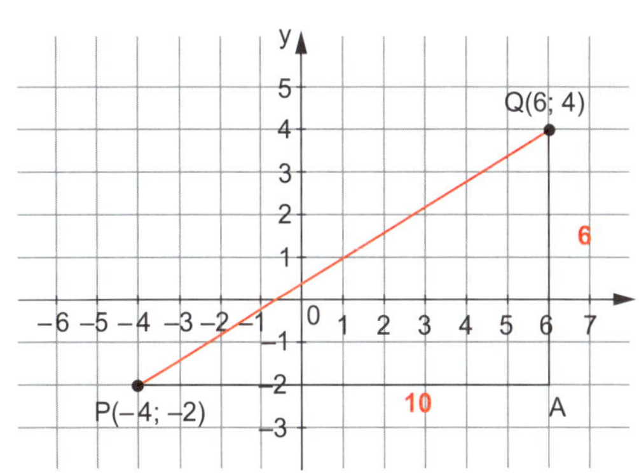

   Lösung:
   Im rechtwinkligen Koordinatendreieck PAQ ist $\overline{PQ}$ die Hypotenuse.
   Die beiden Katheten haben die Längen 10 LE und 6 LE.
   $\overline{PQ}^2 = (10\text{ LE})^2 + (6\text{ LE})^2$ Satz des Pythagoras im Koordinatendreieck PAQ
   $\overline{PQ}^2 = 136\text{ LE}^2$
   $\overline{PQ} = \sqrt{136}\text{ LE} \approx 11{,}66\text{ LE}$

Der Satz des Thales

Merke

Ein Dreieck ist in einem Eckpunkt genau dann rechtwinklig, wenn dieser Eckpunkt auf dem Halbkreis (**Thaleskreis**) liegt, der die Verbindungsstrecke der beiden anderen Eckpunkte als Durchmesser hat.

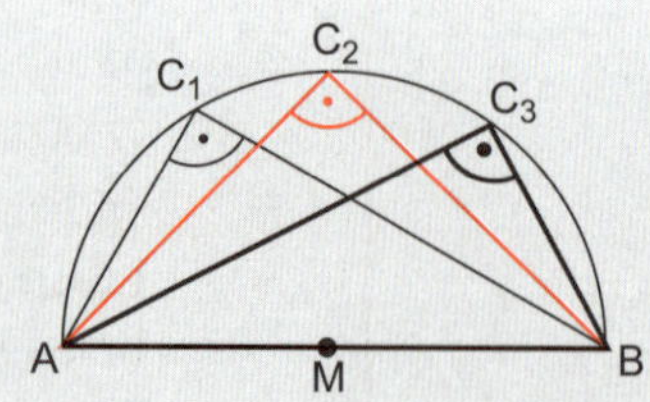

Beispiele

1. In obiger Zeichnung sind die Winkel bei C_1, C_2 und C_3 rechte Winkel, weil die Eckpunkte auf dem Halbkreis über der Dreiecksseite $\overline{AB}$ liegen.

2. Um die Endpunkte einer Strecke $\overline{AB}$ wurden zwei Kreise mit dem Radius $r = \overline{AB}$ gezeichnet (siehe Skizze).
   Berechne die Größe des Winkels β.

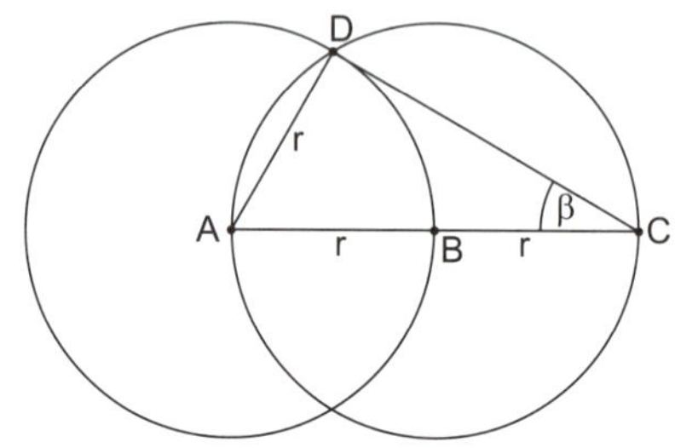

Lösung:
Die Strecke $\overline{BD}$ ist ein Radius des Kreises um B:
$\overline{BD} = r$
Das Dreieck ABD ist also gleichseitig und der Winkel BAD beträgt 60°. Der Kreis um B ist der **Thaleskreis** über der Strecke $\overline{AC}$.
Deshalb ist der Winkel ADC ein rechter Winkel: $\sphericalangle ADC = 90°$
Im Dreieck ACD muss die Summe der Innenwinkel 180° betragen:
$\beta = 180° - 60° - 90° = 30°$

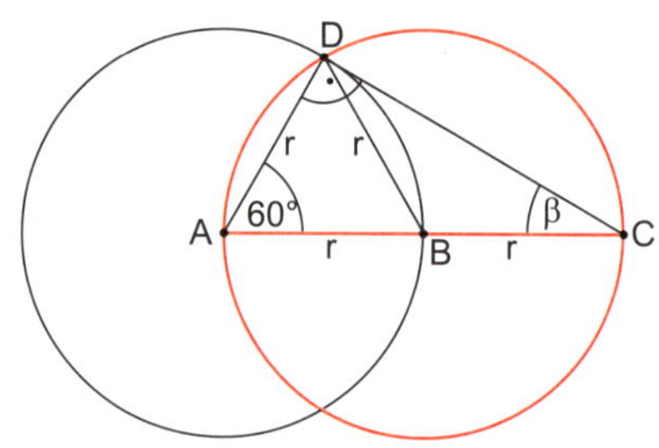

Aufgaben

169

Im Dreieck ABC sind $\overline{AC} = 10$ cm, $\overline{CD} = 8$ cm und $\overline{DB} = 12$ cm.

a) Berechne die Längen der Strecken $\overline{AB}$, $\overline{AD}$ und $\overline{BC}$.
b) Prüfe durch Rechnung, ob das Dreieck ABC rechtwinklig ist.

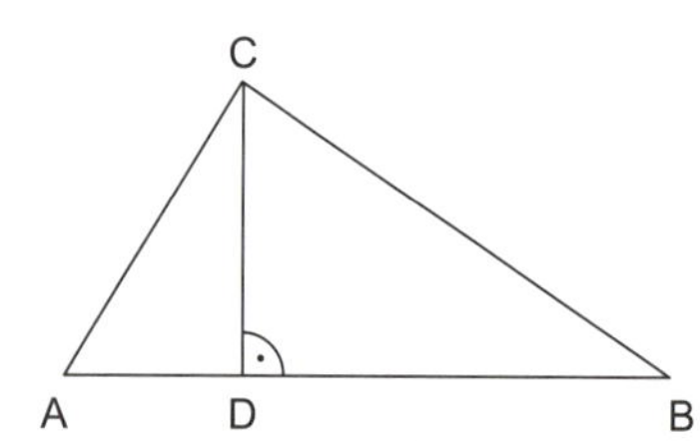

170

a) Berechne die Länge der Raumdiagonalen allgemein für einen Würfel mit der Kantenlänge x.
b) Berechne die Länge der Raumdiagonalen für einen Würfel mit der Kantenlänge $x = 10$ cm.
c) Berechne die Länge der Raumdiagonalen für einen Quader mit den Kantenlängen $a = 8$ cm, $b = 10$ cm und $c = 12$ cm.

171

Weise durch Rechnung nach, dass das Dreieck ABC mit A(–2; –4), B(4; 0) und C(–2; 9) rechtwinklig ist. Bestimme die Längen der drei Dreiecksseiten.

172 Von einem Punkt P außerhalb eines Kreises mit dem Radius r = 6 cm sind die Tangenten an den Kreis gezogen. Die Länge der Tangentenabschnitte beträgt t = 8 cm.
Berechne den Abstand des Punktes P vom Kreismittelpunkt M.

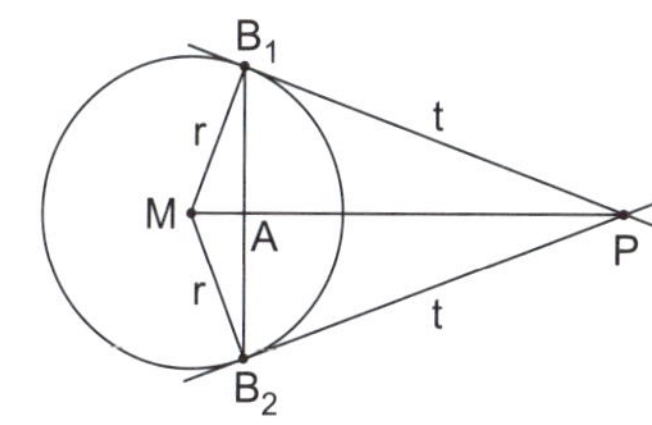

173 Die Klasse 10a übt auf dem Schulhof für einen 5-km-Lauf. Für eine Runde wurde auf dem Schulhof mit Fähnchen ein Rechteck abgesteckt. Die durchgezogene Linie gibt die Laufrichtung für eine „Schulhofrunde" an.
Wie viele Runden müssen gelaufen werden, um mindestens 5 km zurückzulegen? Begründe rechnerisch.

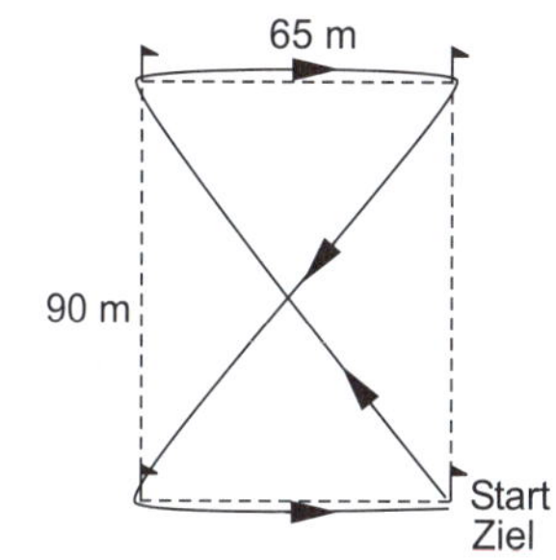

174 Ein Architekturstudent hat ein Grundstück vermessen, das angeblich rechteckig sein soll. Dazu hat er die Länge der vier Seiten gemessen (siehe Skizze). Sein Professor sagt, dass er zur Kontrolle noch zwei weitere Strecken messen muss, um die Rechteckigkeit des Grundstücks zu bestätigen. Welche Strecken meint der Professor und welche Länge müssen diese Strecken haben?

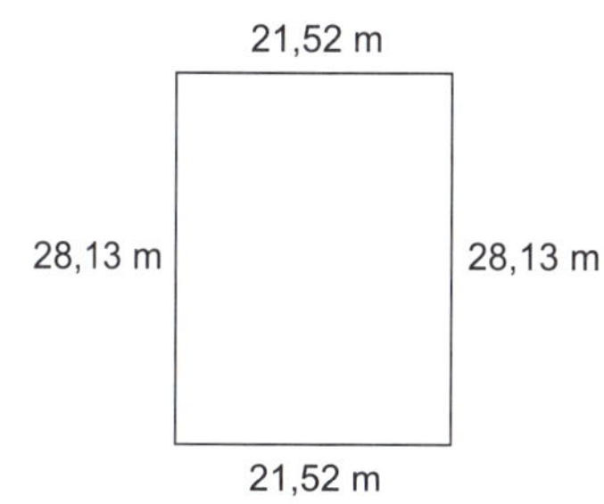

175 Über den Strecken $\overline{AB}$, $\overline{BC}$ und $\overline{AC}$ wurden drei Halbkreise eingezeichnet. Begründe, warum die drei Winkel α, β und γ gleich groß sind.

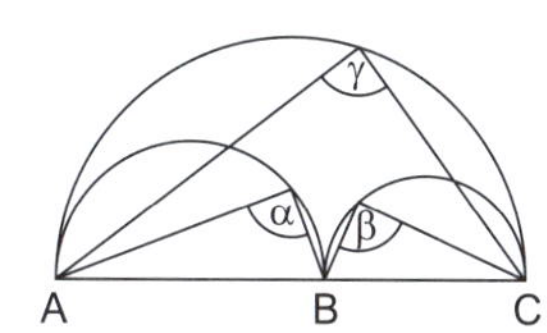

Sinus, Kosinus und Tangens am rechtwinkligen Dreieck

Die Winkelfunktionen Sinus, Kosinus und Tangens beschreiben im rechtwinkligen Dreieck das Längenverhältnis bestimmter Dreiecksseiten.

Merke

Winkelfunktionen am rechtwinkligen Dreieck

$\sin\alpha = \frac{\text{Gegenkathete}}{\text{Hypotenuse}}$ $\cos\alpha = \frac{\text{Ankathete}}{\text{Hypotenuse}}$ $\tan\alpha = \frac{\text{Gegenkathete}}{\text{Ankathete}}$

$\sin\alpha = \frac{a}{c}$ $\cos\alpha = \frac{b}{c}$ $\tan\alpha = \frac{a}{b}$

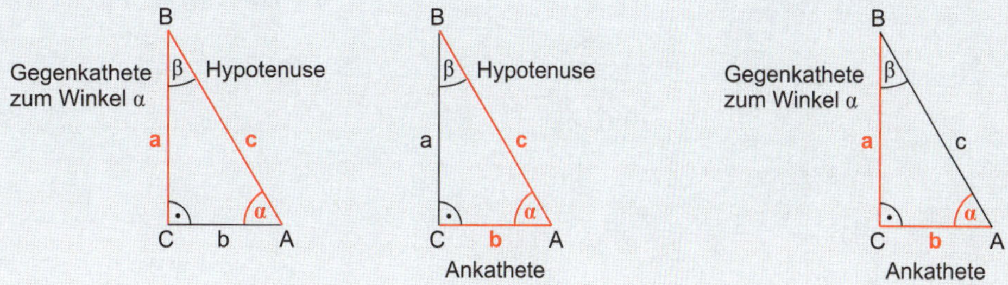

Beispiele

1. $\sin 30° = 0{,}5$ $\qquad\cos 30° = 0{,}866$ $\qquad\tan 30° = 0{,}577$

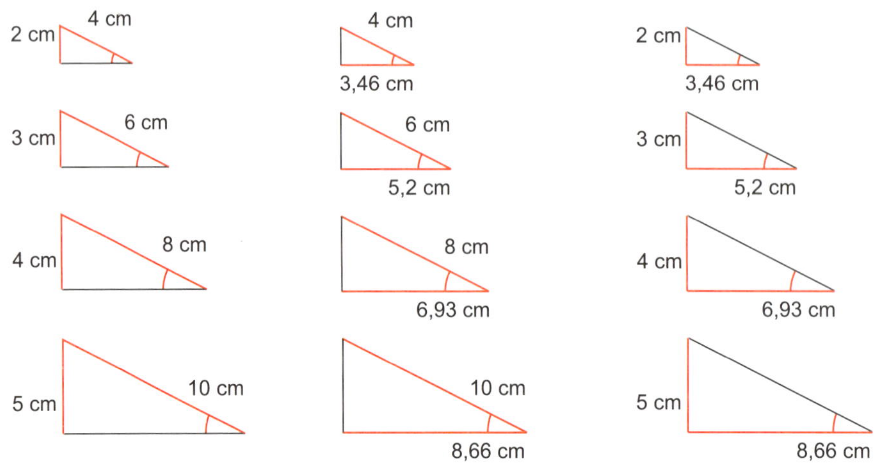

2. Berechne die fehlenden Dreiecksseiten und Winkel.

a)

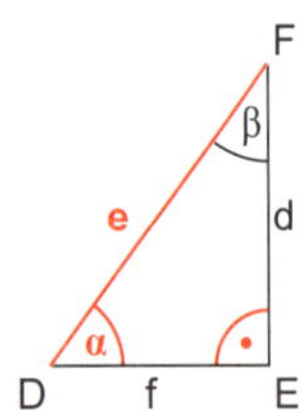

$e = 5{,}3$ cm
$\alpha = 63°$

Lösung:

$$\sin\alpha = \frac{d}{e} \quad |\cdot e$$

$$e \cdot \sin\alpha = d$$

$$d = 5{,}3\text{ cm} \cdot \sin 63°$$

$$d = 4{,}72\text{ cm}$$

$$\cos\alpha = \frac{f}{e} \quad |\cdot e$$

$$e \cdot \cos\alpha = f$$

$$f = 5{,}3\text{ cm} \cdot \cos 63°$$

$$f = 2{,}41\text{ cm}$$

$$\beta = 90° - \alpha$$

$$\beta = 90° - 63°$$

$$\beta = 27°$$

b)

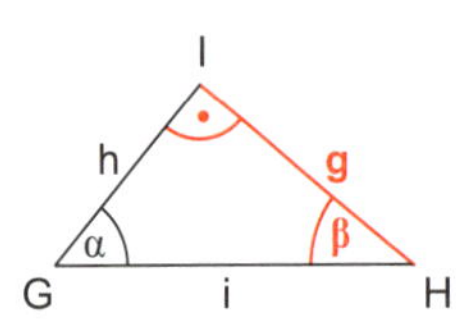

$g = 7{,}9$ cm
$\beta = 42°$

Lösung:

$$\cos\beta = \frac{g}{i} \quad |\cdot i$$

$$i \cdot \cos\beta = g \quad |:\cos\beta$$

$$i = \frac{g}{\cos\beta}$$

$$i = \frac{7{,}9\text{ cm}}{\cos 42°}$$

$$i = 10{,}63\text{ cm}$$

$$\tan\beta = \frac{h}{g} \quad |\cdot g$$

$$g \cdot \tan\beta = h$$

$$h = 7{,}9\text{ cm} \cdot \tan 42°$$

$$h = 7{,}11\text{ cm}$$

$$\alpha = 90° - \beta$$

$$\alpha = 90° - 42°$$

$$\alpha = 48°$$

c) 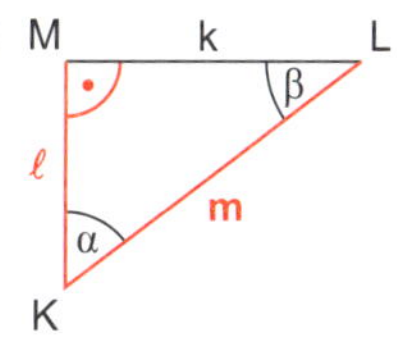

$\ell = 3{,}8$ cm
$m = 6{,}9$ cm

Lösung:

$m^2 = k^2 + \ell^2$ Satz des Pythagoras

$m^2 - \ell^2 = k^2$

$k = \sqrt{m^2 - \ell^2}$

$k = \sqrt{(6{,}9\text{ cm})^2 - (3{,}8\text{ cm})^2}$

$k = 5{,}76$ cm

$\sin\beta = \frac{\ell}{m}$

$\sin\beta = \frac{3{,}8\text{ cm}}{6{,}9\text{ cm}}$

$\sin\beta = 0{,}5507 \quad |\sin^{-1}$

$\beta = 33{,}4°$

$\alpha = 90° - \beta$

$\alpha = 90° - 33{,}4°$

$\alpha = 56{,}6°$

3. Um die Höhe h eines Turmes zu bestimmen, misst man mit einem Theodoliten (Winkelmessgerät) von einer bestimmten Standweite s aus den Sichtwinkel φ. Die Messung erfolgt dabei in Augenhöhe a.

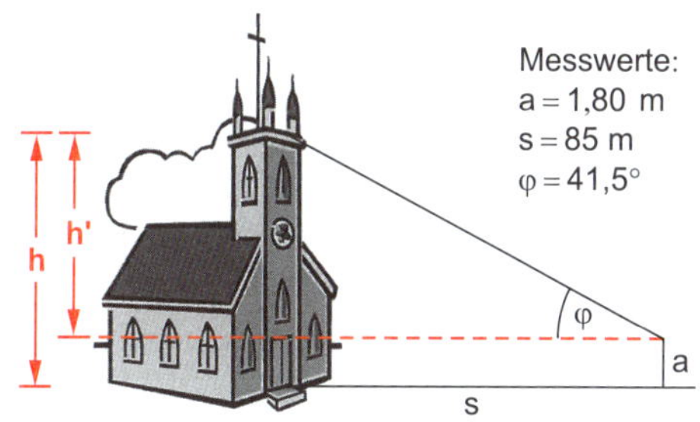

Lösung:

Turmhöhe $h = h' + 1{,}80$ m

$\tan\varphi = \frac{h'}{s}$

$h' = s \cdot \tan\varphi$

$h' = 85\text{ m} \cdot \tan 41{,}5°$

$h' \approx 85\text{ m} \cdot 0{,}884725$

$h' \approx 75{,}20$ m

Höhe des Turms:

$h = 75{,}20\text{ m} + 1{,}80\text{ m}$

$h = 77$ m

4. Gegeben ist ein Quader mit den Seitenlängen $a = 12$ cm, $b = 10$ cm und $c = 8$ cm.
Bestimme die Größe des Neigungswinkels ε einer Raumdiagonalen $\overline{BH}$ gegen die Grundfläche ABCD.

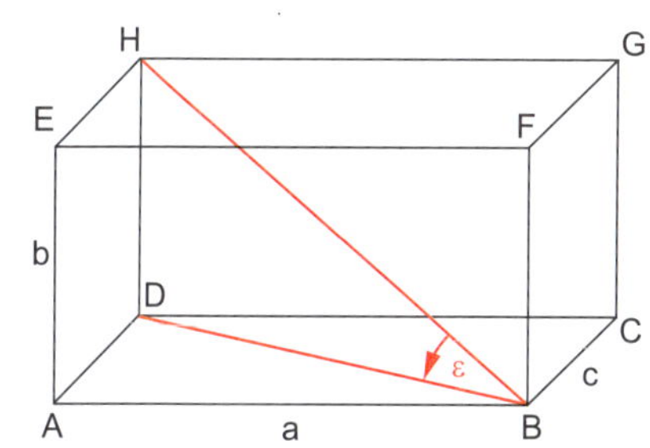

Lösung:

Länge der Flächendiagonalen $\overline{BD}$:

$\overline{BD}^2 = a^2 + c^2$ Satz des Pythagoras im Dreieck ABD

$\overline{BD}^2 = (12\text{ cm})^2 + (8\text{ cm})^2$

$\overline{BD}^2 = 208\text{ cm}^2$

$\overline{BD} \approx 14{,}42$ cm

Größe des Winkels ε:

$\tan\varepsilon = \frac{\overline{DH}}{\overline{BD}}$ Das Dreieck DBH ist bei D rechtwinklig.

$\tan\varepsilon = \frac{10\text{ cm}}{14{,}42\text{ cm}}$

$\tan\varepsilon \approx 0{,}6935$

$\varepsilon \approx 34{,}74°$

5. Beim Entleeren eines Getreidesilos entstand ein Schüttkegel mit einem Durchmesser von 15,0 m und einer Höhe von 4,0 m.
Berechne den Schüttwinkel α des Getreides.

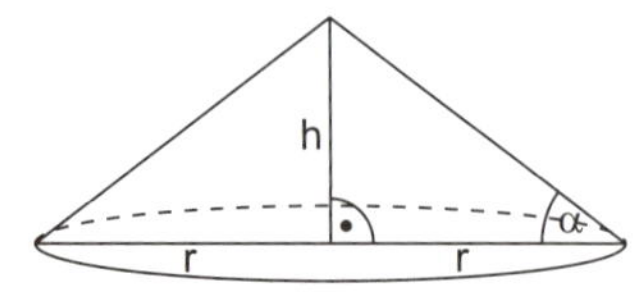

Skizze (nicht maßstäblich)

Lösung:
Der Radius r des Grundkreises bildet mit der Höhe h des Kegels ein rechtwinkliges Dreieck.

$\tan\alpha = \frac{h}{r}$

$\tan\alpha = \frac{4{,}0\text{ m}}{7{,}5\text{ m}}$

$\tan\alpha = 0{,}5333 \quad |\tan^{-1}$

$\alpha = 28{,}1°$

Aufgaben

176 Gib für jedes rechtwinklige Dreieck $\sin\alpha$, $\cos\alpha$ und $\tan\alpha$ an.

a) 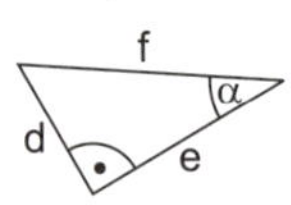

b) 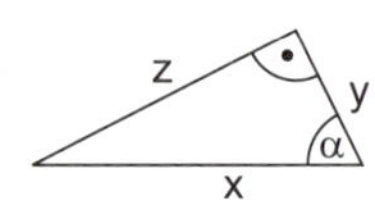

c) 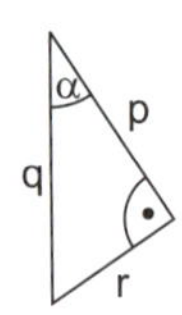

d) 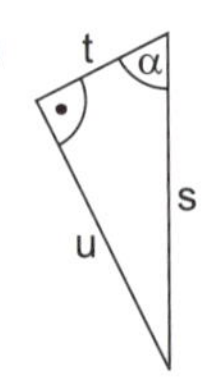

e) 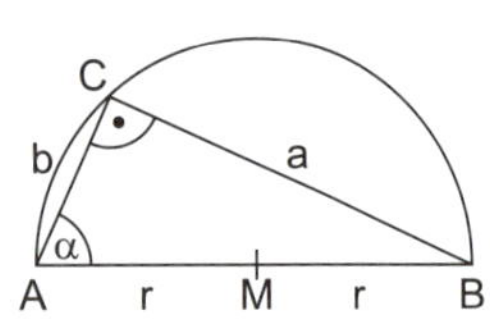

f) 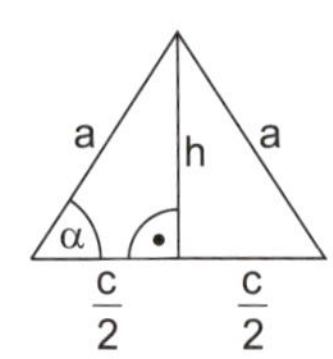

177 In einem rechtwinkligen Dreieck sind die Hypotenuse $c = 12$ cm und die Kathete $b = 7$ cm lang. Berechne α, β, a und A.

178 Der Umkreisradius r eines regulären 8-Ecks beträgt 12 cm.
Berechne die Seitenlänge des 8-Ecks.

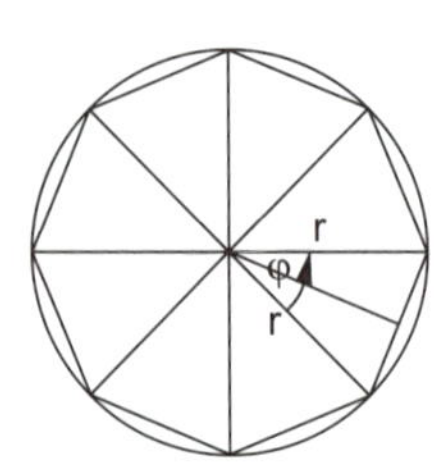

179 Der dargestellte Würfel hat eine Kantenlänge von $a = 6{,}0$ cm.
a) Berechne die Größe des Winkels AGB.
b) Prüfe, ob die Größe des Winkels AGB davon abhängt, wie lang die Kante a ist.

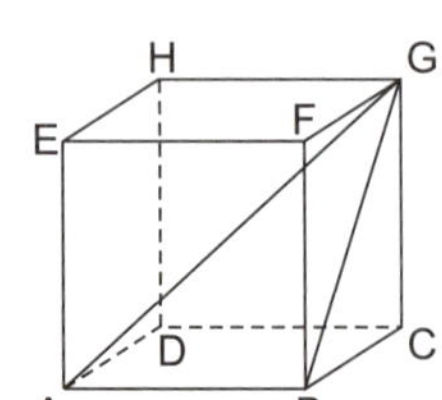

Skizze (nicht maßstäblich)

180 Mit einem Theodoliten wird der Sichtwinkel des Dresdner Rathausturms mit $\alpha = 32{,}372°$ gemessen, wobei die Augenhöhe $a = 1{,}75$ m ist.
Die Entfernung Standort – Fußpunkt des Turmes beträgt $s = 155{,}30$ m.

a) Trage die fehlenden Werte aus der Aufgabenstellung in die vorgefertigte Skizze ein.

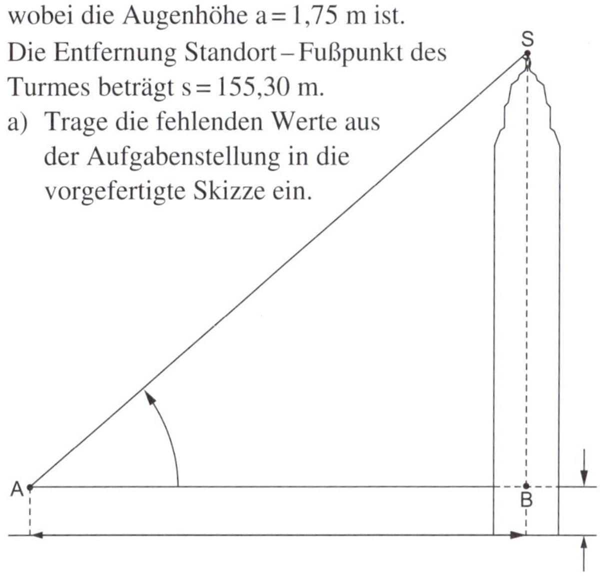

b) Berechne die Höhe des Rathausturms, runde auf ganze Zentimeter.

c) Der goldene Rathausmann auf der Turmspitze bedeckt einen Winkel von 1,308°. Berechne die Höhe dieser Figur.

181 Eine Gerade hat die Gleichung g: $y = \frac{1}{2}x - 2$. Bestimme die Größe der Winkel, die der Graph von g mit der x-Achse und der y-Achse einschließt.
Lisa sagt: „Ich brauche das nur für einen der beiden Winkel mithilfe des Tangens zu lösen. Der andere Winkel ergibt sich automatisch." Löse die Aufgabe und überprüfe Lisas Behauptung.

182 Um die Breite x eines unzugänglichen Geländebereichs zwischen den Punkten P und Q zu bestimmen, wendet man in der Geländevermessung oft folgende Methode an:
Man sucht zwei Punkte A und B, sodass die Punkte P, Q und A in einer Sichtlinie liegen und $\overline{AB}$ senkrecht zu $\overline{PQ}$ bzw. zu $\overline{PA}$ verläuft (siehe Skizze).
Aus den gemessenen Größen $s = \overline{AB}$, $\alpha = \sphericalangle PBA$ und $\beta = \sphericalangle QBA$ kann man x berechnen.
Gemessen: $s = 125$ m; $\alpha = 80°$; $\beta = 63°$
Berechne $x = \overline{PQ}$.

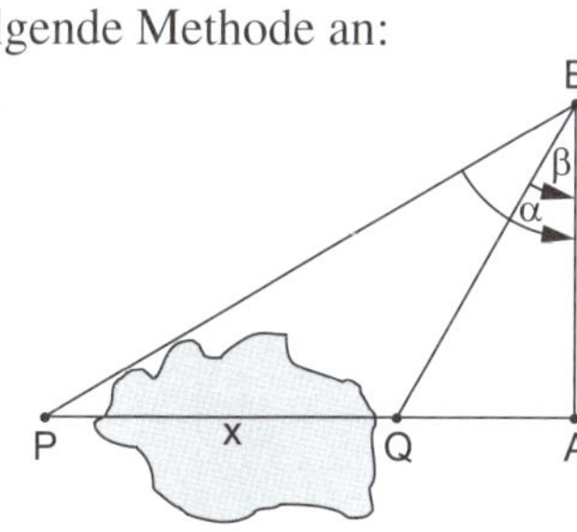

183 Die Grundfläche einer quadratischen Pyramide hat eine Kantenlänge von 8,8 cm. Berechne die Höhe der Pyramide, wenn die Seitenflächen gegenüber der Grundfläche um $\alpha = 62°$ geneigt sind.

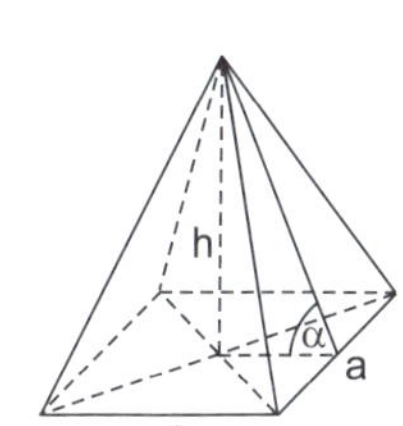

8.3 Allgemeines Dreieck

Merke

Allgemeines Dreieck

Flächeninhalt des Dreiecks: $A = \frac{1}{2} g \cdot h_g$

Umfang des Dreiecks: $u = a + b + c$

Summe der Innenwinkel: $\alpha + \beta + \gamma = 180°$

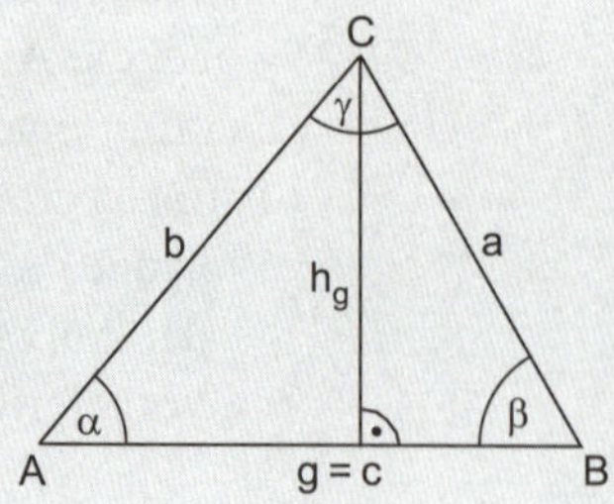

Beispiele

1. Gegeben: Seite $c = 8$ cm, Höhe $h_c = 2{,}7$ cm
   Flächeninhalt: $A = \frac{1}{2} \cdot c \cdot h_c$
   $= \frac{1}{2} \cdot 8\text{ cm} \cdot 2{,}7\text{ cm} = 10{,}8\text{ cm}^2$
2. Gegeben: $a = 5$ cm, $b = 6{,}5$ cm, $c = 8{,}6$ cm
   Umfang: $u = a + b + c$
   $= 5\text{ cm} + 6{,}5\text{ cm} + 8{,}6\text{ cm} = 20{,}1\text{ cm}$
3. Gegeben: $\alpha = 42°$, $\beta = 67°$
   $\gamma = 180° - (\alpha + \beta)$
   $= 180° - (42° + 67°)$
   $= 180° - 109° = 71°$
4. Die Punkte A(1; 1), B(5; 1), C(4; 4), D(5; 3), E(7; 3), F(8; 6), G(0; 3), H(2; 4), J(0; 6) und K(–2; 2) legen im Koordinatensystem die Dreiecke ABC, DEF, GHJ und KGJ fest. Berechne jeweils den Flächeninhalt.

   Lösung:
   - Dreieck ABC:
     $A = \frac{1}{2} \cdot 4\text{ cm} \cdot 3\text{ cm} = 6\text{ cm}^2$
   - Dreieck DEF:
     $A = \frac{1}{2} \cdot 2\text{ cm} \cdot 3\text{ cm} = 3\text{ cm}^2$
   - Dreieck GHJ:
     $A = \frac{1}{2} \cdot 3\text{ cm} \cdot 2\text{ cm} = 3\text{ cm}^2$
   - Dreieck KGJ:
     $A = \frac{1}{2} \cdot 3\text{ cm} \cdot 2\text{ cm} = 3\text{ cm}^2$

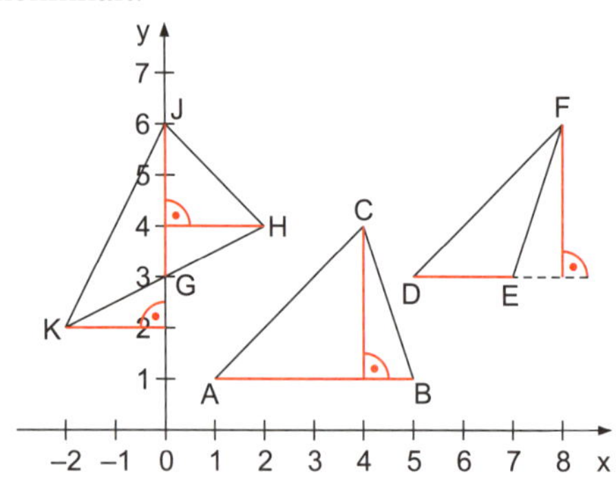

Merke

Flächeninhalt eines Dreiecks

Der Flächeninhalt eines Dreiecks kann auch ohne bekannte Höhe berechnet werden, wenn **zwei Seiten** und der **eingeschlossene Winkel** bekannt sind.

$A = \frac{1}{2} \cdot a \cdot b \cdot \sin\gamma$

$A = \frac{1}{2} \cdot a \cdot c \cdot \sin\beta$

$A = \frac{1}{2} \cdot b \cdot c \cdot \sin\alpha$

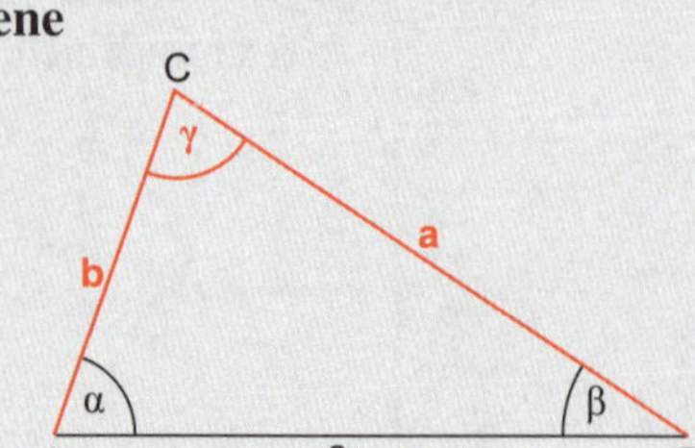

Beispiele

1. Berechne den Flächeninhalt des abgebildeten Dreiecks DEF.

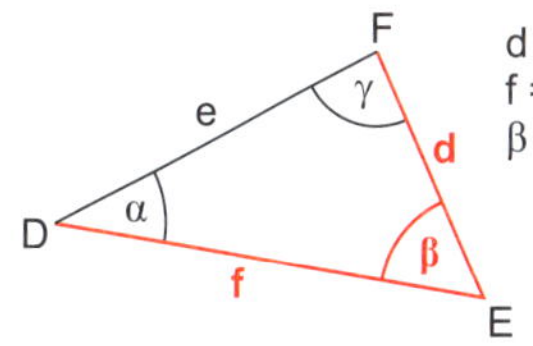

Lösung:

$A = \frac{1}{2} \cdot d \cdot f \cdot \sin\beta$

$A = \frac{1}{2} \cdot 4{,}8\text{ cm} \cdot 7{,}2\text{ cm} \cdot \sin 51°$

$A = 13{,}4\text{ cm}^2$

2. Berechne den Flächeninhalt eines regelmäßigen Fünfecks, dessen Umkreis einen Radius von 4,7 cm hat.

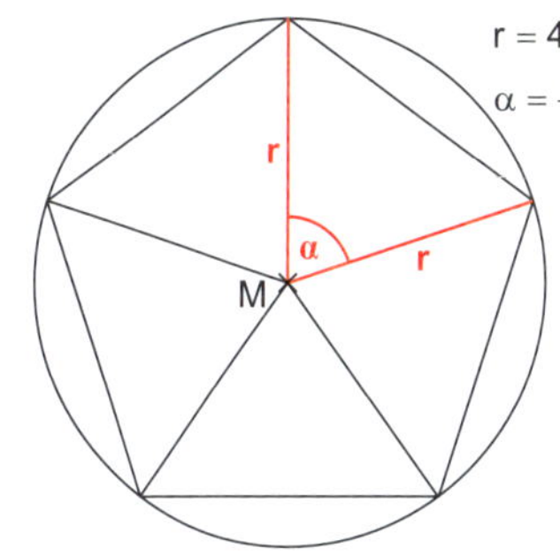

Lösung:
Flächeninhalt von einem Teildreieck:

$A_1 = \frac{1}{2} \cdot r \cdot r \cdot \sin\alpha$

$= \frac{1}{2} \cdot 4{,}7\text{ cm} \cdot 4{,}7\text{ cm} \cdot \sin 72°$

$= 10{,}5\text{ cm}^2$

Flächeninhalt des Fünfecks:
$A = 5 \cdot 10{,}5\text{ cm}^2 = 52{,}5\text{ cm}^2$

Sinussatz

Merke

In **jedem Dreieck** haben die **Quotienten** aus der **Länge einer Seite** und dem **Sinuswert** des zugehörigen **Gegenwinkels** den gleichen Wert.

$$\frac{a}{\sin\alpha} = \frac{b}{\sin\beta} = \frac{c}{\sin\gamma}$$

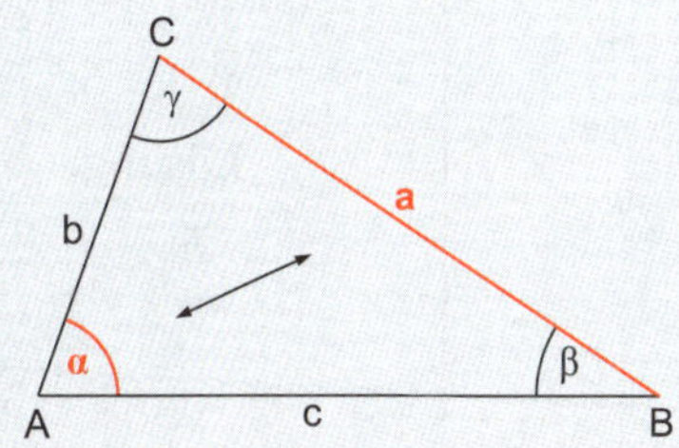

Beispiele

Bei der Anwendung des Sinussatzes geht es um Pärchen, die aus **einer Seite** und dem **gegenüberliegenden Winkel** bestehen.

1. Ein Pärchen (Seite und Gegenwinkel) ist bekannt. Von dem zweiten Pärchen ist der Winkel bekannt. Die **gegenüberliegende Seite** soll **berechnet** werden:
   Von einem Dreieck DEF sind $d = 4{,}8$ cm, $\alpha = 72°$ und $\gamma = 63°$ bekannt.
   Berechne f.

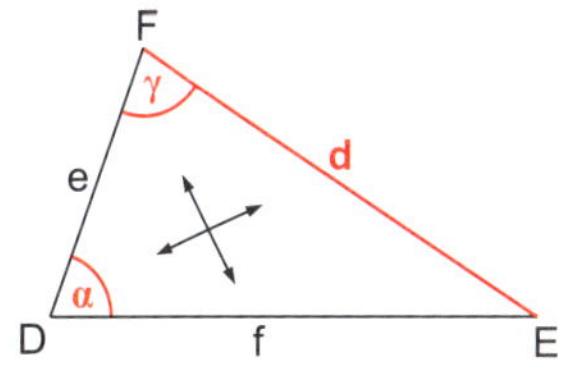

Lösung:

$\frac{f}{\sin\gamma} = \frac{d}{\sin\alpha} \quad | \cdot \sin\gamma$

$f = \frac{d \cdot \sin\gamma}{\sin\alpha}$

$f = \frac{4{,}8\text{ cm} \cdot \sin 63°}{\sin 72°} = 4{,}5\text{ cm}$

2. Ein Pärchen (Seite und Gegenwinkel) ist bekannt. Von dem zweiten Pärchen ist die Seite bekannt. Der **gegenüberliegende Winkel** soll **berechnet** werden:
Von einem Dreieck GHI sind $g = 6{,}9$ cm, $i = 8{,}2$ cm und $\alpha = 55°$ bekannt.
Berechne γ.

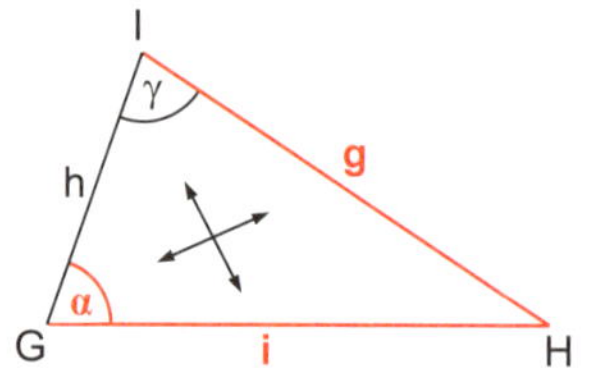

Lösung:

$$\frac{g}{\sin\alpha} = \frac{i}{\sin\gamma} \qquad \Big| \cdot \sin\gamma \cdot \sin\alpha : g$$

$$\sin\gamma = \frac{i \cdot \sin\alpha}{g}$$

$$\sin\gamma = \frac{8{,}2\,\text{cm} \cdot \sin 55°}{6{,}9\,\text{cm}} = 0{,}9735$$

Diese Gleichung hat im Bereich $0° \leq \gamma \leq 180°$ **zwei Lösungen**.

$\gamma_1 = 76{,}78°$ $\qquad$ $\gamma_2 = 180° - 76{,}78° = 103{,}22°$

Der dritte Innenwinkel beträgt dann

$\beta_1 = 180° - 55° - 76{,}78° = 48{,}22°$ bzw. $\beta_2 = 180° - 55° - 103{,}22° = 21{,}78°$

Tatsächlich existieren zwei (zueinander nicht kongruente) Dreiecke, die die Vorgaben erfüllen (verkleinerte Darstellung):

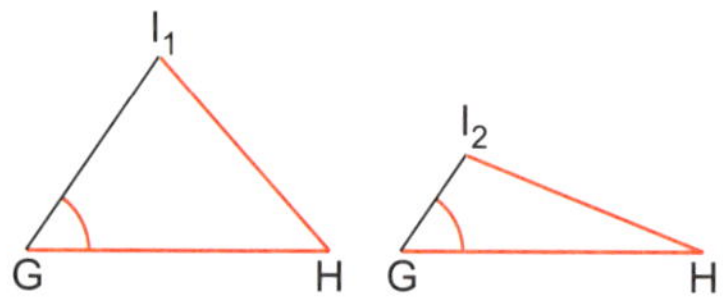

3. Untersuche rechnerisch, wie viele (zueinander nicht kongruente) Dreiecke KLM mit folgenden Vorgaben existieren und berechne die Winkel β und γ.
   a) $k = 6{,}9$ cm, $m = 7{,}5$ cm, $\alpha = 61°$
   b) $k = 8{,}3$ cm, $m = 7{,}5$ cm, $\alpha = 61°$
   c) $k = 6{,}5$ cm, $m = 7{,}5$ cm, $\alpha = 61°$

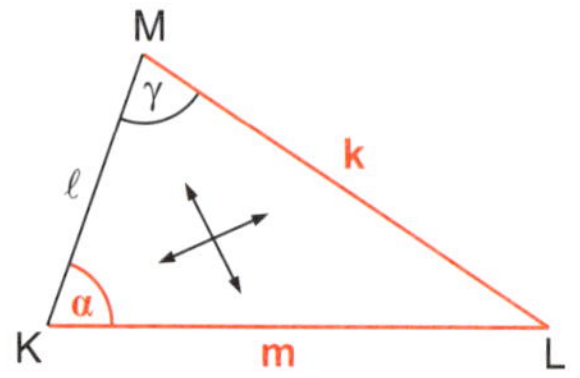

Lösung:

$$\frac{k}{\sin\alpha} = \frac{m}{\sin\gamma} \qquad \Big| \cdot \sin\gamma \cdot \sin\alpha : k$$

$$\sin\gamma = \frac{m \cdot \sin\alpha}{k}$$

a) $\sin\gamma = \dfrac{7{,}5\,\text{cm} \cdot \sin 61°}{6{,}9\,\text{cm}} = 0{,}9507$

$\gamma_1 = 71{,}93°$ $\qquad$ $\gamma_2 = 180° - 71{,}93° = 108{,}07°$

$\downarrow$ $\qquad$ $\downarrow$

$\beta_1 = 180° - 61° - 71{,}93°$ $\qquad$ $\beta_2 = 180° - 61° - 108{,}07°$

$\beta_1 = 47{,}07°$ $\qquad$ $\beta_2 = 10{,}93°$

Es gibt **zwei** verschiedene Dreiecke.

b) $\sin\gamma = \dfrac{7{,}5\,\text{cm} \cdot \sin 61°}{8{,}3\,\text{cm}} = 0{,}7903$

$\gamma_1 = 52{,}21°$ $\qquad$ $\gamma_2 = 180° - 52{,}21° = 127{,}79°$

$\downarrow$ $\qquad$ $\downarrow$

$\beta_1 = 180° - 61° - 52{,}21°$ $\qquad$ $\beta_2 = 180° - 61° - 127{,}79°$

$\beta_1 = 66{,}79°$ $\qquad$ $\beta_2 = -8{,}79°$ (entfällt als Lösung)

Es gibt **genau ein** solches Dreieck.

c) $\sin\gamma = \dfrac{7{,}5\,\text{cm}\cdot\sin 61°}{6{,}5\,\text{cm}} = 1{,}009$

Diese Gleichung hat keine Lösung, da der Sinus eines Winkels niemals größer als 1 ist. Es gibt **kein** solches Dreieck.

Kosinussatz

Merke

In **jedem Dreieck** ABC gelten:

$a^2 = b^2 + c^2 - 2\cdot b\cdot c\cdot\cos\alpha$

$b^2 = a^2 + c^2 - 2\cdot a\cdot c\cdot\cos\beta$

$c^2 = a^2 + b^2 - 2\cdot a\cdot b\cdot\cos\gamma$

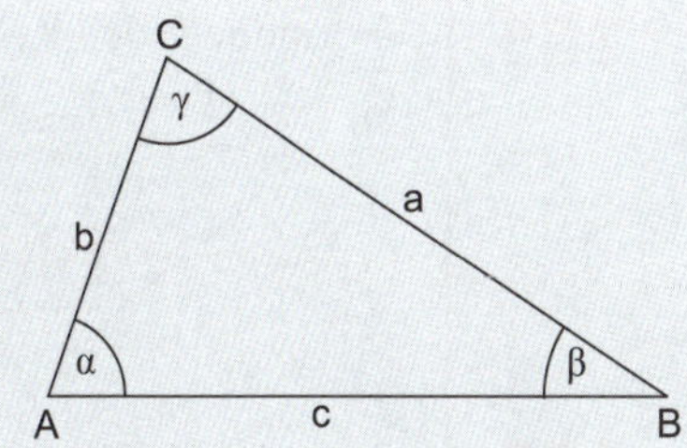

Für den Fall eines rechtwinkligen Dreiecks geht der Kosinussatz in den Satz des Pythagoras über. Wenn der rechte Winkel z. B. bei C liegt, ergibt sich aus
$c^2 = a^2 + b^2 - 2\cdot a\cdot b\cdot\cos\gamma$ wegen $\cos 90° = 0$
der Satz des Pythagoras $c^2 = a^2 + b^2$.

Beispiele

1. Aus **zwei Seiten** und dem **eingeschlossenen Winkel** kann die **dritte Seite berechnet** werden.
   Von einem Dreieck DEF sind $f = 9{,}5$ cm, $e = 7{,}5$ cm und $\alpha = 35°$ bekannt. Berechne die dritte Seite.

   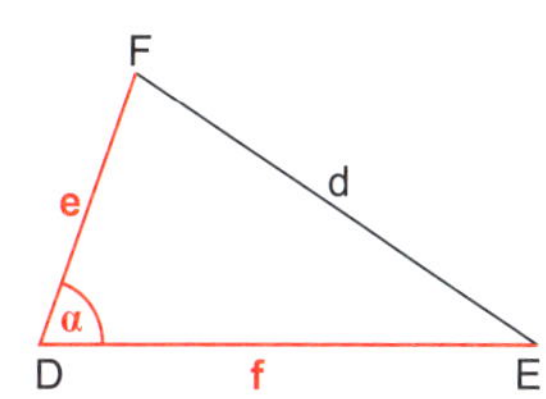

   Lösung:

   $d^2 = e^2 + f^2 - 2\cdot e\cdot f\cdot\cos\alpha$

   $d^2 = (7{,}5\,\text{cm})^2 + (9{,}5\,\text{cm})^2 - 2\cdot 7{,}5\,\text{cm}\cdot 9{,}5\,\text{cm}\cdot\cos 35°$

   $d^2 = 56{,}25\,\text{cm}^2 + 90{,}25\,\text{cm}^2 - 142{,}5\,\text{cm}^2\cdot 0{,}819152$

   $d^2 \approx 29{,}77\,\text{cm}^2 \qquad d \approx 5{,}46\,\text{cm}$

2. Wenn in einem Dreieck **alle drei Seiten**, aber kein einziger Winkel bekannt sind, kann **ein Winkel berechnet** werden.
   Von einem Dreieck GHI sind $g = 5{,}3$ cm, $h = 4{,}6$ cm und $i = 7{,}5$ cm bekannt. Berechne den Winkel bei G.

   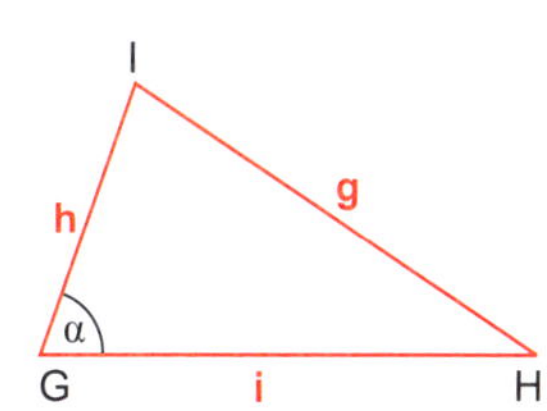

   Lösung:

   $g^2 = h^2 + i^2 - 2\cdot h\cdot i\cdot\cos\alpha \quad \vert + 2\cdot h\cdot i\cdot\cos\alpha - g^2$

   $2\cdot h\cdot i\cdot\cos\alpha = h^2 + i^2 - g^2 \quad \vert : (2\cdot h\cdot i)$

   $\cos\alpha = \dfrac{h^2 + i^2 - g^2}{2\cdot h\cdot i}$

   $\cos\alpha = \dfrac{(4{,}6\,\text{cm})^2 + (7{,}5\,\text{cm})^2 - (5{,}3\,\text{cm})^2}{2\cdot 4{,}6\,\text{cm}\cdot 7{,}5\,\text{cm}}$

   $\cos\alpha = 0{,}7148 \qquad \alpha = 44{,}37°$

   Hinweis: Der zweite Winkel lässt sich dann über den Sinussatz berechnen. Das ist viel weniger Rechenaufwand.

Aufgaben

184 Formuliere den Sinussatz für die angegebenen Winkel und die zugehörigen Seiten.

a) 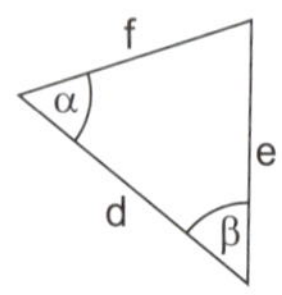

b) 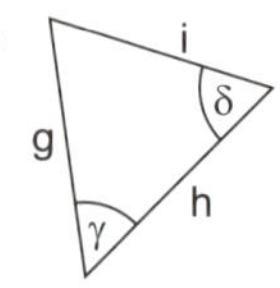

185 Formuliere den Kosinussatz für die angegebenen Winkel und die zugehörigen Seiten.

a) 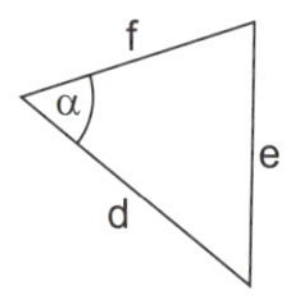

b) 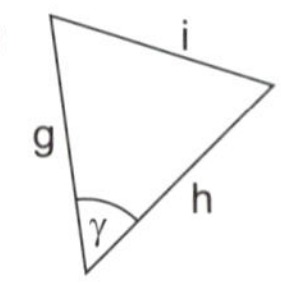

186 In welchen Fällen kann es zwei Lösungen geben?

a) Mithilfe des Sinussatzes wird eine Seite berechnet.
b) Mithilfe des Kosinussatzes wird eine Seite berechnet.
c) Mithilfe des Sinussatzes wird ein Winkel berechnet.
d) Mithilfe des Kosinussatzes wird ein Winkel berechnet.

187 Berechne im Dreieck DEF alle nicht bekannten Seiten und Winkel sowie den Flächeninhalt.

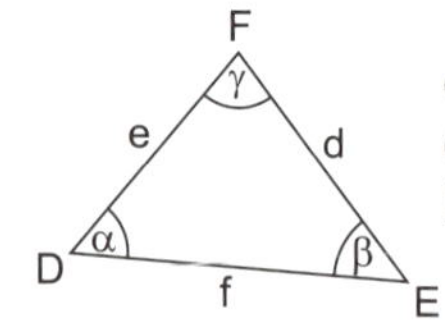

$e = 6{,}1$ cm
$\alpha = 76°$
$\beta = 47°$

Skizze (nicht maßstäblich)

188 Von einem Dreieck MNO ist bekannt: $\overline{MN} = 6{,}9$ cm, $\overline{MO} = 7{,}3$ cm und $\sphericalangle MON = 65{,}0°$. Berechne die anderen Innenwinkel und den Flächeninhalt. Falls es mehrere Lösungen gibt, gib alle Möglichkeiten an.

189 Die Punkte A(1; 1), B(9; 3) und C(4; 7) legen im Koordinatensystem ein Dreieck ABC fest. Berechne den Umfang und alle Innenwinkel des Dreiecks.

190 Gegeben sind:
$\overline{AB} = 4{,}5$ cm; $\alpha_1 = 35°$; $\alpha_2 = 48°$
Berechne die Länge der Strecke $\overline{CD}$.

Skizze (nicht maßstäblich)

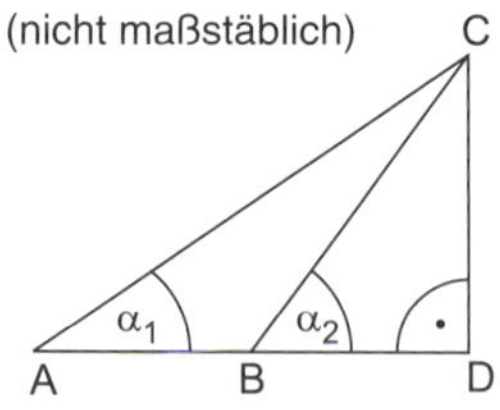

191 Die Klasse 10b führt einen Waldlauf durch: von der Linde (Punkt L) am 1,3 km entfernten Steinkreuz (Punkt S) vorbei bis zur Brücke (Punkt B) und weitere 1,8 km zurück zur Linde. Die beiden Wege an der Linde bilden einen Winkel von 79°.

a) Wie lang ist die gesamte Laufstrecke, wenn alle Wege geradlinig verlaufen?
b) Um wie viel Grad müssen die Läufer am Steinkreuz ihre Laufrichtung ändern?

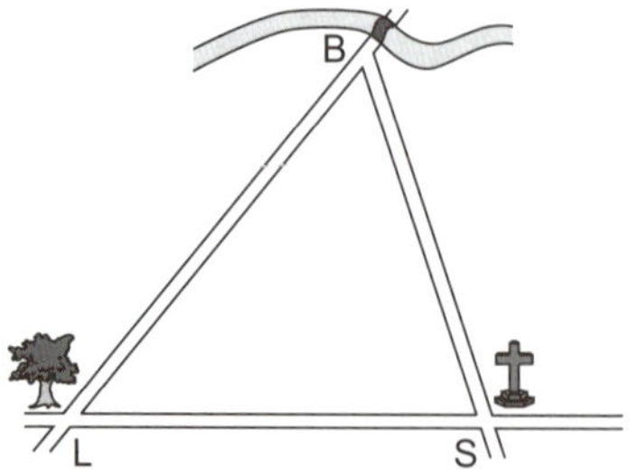

Skizze (nicht maßstäblich)

8.4 Vierecke und Vielecke

Merke

Rechteck

Ein Rechteck besitzt vier rechte Winkel und zwei Paare von gleich langen Gegenseiten.

Flächeninhalt des Rechtecks: $A = a \cdot b$

Umfang des Rechtecks: $u = 2a + 2b = 2 \cdot (a + b)$

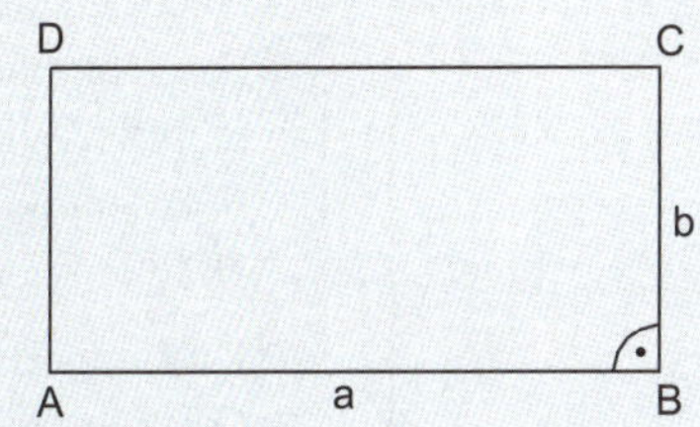

Quadrat

Ein Quadrat besitzt vier rechte Winkel und vier gleich lange Seiten.

Flächeninhalt des Quadrats: $A = a^2$

Umfang des Quadrats: $u = 4 \cdot a$

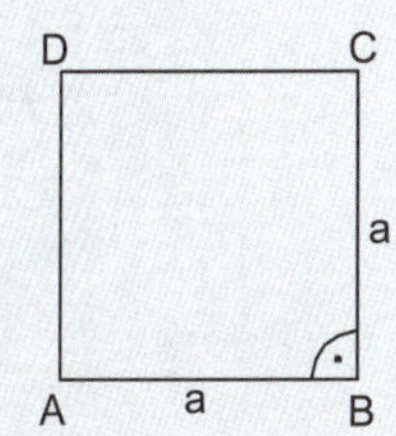

Parallelogramm

Beim Parallelogramm sind gegenüberliegende Seiten gleich lang und gegenüberliegende Winkel gleich groß. $\alpha + \beta = 180°$

Flächeninhalt des Parallelogramms: $A = a \cdot h_a$

Umfang des Parallelogramms: $u = 2a + 2b = 2 \cdot (a + b)$

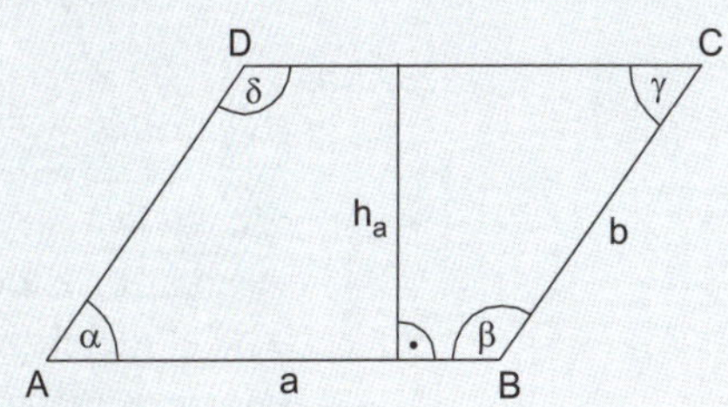

Rhombus/Raute

Ein Rhombus hat vier gleich lange Seiten.

Je zwei gegenüberliegende Winkel sind gleich groß.

Die Diagonalen e und f schneiden einander rechtwinklig.

Flächeninhalt des Rhombus: $A = a \cdot h_a$

oder $A = \frac{e \cdot f}{2}$

Umfang des Rhombus: $u = 4 \cdot a$

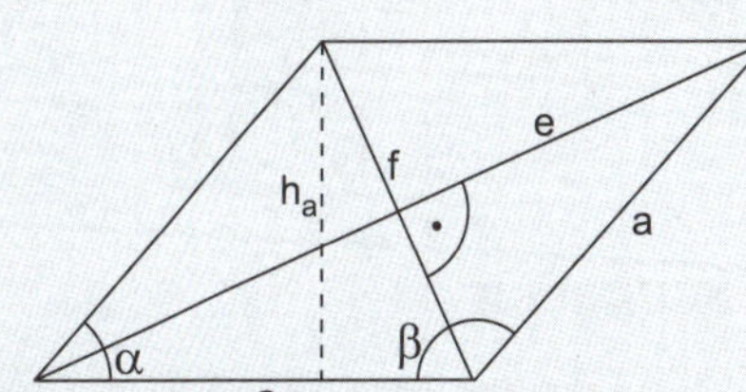

Trapez

Das Trapez hat ein Paar paralleler Seiten: $a \parallel c$

Mittellinie des Trapezes: $m = \frac{a + c}{2}$

Flächeninhalt des Trapezes: $A = \frac{1}{2} \cdot (a + c) \cdot h$

oder $A = m \cdot h$

Umfang des Trapezes: $u = a + b + c + d$

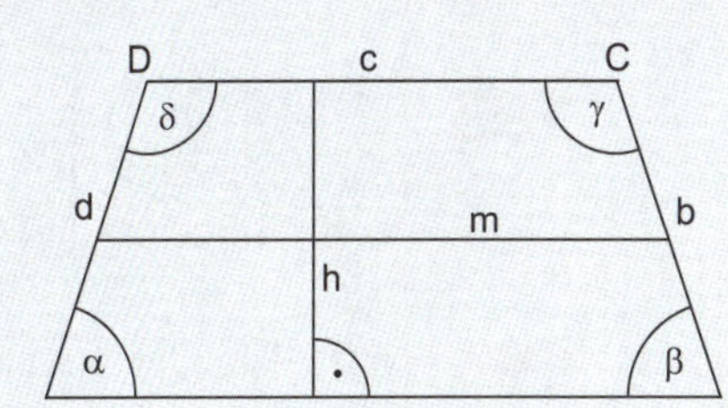

Drachenviereck

Beim Drachenviereck sind zwei Paare von Nachbarseiten gleich lang.
Die Diagonalen schneiden einander im rechten Winkel.
Flächeninhalt des Drachenvierecks: $A = \frac{e \cdot f}{2}$
Umfang des Drachenvierecks: $u = 2 \cdot a + 2 \cdot b$

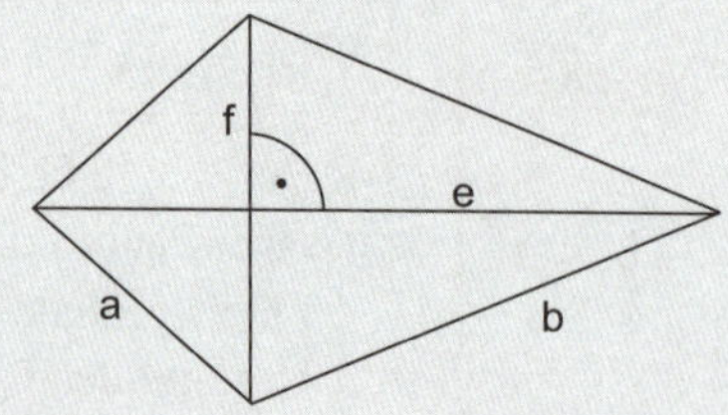

Allgemeines Viereck

Die Summe der Innenwinkel beträgt 360°. $\alpha + \beta + \gamma + \delta = 360°$
Für Berechnungen wird das Viereck durch eine Diagonale in zwei Dreiecke zerlegt.

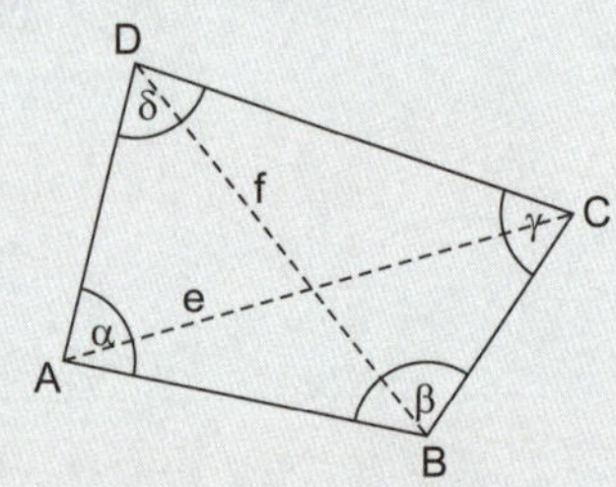

Regelmäßiges Vieleck/n-Eck

Ein Vieleck heißt genau dann regelmäßig, wenn alle Seiten gleich lang und alle Innenwinkel gleich groß sind.
Für Berechnungen kann man das regelmäßige n-Eck in n gleichschenklige Dreiecke oder doppelt so viele rechtwinklige Dreiecke zerlegen.

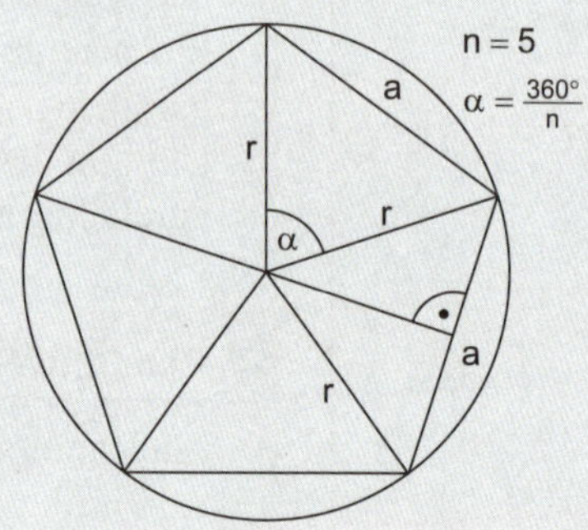

Aufgaben

192 Nenne alle Vierecksarten mit der angegebenen Eigenschaft.
a) Es gibt mindestens zwei gleich große Winkel.
b) Alle Winkel sind gleich groß.
c) Zwei benachbarte Winkel ergeben zusammen stets 180°.
d) Es gibt mindestens ein Paar paralleler Seiten.
e) Es gibt mindestens eine Symmetrieachse.
f) Es gibt mehr als eine Symmetrieachse.

193 Ein Rechteck hat einen Umfang von 42 cm. Seine Länge ist doppelt so groß wie die Breite.
a) Berechne die Längen der Seiten.
b) Berechne den Flächeninhalt des Rechtecks.

194
a) Ein Quadrat hat den Umfang 44 cm. Berechne die Seitenlänge und den Flächeninhalt.
b) Ein Quadrat hat den Flächeninhalt 90,25 cm^2. Berechne die Seitenlänge und den Umfang.

195 Ein Parallelogramm hat die Seiten $a = 5$ cm und $b = 4{,}5$ cm sowie den Flächeninhalt $A = 20\ \text{cm}^2$.

a) Berechne die Höhe h_a.

b) Berechne den Umfang des Parallelogramms.

196 a) Ein Trapez hat die parallelen Seiten $a = 7$ cm und $c = 3$ cm und die Höhe $h = 2{,}5$ cm. Berechne seinen Flächeninhalt.

b) Ein Trapez hat die parallelen Seiten a und c, Seite $a = 8$ cm, die Höhe $h = 4$ cm und den Flächeninhalt $24\ \text{cm}^2$. Wie lang ist die Seite c?

197 Von einem Viereck ABCD sind die folgenden Bestimmungsstücke bekannt:

$a = 36$ cm; $c = 21$ cm; $f = 45$ cm; $\beta = 65°$; $\gamma = 95°$

Berechne: b, d, α, δ und den Flächeninhalt A des Vierecks.

198 Von einem Parallelogramm ABCD sind bekannt:

$a = 12$ cm; $b = 9$ cm; $\alpha = 48°$

Berechne die Seitenlängen c und d, die Längen e und f der Diagonalen, die Winkel β, γ und δ sowie den Flächeninhalt des Parallelogramms.

199 Gib den Flächeninhalt der Figuren in Flächeneinheiten (FE) an.

a)

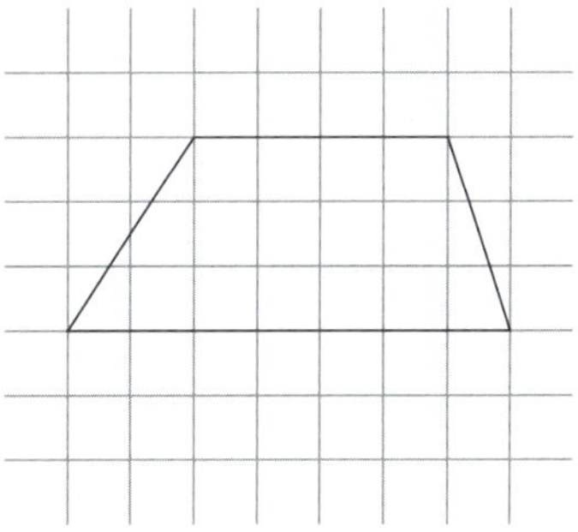

b)

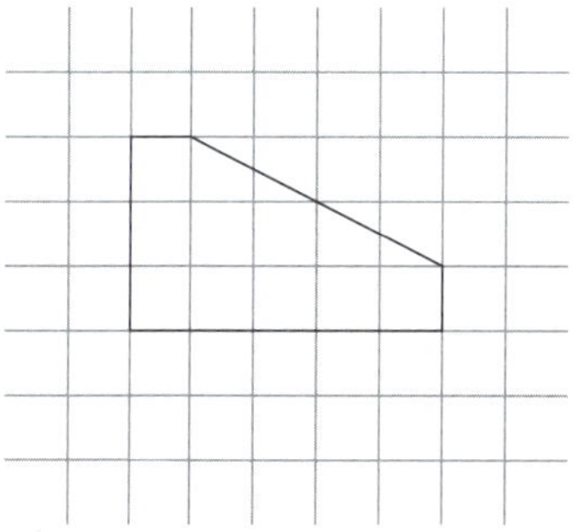

c)

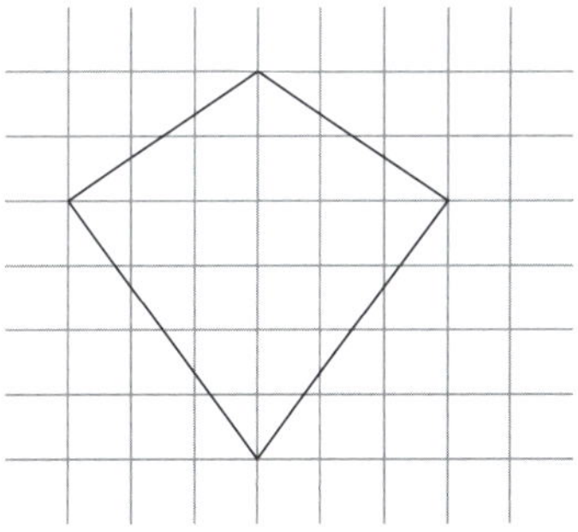

d)

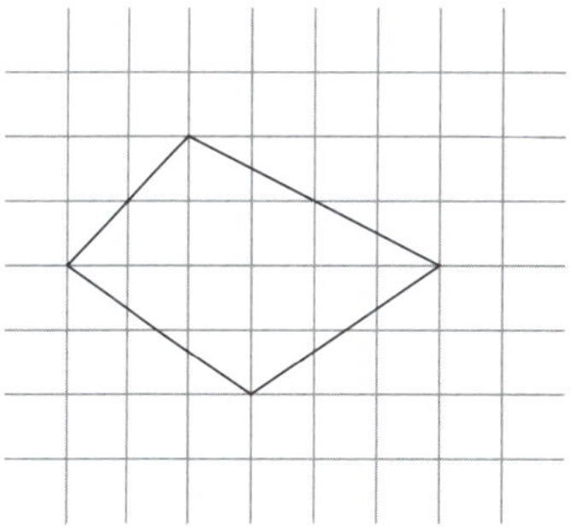

e)

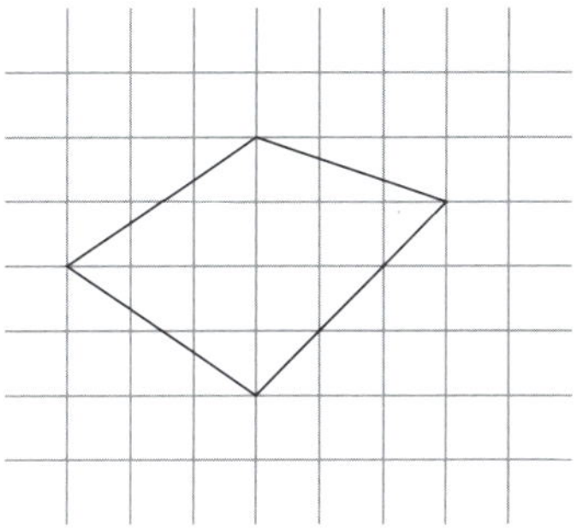

f)

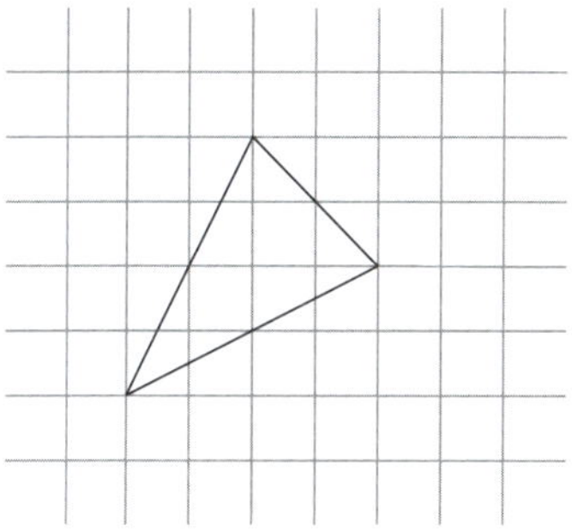

8.5 Kreis und Kreisring

Strecken, Geraden und Winkel am Kreis

Merke

Strecken am Kreis

- **Radius r**
- **Durchmesser d** $d = 2 \cdot r$
- **Sehne s**

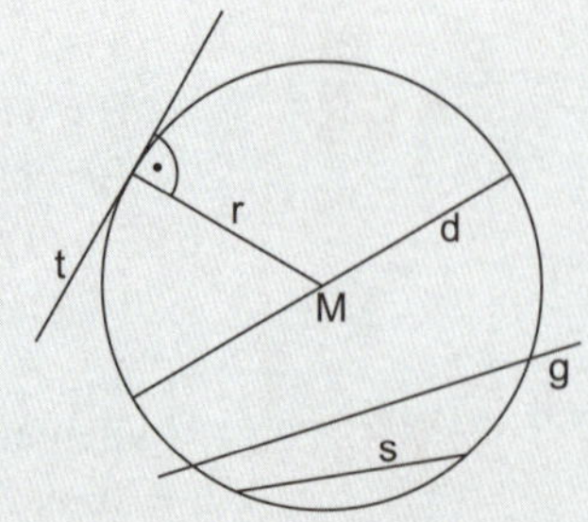

Geraden am Kreis

- **Tangente t**
  - **berührt** den Kreis in einem Punkt.
  - steht **senkrecht** auf dem Berührungsradius.
- **Sekante g**
  - **schneidet** den Kreis in zwei Punkten.

Winkel am Kreis

- **Zentriwinkel α** über der Sehne s.
- **Peripheriewinkel β** und **β'** über der Sehne s.
- Der **Zentriwinkel** über einer Sehne ist **doppelt so groß** wie ein Peripheriewinkel über dieser Sehne. $\alpha = 2 \cdot \beta$
- Peripheriewinkel über derselben Sehne sind **gleich groß**. $\beta = \beta'$
- Jeder Peripheriewinkel über dem Durchmesser des Kreises ist ein **rechter Winkel** (Satz des Thales).

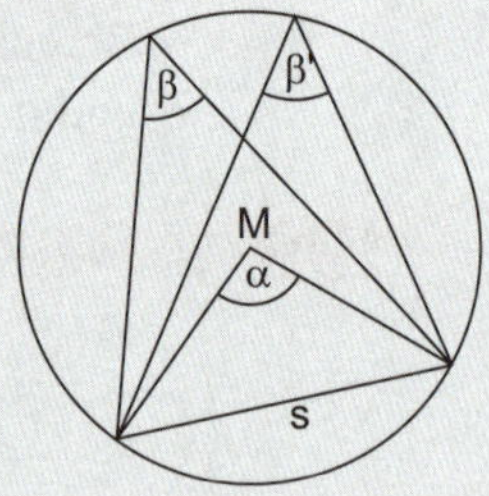

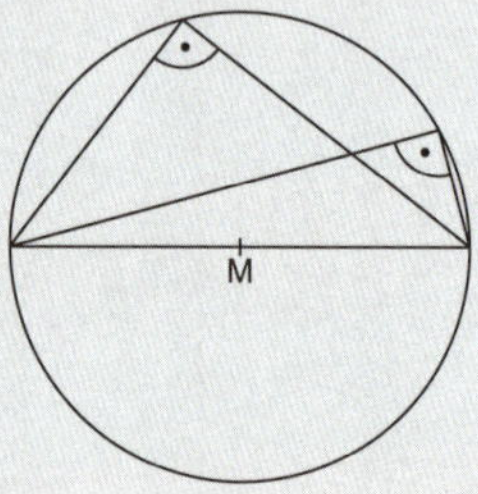

Beispiele

1. Berechne die Größe des Winkels ADB in dem regelmäßigen Fünfeck ABCDE.

   Lösung:

   $\sphericalangle AMB = \dfrac{360^\circ}{5} = 72^\circ$

   Winkel AMB ist Zentriwinkel über der Sehne $\overline{AB}$. Winkel ADB ist Peripheriewinkel über der Sehne $\overline{AB}$. Also ist Winkel ADB halb so groß wie Winkel AMB.

   $\sphericalangle ADB = \dfrac{72^\circ}{2} = 36^\circ$

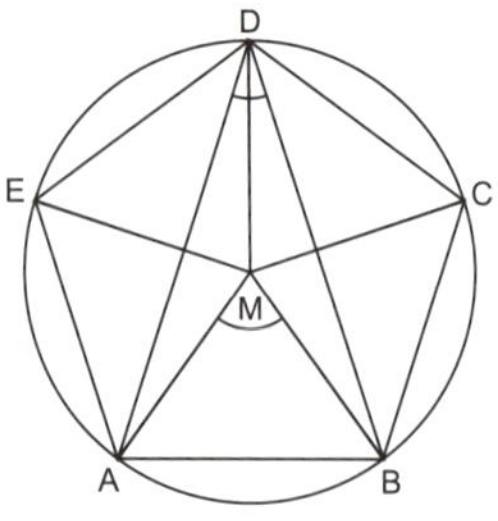

2. Berechne die Größe aller gekennzeichneten Winkel.

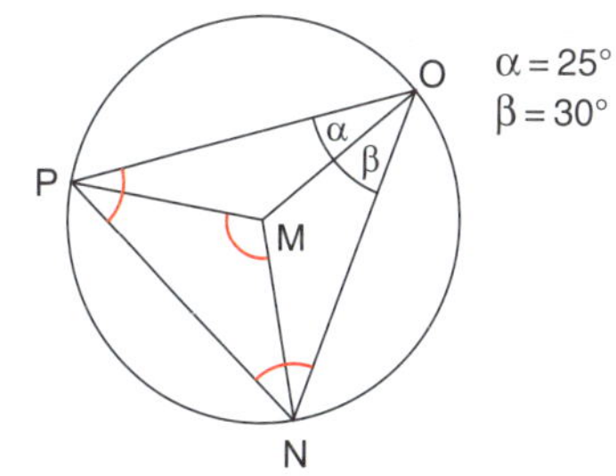

Skizze (nicht maßstäblich)

Lösung:

Die Strecken $\overline{MN}$, $\overline{MO}$ und $\overline{MP}$ sind gleich lang (Radius r). Deshalb sind die Dreiecke MNO, MOP und MPN gleichschenklig mit der Spitze in M.

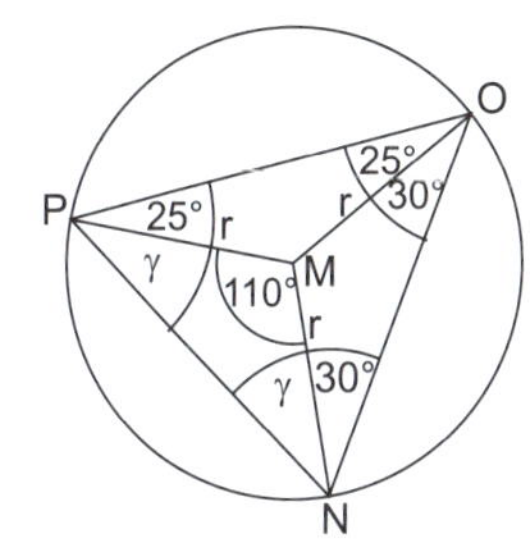

$\sphericalangle MPO = \sphericalangle POM = 25°$ Basiswinkel

$\sphericalangle ONM = \sphericalangle MON = 30°$ Basiswinkel

$\sphericalangle PMN = 2 \cdot \sphericalangle PON = 110°$ Zentriwinkel und Peripheriewinkel über der Sehne $\overline{PN}$

$\sphericalangle NPM = \sphericalangle MNP = \gamma$ Basiswinkel

$2 \cdot \gamma + 110° = 180°$ Innenwinkelsumme

$\gamma = 35°$ im Dreieck PNM

oder

$2 \cdot \gamma + 2 \cdot 25° + 2 \cdot 30° = 180°$ Innenwinkelsumme

$\gamma = 35°$ im Dreieck NOP

Aufgaben

200 Berechne alle in der Skizze angegebenen Winkel.

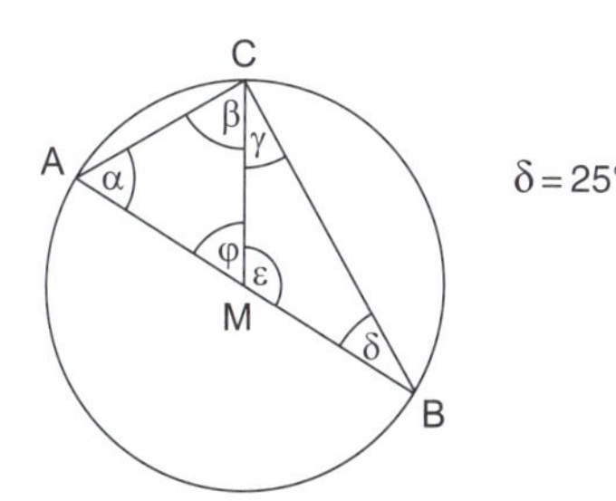

Skizze (nicht maßstäblich)

201 M sei der Mittelpunkt des Umkreises des gleichseitigen Dreiecks ABC. Berechne die Größe des Winkels AMB.

202 Berechne die Größe des Winkels β.

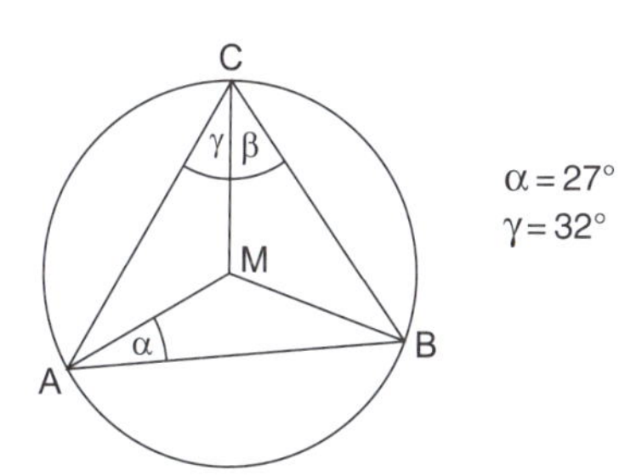

Skizze (nicht maßstäblich)

Kreisfläche und Kreisumfang, Kreisring

Merke

Kreis

Kreisfläche: $A = \pi \cdot r^2$

Kreisumfang: $u = 2 \cdot \pi \cdot r$

π: Kreiszahl

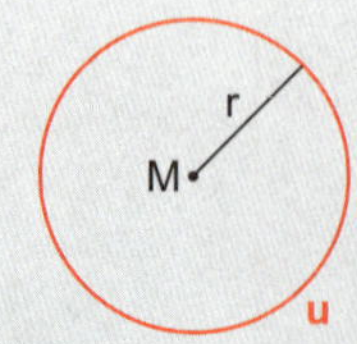

Die Kreiszahl π ist eine irrationale Zahl (nicht als Quotient zweier natürlicher Zahlen darstellbar), besitzt unendlich viele Nachkommastellen und ist nicht periodisch.
Es ist nicht möglich, mit Zirkel und Lineal ein Quadrat zu konstruieren, das den gleichen Flächeninhalt hat wie ein gegebener Kreis.
Für Berechnungen genügt es meistens, für π mit den Näherungswerten 3,14 oder $\frac{22}{7}$ zu rechnen.

Kreisring

Zwei konzentrische Kreise mit unterschiedlichen Radien begrenzen einen Kreisring.

Kreisringfläche: $A_{Ring} = \pi \cdot (r_2^2 - r_1^2)$

Kreisringumfang: $u = 2 \cdot \pi \cdot (r_1 + r_2)$

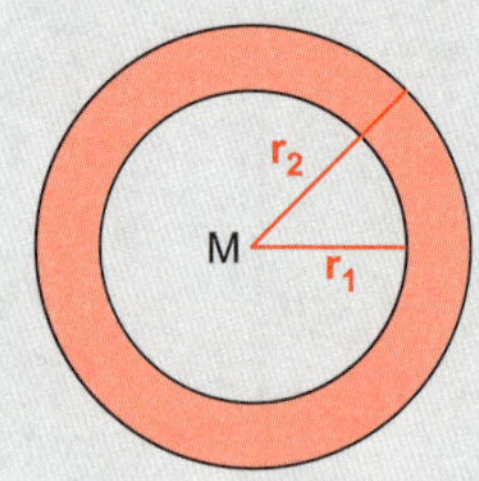

Beispiele

1. Zu einem Quadrat mit der Seitenlänge $a = 6$ cm sind der Umkreis (Radius r_u) und der Inkreis (Radius r_i) gezeichnet.
   a) Bestimme die Radien und die Flächeninhalte des Um- und des Inkreises und deren Verhältnis.
   b) Bestimme die Umfänge des Um- und des Inkreises und deren Verhältnis.

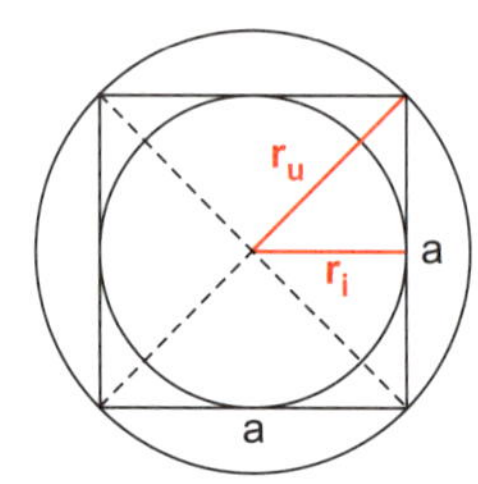

Lösung:

a) Radien:

$r_i = \frac{a}{2}$ $\qquad r_i = 3$ cm $\qquad$ r_i: halbe Quadratbreite

$r_u{}^2 = \left(\frac{a}{2}\right)^2 + \left(\frac{a}{2}\right)^2$ $\qquad r_u{}^2 = \frac{a^2}{2}$ $\qquad$ r_u: Satz des Pythagoras

$r_u = \frac{a}{2} \cdot \sqrt{2}$

$r_u = r_i \cdot \sqrt{2}$

$r_u = 3\sqrt{2}$ cm $\qquad (r_u \approx 4{,}24 \text{ cm})$

Flächeninhalte:

$A_i = \pi \cdot r_i{}^2 \qquad A_i = \pi \cdot \left(\frac{a}{2}\right)^2 \qquad A_i = 9\pi \text{ cm}^2 \approx 28{,}27 \text{ cm}^2$

$A_u = \pi \cdot r_u{}^2 \qquad A_u = \pi \cdot \left(\frac{a}{2} \cdot \sqrt{2}\right)^2 \qquad A_u = 18\pi \text{ cm}^2 \approx 56{,}55 \text{ cm}^2$

Verhältnis der beiden Flächeninhalte:

$$\frac{A_u}{A_i} = \frac{\pi \cdot \left(\frac{a}{2} \cdot \sqrt{2}\right)^2}{\pi \cdot \left(\frac{a}{2}\right)^2} = 2$$ (Dieses Verhältnis ist unabhängig von a!)

b) Umfänge:

$u_i = 2 \cdot \pi \cdot r_i$ $\qquad u_i = 2 \cdot \pi \cdot \frac{a}{2}$ $\qquad u_i = 6\pi \text{ cm} \approx 18{,}85 \text{ cm}$

$u_u = 2 \cdot \pi \cdot r_u$ $\qquad u_u = 2 \cdot \pi \cdot \frac{a}{2} \cdot \sqrt{2}$ $\qquad u_u = 6 \cdot \sqrt{2} \cdot \pi \text{ cm}^2 \approx 26{,}66 \text{ cm}$

Verhältnis der beiden Umfänge:

$$\frac{u_u}{u_i} = \frac{2 \cdot \pi \cdot \frac{a}{2} \cdot \sqrt{2}}{2 \cdot \pi \cdot \frac{a}{2}} = \sqrt{2}$$ (Auch dieses Verhältnis ist unabhängig von a!)

2. Ein Kreisring mit innerem Radius $r_1 = 60$ cm hat eine Fläche von 2,4 m^2. Berechne die Breite b des Rings.

Lösung:

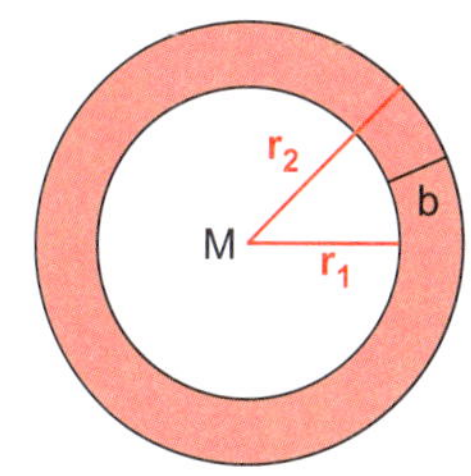

$A_{Ring} = \pi \cdot (r_2{}^2 - r_1{}^2)$

$2{,}4 \text{ m}^2 = \pi \cdot (r_2{}^2 - (0{,}60 \text{ m})^2)$

$2{,}4 \text{ m}^2 = \pi \cdot r_2{}^2 - 1{,}13 \text{ m}^2 \qquad | +1{,}13 \text{ m}^2 \quad : \pi$

$r_2{}^2 = \frac{2{,}4 \text{ m}^2 + 1{,}13 \text{ m}^2}{\pi}$

$r_2{}^2 \approx 1{,}12 \text{ m}^2$

$r_2 = \sqrt{1{,}12 \text{ m}^2}$

$r_2 \approx 1{,}06 \text{ m}$

Breite b des Rings: $b = r_2 - r_1$

$b = 46 \text{ cm}$

3. Wie viele Umdrehungen in der Minute macht das Rad eines Eisenbahnwagens ($d = 0{,}85$ m), wenn der Zug mit einer Geschwindigkeit von $90 \frac{km}{h}$ fährt?

Lösung:

$v = 90 \frac{km}{h}$

$v = \frac{90 \cdot 1\,000 \text{ m}}{60 \text{ min}}$ $\qquad$ Umwandlung $\frac{km}{h} \to \frac{m}{min}$

$v = 1\,500 \frac{m}{min}$

Der Zug legt in $t = 1$ Minute die Strecke $s = 1\,500$ m zurück.
Um die Anzahl n der Umdrehungen pro Minute zu erhalten, müssen wir feststellen, wie oft der Umfang u des Rades in der Strecke s enthalten ist.

$u_{Rad} = \pi \cdot d$ $\qquad n = \frac{s}{u_{Rad}}$

$u_{Rad} = \pi \cdot 0{,}85 \text{ m} \approx 2{,}67 \text{ m}$ $\qquad n = \frac{1500 \text{ m}}{2{,}67 \text{ m}} \approx 562$

Bei einer Geschwindigkeit von $90 \frac{km}{h}$ macht das Rad 562 Umdrehungen pro Minute.

Aufgaben

203 Einem Kreis mit Radius r (= 6 cm) ist ein gleichseitiges Dreieck einbeschrieben.

a) Berechne die Länge der Dreiecksseite a.

b) In welchem Verhältnis stehen die Flächeninhalte von Kreis und Dreieck?

c) In welchem Verhältnis stehen die Flächeninhalte bzw. die Umfänge von Umkreis und Inkreis des Dreiecks?

204 Bei einem gleichseitigen Dreieck fallen die Mittelpunkte von Um- und Inkreis zusammen. Berechne den Flächeninhalt des von beiden Kreisen begrenzten Kreisrings in Abhängigkeit von der Seitenlänge a des Dreiecks.

205 a) Um einen Fußball mit dem Radius r (= 11 cm) wird straff eine Schnur gespannt. Die Schnur wird um 1 m verlängert und so um den Ball gelegt, dass sie überall den gleichen Abstand a hat. Wie groß ist dieser Abstand a?

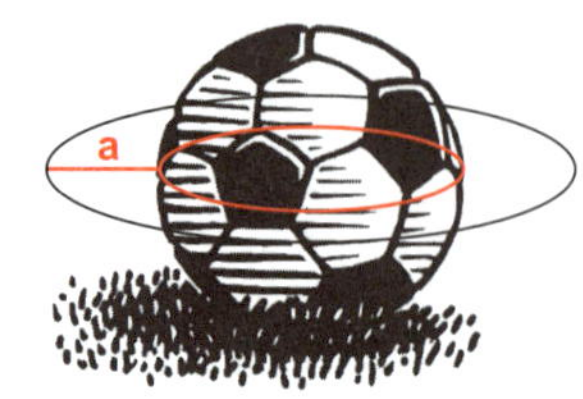

b) In der gleichen Weise denkt man sich um den Erdäquator der als ideale Kugel angenommenen Erde eine Schnur gespannt und ebenfalls um 1 m verlängert (Erdradius: 6 370 km).
Christina behauptet: „Bei der Größe der Erde wirkt sich eine Verlängerung der Schnur um einen Meter überhaupt nicht aus, da kann nicht mal eine Ameise darunter durch kriechen.“
Was hältst du von Christinas Aussage? Begründe deine Meinung rechnerisch.

206 Wie groß ist die Rotationsgeschwindigkeit eines Punktes auf dem Erdäquator, vom Standpunkt eines unbewegten Beobachters im Weltraum aus gesehen? ($r_{Erde} = 6\,370$ km)

Kreisbogen und Kreissektor, Berechnungen am Kreis und an Kreisteilen

Merke

Kreisbogen und Kreissektor

Die Schenkel des Zentriwinkels ∢AMB mit dem Maß φ schneiden aus der Fläche eines Kreises einen Kreissektor und aus der Kreislinie einen Kreisbogen der Länge b aus.

Länge des Kreisbogens: $b = 2 \cdot \pi \cdot r \cdot \frac{\varphi}{360°}$

Flächeninhalt des Sektors: $A = \pi \cdot r^2 \cdot \frac{\varphi}{360°}$

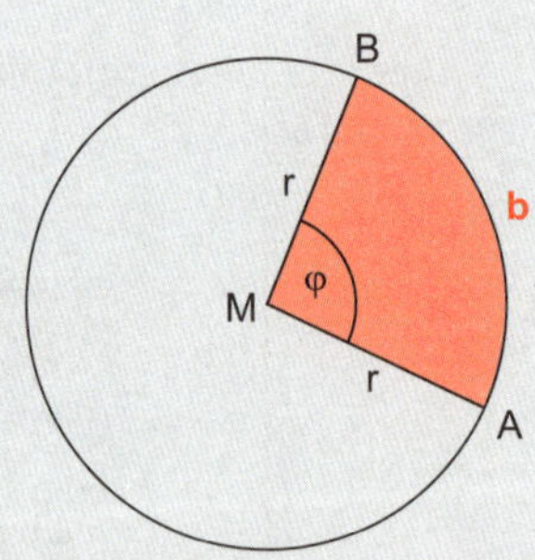

Beispiele

1. Berechne den Flächeninhalt A und den Umfang u der eingefärbten Flächen allgemein in Abhängigkeit von a und speziell für a = 8 cm.

a)

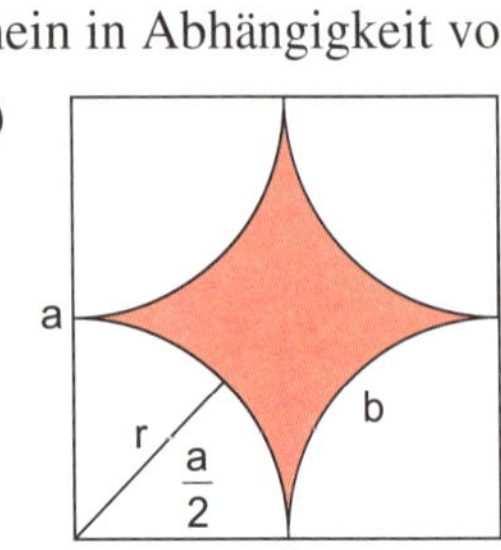

b)

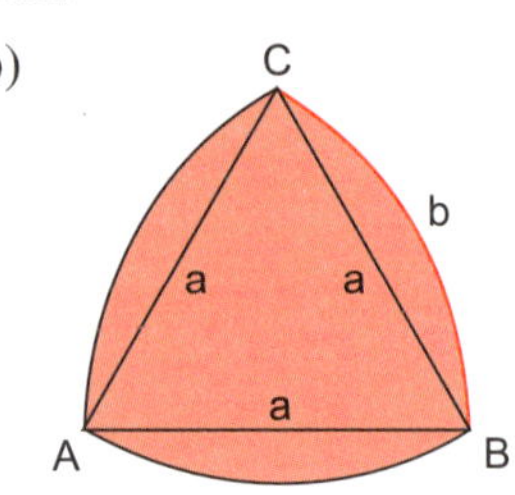

Lösung:

a) Flächeninhalt:

$A = A_{Quadrat} - 4 \cdot A_{Sektor}$

$A = a^2 - 4 \cdot \left(\frac{a}{2}\right)^2 \cdot \pi \cdot \frac{90°}{360°}$ mit $r = \frac{a}{2}$

$A = a^2 - \frac{a^2}{4} \cdot \pi$

$A = a^2 \cdot \left(1 - \frac{\pi}{4}\right)$

Für $a = 8$ cm:

$A = 64 \cdot \left(1 - \frac{\pi}{4}\right) \text{cm}^2$

$A \approx 13{,}73 \text{ cm}^2$

Umfang:

$u = 4 \cdot b$

$u = 4 \cdot 2 \cdot \pi \cdot r \cdot \frac{90°}{360°}$

$u = 2 \cdot \pi \cdot r$ mit $r = \frac{a}{2}$

$u = 2 \cdot \pi \cdot \frac{a}{2}$

$u = a \cdot \pi$

$u = 8 \cdot \pi \text{ cm}$

$u \approx 25{,}13 \text{ cm}$

b) Das Dreieck ABC ist gleichseitig. Die Zentriwinkel der Sektoren betragen jeweils 60°.

Flächeninhalt:

$A = 3 \cdot A_{Sektor} - 2 \cdot A_{\Delta ABC}$

$A = 3 \cdot \pi \cdot r^2 \cdot \frac{60°}{360°} - 2 \cdot \frac{1}{2} \cdot r \cdot \frac{\sqrt{3}}{2} \cdot r$

$A = \frac{1}{2} \cdot \pi \cdot r^2 - \frac{\sqrt{3}}{2} \cdot r^2$

$A = \frac{1}{2} \cdot r^2 \cdot (\pi - \sqrt{3})$ mit $r = a$

$A = \frac{1}{2} a^2 \cdot (\pi - \sqrt{3})$

Für $a = 8$ cm:

$A = \frac{1}{2} (8 \text{ cm})^2 \cdot (\pi - \sqrt{3}) \text{ cm}^2$

$A \approx 45{,}11 \text{ cm}^2$

Umfang:

$u = 3 \cdot b$

$u = 3 \cdot 2 \cdot \pi \cdot r \cdot \frac{60°}{360°}$

$u = \pi \cdot r$ mit $r = a$

$u = a \cdot \pi$

$u = 8 \text{ cm} \cdot \pi$

$u \approx 25{,}13 \text{ cm}$

2. a) Der Bogen eines Kreises mit $r = 14$ cm hat die Länge $b = 22$ cm. Berechne die Größe des zugehörigen Zentriwinkels φ sowie den Flächeninhalt A des Kreissektors.

b) Welche Größe hat der Zentriwinkel eines Bogens, dessen Länge gleich dem Radius ist?

Lösung:

a) Zentriwinkel:

$2 \cdot \pi \cdot r \cdot \frac{\varphi}{360°} = b$

$2 \cdot \pi \cdot 14 \text{ cm} \cdot \frac{\varphi}{360°} = 22 \text{ cm}$

$\varphi = \frac{22 \text{ cm} \cdot 360°}{2\pi \cdot 14 \text{ cm}}$

$\varphi = 90°$

Flächeninhalt:

$A = \pi \cdot r^2 \cdot \frac{\varphi}{360°}$

$A = \pi \cdot (14 \text{ cm})^2 \cdot \frac{90°}{360°}$

$A \approx 153{,}94 \text{ cm}^2$

b) Bedingung: $b = r$

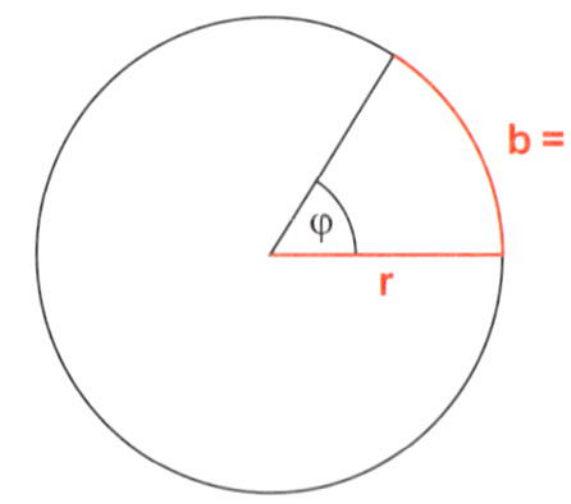

$$2 \cdot \pi \cdot r \cdot \frac{\varphi}{360°} = r$$

$$2 \cdot \pi \cdot \frac{\varphi}{360°} = 1$$

$$\varphi = \frac{360°}{2\pi}$$

$$\varphi \approx 57{,}30°$$

3. Zeichne zu einem Quadrat mit der Seitenlänge a (= 8 cm) den Umkreis und über jeder Seite den Halbkreis nach außen. Berechne den Flächeninhalt der vier Möndchen.

Lösung:

Die Diagonalen des Quadrats teilen die Figur in vier gleiche Teile.
Um den Flächeninhalt des oberen Möndchens zu erhalten, werden der Halbkreis und das graue Dreieck zusammengefasst und anschließend wird der Kreissektor (Viertelkreis) abgezogen.

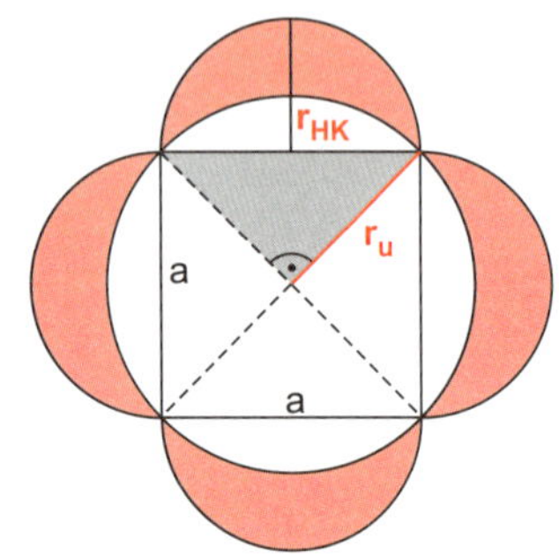

Halbkreisradius: $r_{HK} = \frac{a}{2}$ (halbe Kantenlänge des Quadrats)

Flächeninhalt des Halbkreises: $A_{Halbkreis} = \frac{1}{2} \cdot \pi \cdot r_{HK}^2 = \frac{1}{2} \cdot \pi \cdot \left(\frac{a}{2}\right)^2 = \frac{\pi a^2}{8}$

Flächeninhalt des grauen Dreiecks: $A_{Dreieck} = \frac{a^2}{4}$ (ein Viertel des Quadrats)

Umkreisradius: $r_u = \frac{a\sqrt{2}}{2}$ (halbe Diagonale des Quadrats)

Flächeninhalt des Kreissektors: $A_{Sektor} = \frac{1}{4} \cdot \pi r_u^2 = \frac{1}{4} \cdot \pi \cdot \left(\frac{a\sqrt{2}}{2}\right)^2 = \frac{\pi a^2}{8}$

Flächeninhalt eines Möndchens: $A_1 = A_{Halbkreis} + A_{Dreieck} - A_{Sektor}$

$$= \frac{\pi a^2}{8} + \frac{a^2}{4} - \frac{\pi a^2}{8} = \frac{a^2}{4}$$

Summe der Flächeninhalte der vier Möndchen: $A = 4 \cdot A_1$

$$= 4 \cdot \frac{a^2}{4} = a^2$$ (gleicher Flächeninhalt wie das Quadrat)

Für $a = 8$ cm: $A = (8\text{ cm})^2 = 64\text{ cm}^2$

Aufgaben

207

a) Welche Länge hat der zum Zentriwinkel $\varphi = 75°$ gehörige Kreisbogen in einem Kreis mit Radius $r = 25$ cm?

b) Wie groß sind Bogenlänge, Umfang und Flächeninhalt eines Kreissektors mit dem Zentriwinkel $\varphi = 120°$ ($r = 12$ cm)?

c) Berechne die Größe des Zentriwinkels eines Kreissektors, dessen Flächeninhalt gleich dem eines dem Kreis einbeschriebenen Quadrats ist.

208 Berechne den Flächeninhalt und den Umfang der rot eingefärbten Fläche (a = 8 cm).

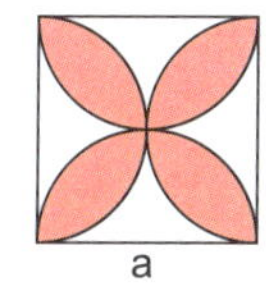

209 Zeige durch Rechnung, dass die beiden eingefärbten Möndchen zusammen den gleichen Flächeninhalt wie das rechtwinklige Dreieck haben. (Möndchen des Hippokrates; um 440 v. Chr.; griechischer Mathematiker. Dieser Satz wurde erst 1671 von dem Jesuiten Paradies bewiesen.)

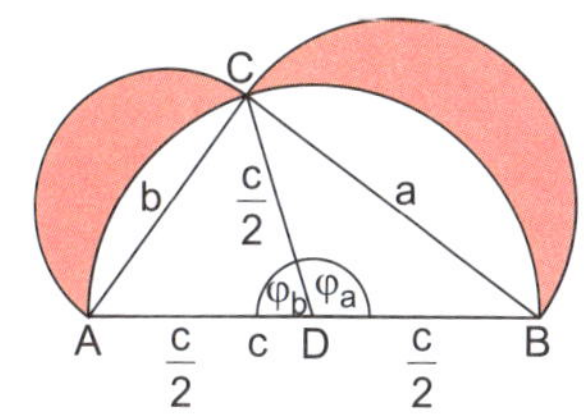

210 Gib den Flächeninhalt der rot gefärbten Figuren in Flächeneinheiten (FE) an.

a)
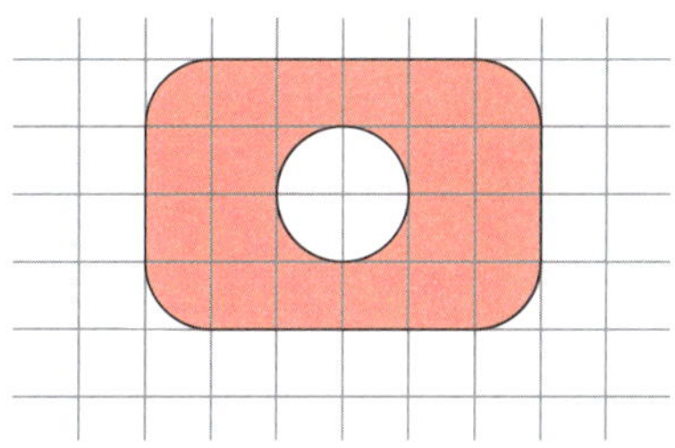

b)
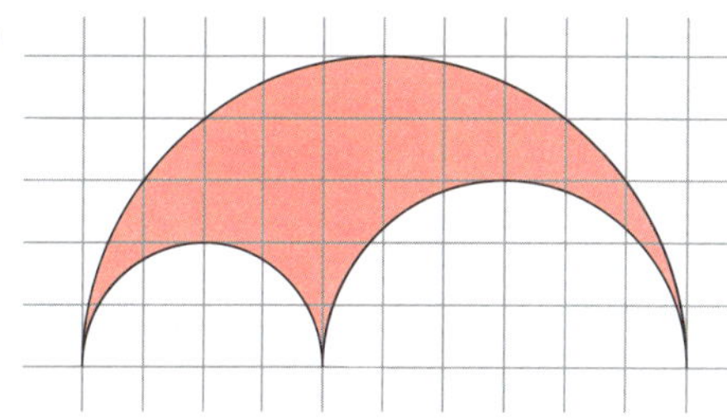

c)
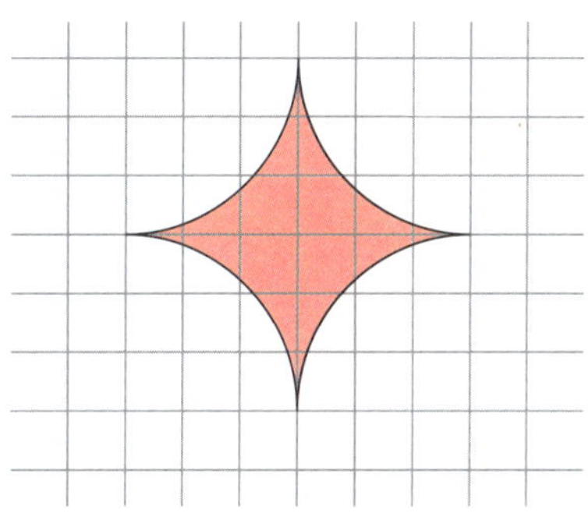

d)
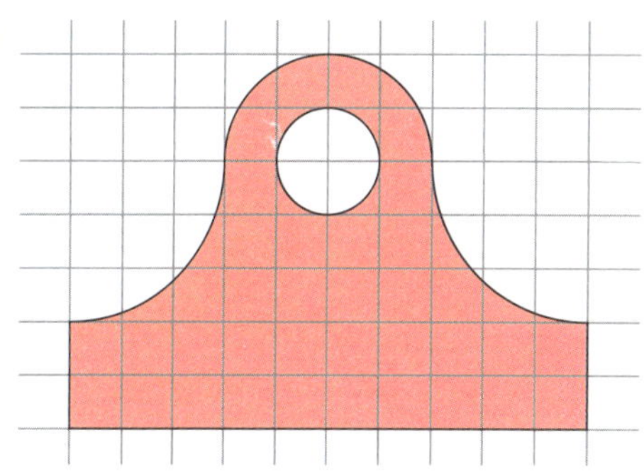

e)
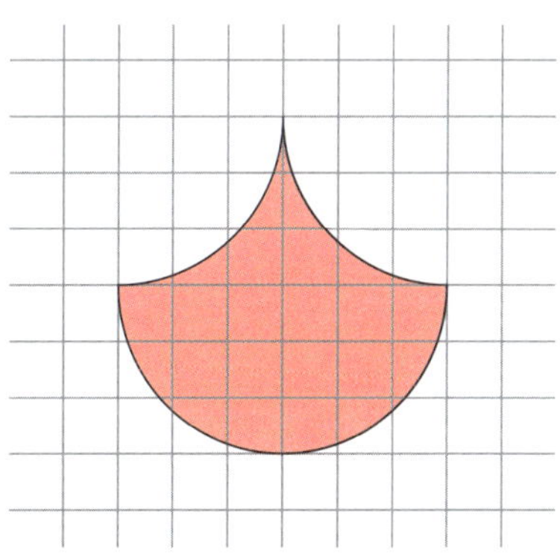

f)
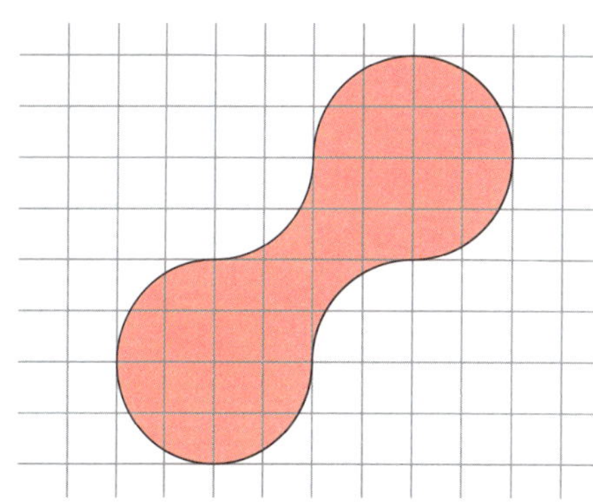

211 Maria unternimmt mit ihren Freunden eine Radtour vom Blauen Wunder in Dresden zur Festung Königstein in der Sächsischen Schweiz (ca. 37 km). Sie fährt ein 26er Damenrad, d. h. die Reifen haben einen Durchmesser von 26 Zoll (1 Zoll = 2,54 cm).

a) Welche Weglänge kommt Maria bei einer vollen Radumdrehung voran?
b) Um welchen Zentriwinkel dreht sich das Rad, wenn Maria genau 1 m fährt?
c) Wie viele Radumdrehungen muss sie für einen Kilometer machen?
d) Maria schafft 180 Radumdrehungen pro Minute. Wie lange braucht sie etwa bis nach Königstein?

9 Geometrische Konstruktionen

9.1 Grundkonstruktionen

Merke

Mittelsenkrechte einer Strecke

- Die zu einer Strecke $\overline{AB}$ **senkrechte Gerade** durch den **Mittelpunkt der Strecke** heißt **Mittelsenkrechte der Strecke $\overline{AB}$**.
- Die Mittelsenkrechte ist die **Symmetrieachse** zu den Punkten A und B.
- Die Mittelsenkrechte **halbiert** die Strecke $\overline{AB}$.

Beispiel

Konstruktion der Mittelsenkrechten m zur Strecke $\overline{AB}$.

1. Zeichne um die Punkte A und B zwei Kreise mit dem gleichen Radius, sodass sich die Kreise in zwei Punkten S_1 und S_2 schneiden.
2. Die Gerade durch die Punkte S_1 und S_2 ist die Symmetrieachse zu A und B und damit auch die Mittelsenkrechte der Strecke $\overline{AB}$. Sie halbiert die Strecke $\overline{AB}$ im Punkt M.

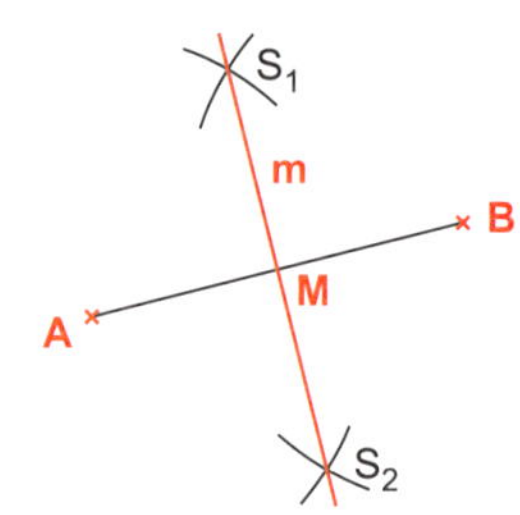

Merke

Lot von einem Punkt auf eine Gerade

- Wenn ein Punkt P gegeben ist, der **nicht** auf der Geraden g liegt, dann nennt man die Gerade durch den Punkt P, die auf der Geraden g **senkrecht** steht, **Lot vom Punkt P auf die Gerade g**.
- Man sagt: Das **Lot** wird **gefällt**.

Beispiel

Fällen des Lotes von einem Punkt P auf eine Gerade g.

1. Zeichne um den Punkt P einen Kreis, der die Gerade g in zwei Punkten A und B schneidet.
2. Konstruiere die Mittelsenkrechte der Strecke $\overline{AB}$.

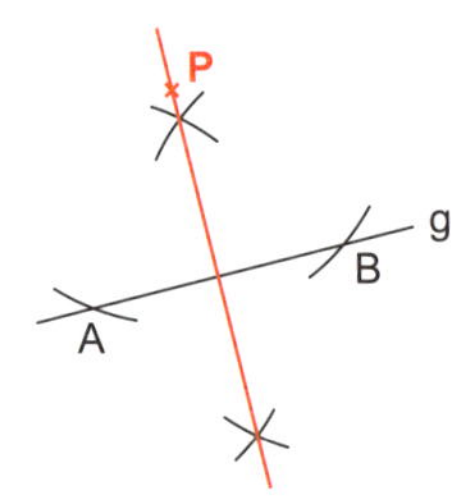

Merke

Senkrechte zu einer Gerade in einem Punkt

- Wenn ein Punkt P **auf** einer Gerade g gegeben ist, dann nennt man die zu der Geraden g **senkrecht** stehende Gerade, die durch den Punkt P verläuft, **Senkrechte zur Geraden g im Punkt P**.
- Man sagt: Die **Senkrechte** wird **errichtet**.

Beispiel

Errichten der Senkrechten zu einer Geraden g in einem Punkt P.

1. Zeichne um den Punkt P einen Kreis, der die Gerade g in zwei Punkten A und B schneidet.
2. Konstruiere die Mittelsenkrechte der Strecke $\overline{AB}$.

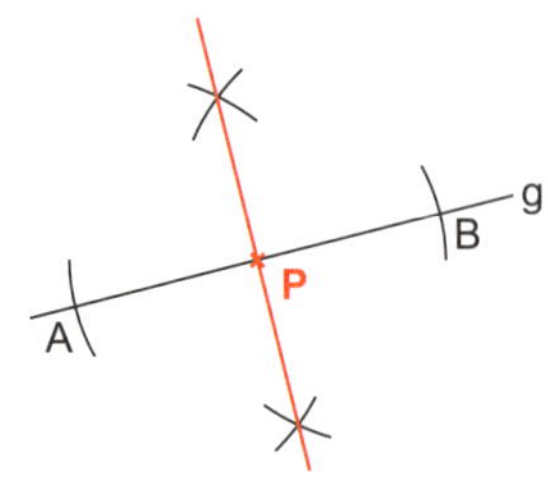

Merke

Winkelhalbierende

- Die Gerade w, die einen Winkel α im Scheitel S halbiert, heißt **Winkelhalbierende**.
- Die Winkelhalbierende ist die **Symmetrieachse** des Winkels α.

Beispiel

Konstruktion der Winkelhalbierenden w eines Winkels α.

1. Zeichne um den Scheitel S einen Kreis, der die beiden Schenkel in den Punkten A und B schneidet.
2. Konstruiere die Mittelsenkrechte der Strecke $\overline{AB}$.

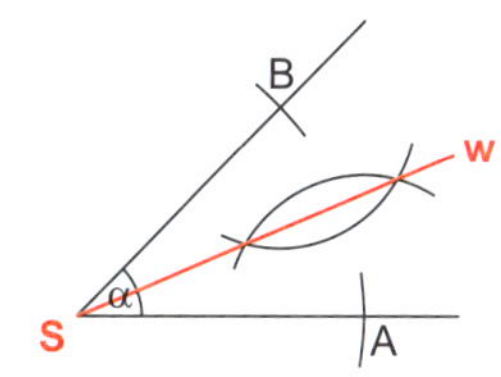

Aufgaben

212 Zeichne ein Dreieck ABC mit den Seitenlängen a = 6,2 cm, b = 6,9 cm und c = 8,5 cm. Konstruiere zu jeder Dreiecksseite die Mittelsenkrechte. Bezeichne den gemeinsamen Schnittpunkt der drei Mittelsenkrechten mit M und zeichne den Umkreis des Dreiecks ABC (Kreis um den Mittelpunkt M, der durch die Punkte A, B und C verläuft).

213 Zeichne ein Dreieck ABC mit den Seitenlängen a = 7,8 cm, b = 6,3 cm und c = 8,6 cm. Konstruiere die drei Höhen in dem Dreieck, indem du von jedem Eckpunkt aus das Lot auf die gegenüberliegende Seite fällst.
Wenn du sorgfältig arbeitest, wirst du bemerken, dass sich die drei Höhen in einem Punkt schneiden.

214 Zeichne ein Dreieck ABC mit den Seitenlängen a = 5,9 cm, b = 6,7 cm und c = 5,2 cm. Konstruiere die Winkelhalbierenden der drei Innenwinkel.
Wenn du sorgfältig arbeitest, wirst du bemerken, dass sich die drei Winkelhalbierenden in einem Punkt schneiden. Das ist der Mittelpunkt des Inkreises des Dreiecks.

215 Zeichne ein gleichschenkliges Dreieck ABC mit a = b = 6,7 cm und c = 7,9 cm.
Konstruiere die Symmetrieachse s des Dreiecks und bezeichne den Schnittpunkt mit der Seite c als Punkt D.
Ergänze folgende Sätze:
Die Gerade s ist die Mittelsenkrechte von …
Die Gerade s ist das Lot vom Punkt … auf …
Die Gerade s ist die Winkelhalbierende von …
Die Gerade s ist die Senkrechte auf … im Punkt …

216 Zeichne ein Dreieck ABC mit den Seitenlängen b = 5,8 cm, c = 7,1 cm und dem Innenwinkel $\alpha = 67°$. Konstruiere für jede Dreiecksseite den Mittelpunkt. Verbinde jeden dieser Punkte mit dem gegenüberliegenden Eckpunkt.
Die so entstandenen drei Strecken schneiden sich in einem Punkt (dem Schwerpunkt des Dreiecks ABC).

217 Zeichne einen Kreis um einen Punkt M mit einem Radius von 4,2 cm und lege auf dem Kreisumfang vier Punkte A, B, C und D beliebig fest. Konstruiere die Mittelsenkrechten der Seiten des Vierecks ABCD. Ist es Zufall, dass sie sich in einem Punkt schneiden? Begründe.

218 Wenn ein Kreis um einen Punkt M und ein außerhalb des Kreises liegender Punkt P gegeben sind, dann kann man folgendermaßen die durch P verlaufenden Tangenten an den Kreis konstruieren:

1. Konstruiere den Mittelpunkt Q der Strecke $\overline{MP}$.
2. Zeichne den Kreis um den Punkt Q mit dem Radius $r_2 = \overline{MQ}$.
3. Die beiden Kreise schneiden sich in den Punkten T_1 und T_2.
4. Die Geraden durch die Punkte P und T_1 bzw. P und T_2 sind die gesuchten Tangenten an den Kreis.

Führe die Konstruktion für einen Kreis mit einem Radius von 3,5 cm und einem Punkt P mit $\overline{MP} = 9,5$ cm aus. Begründe, dass die so konstruierten Geraden senkrecht auf den Berührungsradien $\overline{MT_1}$ bzw. $\overline{MT_2}$ stehen.

9.2 Kongruenzsätze und Dreieckskonstruktionen

Um ein Dreieck eindeutig konstruieren zu können, müssen bestimmte Angaben bekannt sein. Die Kongruenzsätze zeigen, welche drei Angaben jeweils notwendig sind.

Merke

Kongruenzsatz sss

Zwei Dreiecke sind zueinander kongruent (deckungsgleich), wenn sie in **drei Seiten** übereinstimmen.

Beispiel

Konstruiere ein Dreieck ABC mit a = 6,8 cm, b = 5,9 cm und c = 5,1 cm.

- Planfigur, gegebene Stücke sind rot hervorgehoben (Skizze – nicht maßstäblich)

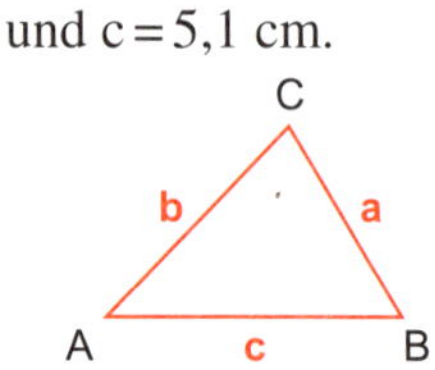

- Konstruktion (Maßstab 1 : 2)
  1. Zeichne die Seite $c = \overline{AB}$.
  2. Zeichne um den Punkt A einen Kreisbogen mit dem Radius b.
  3. Zeichne um den Punkt B einen Kreisbogen mit dem Radius a.
  4. Die beiden Kreisbögen schneiden einander im Punkt C.

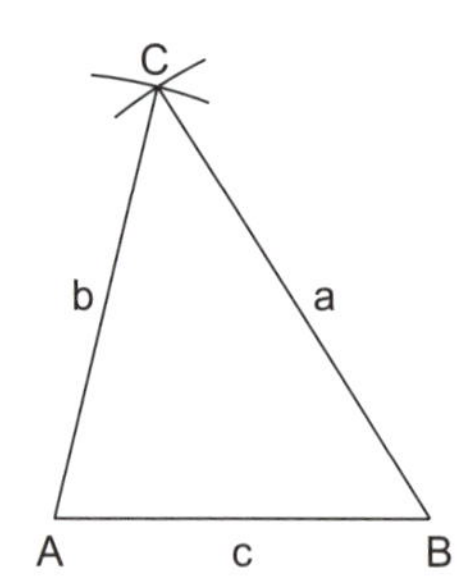

Merke

Kongruenzsatz sws

Zwei Dreiecke sind zueinander kongruent, wenn sie in **zwei Seiten** und dem von diesen Seiten **eingeschlossenen Winkel** übereinstimmen.

Beispiel

Konstruiere ein Dreieck ABC mit b = 5,8 cm, c = 4,1 cm und $\alpha = 51°$.

- Planfigur, gegebene Stücke sind rot hervorgehoben (Skizze – nicht maßstäblich)

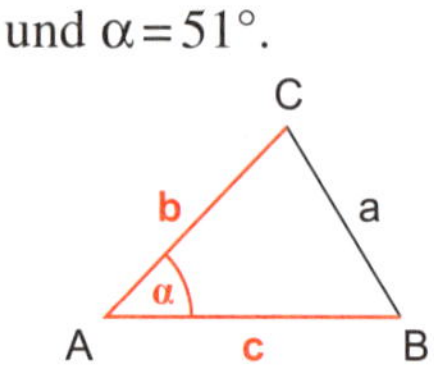

- Konstruktion (Maßstab 1 : 2)
  1. Zeichne die Seite $c = \overline{AB}$.
  2. Trage im Punkt A den Winkel α an.
  3. Zeichne um den Punkt A einen Kreisbogen mit dem Radius b.
  4. Der Kreisbogen schneidet den freien Schenkel des Winkels α im Punkt C.

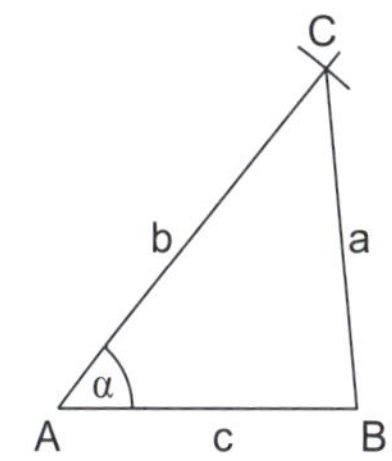

Merke

Kongruenzsatz wsw

Zwei Dreiecke sind zueinander kongruent, wenn sie in **einer Seite** und den **beiden anliegenden Winkeln** übereinstimmen.

Beispiel

Konstruiere ein Dreieck ABC mit $c = 7{,}3$ cm, $\alpha = 73°$ und $\beta = 41°$.
- Planfigur, gegebene Stücke sind rot hervorgehoben (Skizze – nicht maßstäblich)

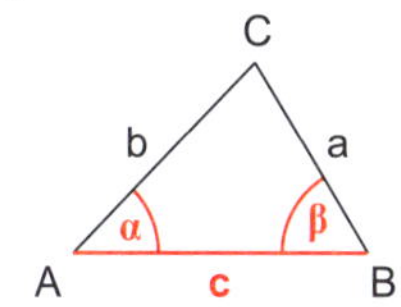

- Konstruktion (Maßstab 1 : 2)
  1. Zeichne die Seite $c = \overline{AB}$.
  2. Trage im Punkt A den Winkel α an.
  3. Trage im Punkt B den Winkel β an.
  4. Die beiden freien Schenkel schneiden einander im Punkt C.

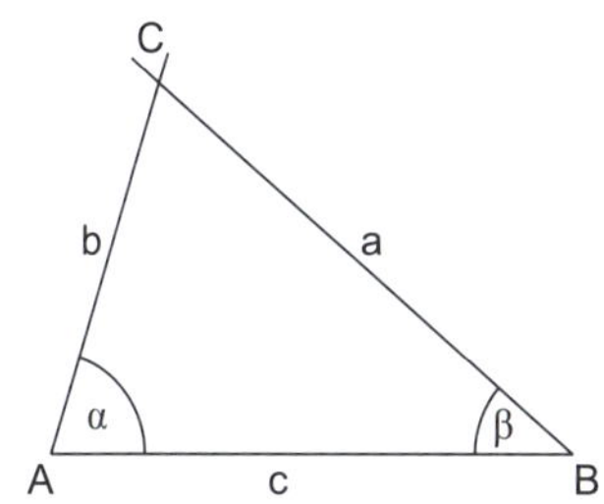

Merke

Kongruenzsatz ssw

Zwei Dreiecke sind zueinander kongruent, wenn sie in **zwei Seiten** und dem **Winkel** übereinstimmen, der **der größeren Seite gegenüberliegt**.

Beispiel

Konstruiere ein Dreieck ABC mit $a = 7{,}3$ cm, $c = 5{,}7$ cm und $\alpha = 74°$.
- Planfigur, gegebene Stücke sind rot hervorgehoben (Skizze – nicht maßstäblich)

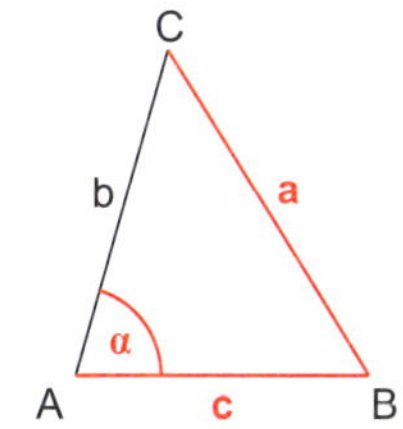

- Konstruktion (Maßstab 1 : 2)
  1. Zeichne die Seite $c = \overline{AB}$.
  2. Trage im Punkt A den Winkel α an.
  3. Zeichne um den Punkt B einen Kreisbogen mit dem Radius a.
  4. Der Kreisbogen schneidet den freien Schenkel des Winkels α im Punkt C.

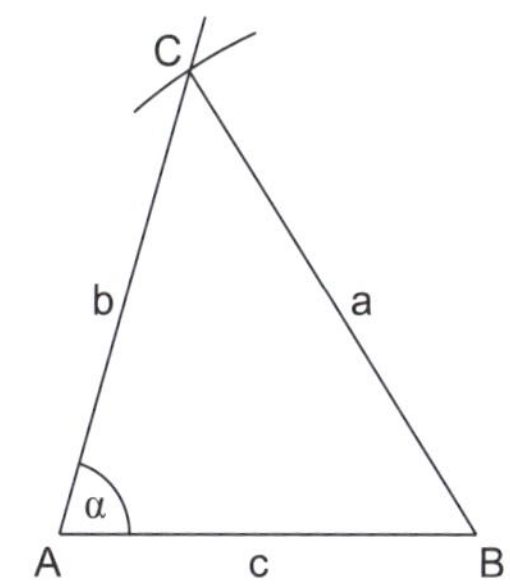

Gegenbeispiel

Konstruiere ein Dreieck ABC mit $a = 4{,}5$ cm, $c = 7{,}3$ cm und $\alpha = 32°$ (Maßstab 1 : 2).
In diesem Fall liegt der gegebene Winkel α **der kleineren Seite gegenüber**. Der Kreisbogen liefert **zwei** Schnittpunkte C_1 und C_2.

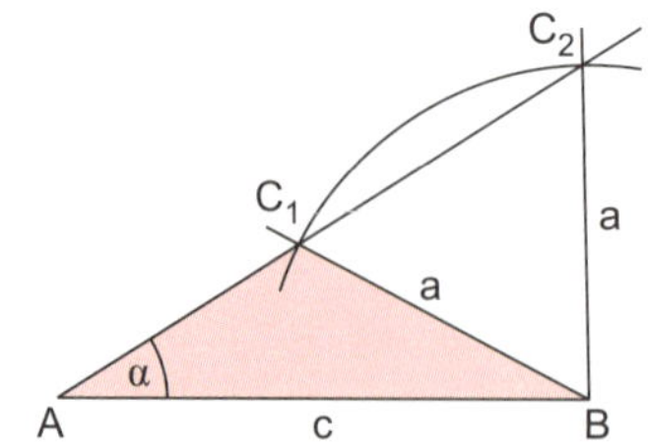

Da die Dreiecke ABC_1 und ABC_2 in den gegebenen Stücken übereinstimmen, aber nicht zueinander kongruent sind, ist ein Dreieck ABC durch diese Angaben **nicht eindeutig** bestimmt.

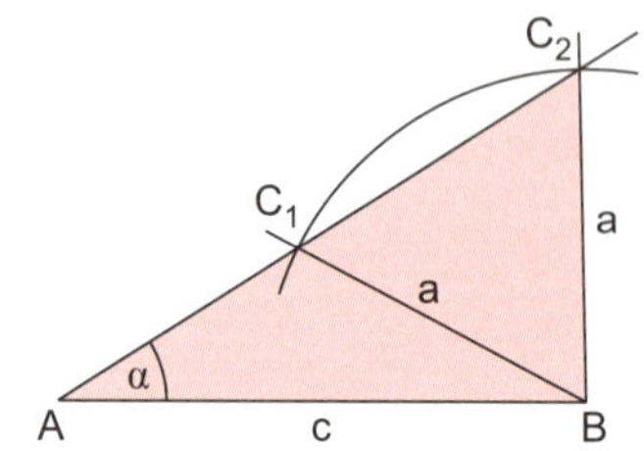

Aufgaben

219 Konstruiere jeweils das Dreieck ABC aus den angegebenen Stücken.
a) $a = 4{,}8$ cm, $c = 3{,}7$ cm, $\beta = 47°$
b) $a = 5{,}4$ cm, $\beta = 56°$, $\gamma = 43°$
c) $a = 8{,}9$ cm, $b = 6{,}0$ cm, $c = 4{,}2$ cm
d) $a = 4{,}1$ cm, $c = 6{,}5$ cm, $\gamma = 55°$
e) $a = 33$ mm, $b = 0{,}98$ dm, $\beta = 109°$

220 Konstruiere das Viereck ABCD mit $\overline{AB} = 3{,}7$ cm, $\overline{BC} = 4{,}8$ cm, $\sphericalangle CBA = 112°$, $\sphericalangle DCA = 33°$ und $\sphericalangle CAD = 87°$.

221 Konstruiere ein Drachenviereck ABCD mit $\overline{AB} = 7{,}4$ cm, $\overline{BD} = 9{,}8$ cm und $\overline{AD} = 4{,}5$ cm.

222 Konstruiere ein Rechteck, dessen eine Seite 5,7 cm lang und dessen Diagonale 7,5 cm lang ist.

223 Konstruiere ein Rechteck, dessen Diagonalen 6,3 cm lang sind und sich unter einem Winkel von 33° schneiden.

224 Konstruiere ein Trapez ABCD mit $\overline{AB} \parallel \overline{CD}$, $\overline{AB} = 6{,}7$ cm, $\overline{BC} = 3{,}4$ cm, $\sphericalangle BAD = 59°$ und $\sphericalangle CBA = 72°$.

225 Konstruiere das Körpernetz einer Pyramide mit rechteckiger Grundfläche (3,8 cm × 2,9 cm), bei der die Spitze 5,1 cm von jeder Ecke der Grundfläche entfernt ist.

226 Von A-Dorf führt eine 4,7 km lange, gerade Straße in nördlicher Richtung nach B-Walde. Eine zweite gerade Straße führt von A-Dorf genau nach Südwesten und endet nach 2 800 m in C-Hausen. Ermittle durch eine maßstäbliche Zeichnung die Entfernung zwischen B-Walde und C-Hausen.

10 Vergrößern und Verkleinern von Figuren – Ähnliche Figuren

Maßstabsgetreue Vergrößerungen und Verkleinerungen spielen im Alltag und in der Technik eine bedeutsame Rolle. Die Projektion eines Dias oder der vergrößerte Abzug eines Filmnegativs stellen Beispiele für derartige Vergrößerungen dar. In Bau- oder Grundstücksplänen werden die entsprechenden Objekte jeweils in einem bestimmten Maßstab (z. B. 1 : 500) verkleinert gezeichnet. Beim Modellbau werden maßstabsgetreue, verkleinerte Abbilder von Flugzeugen oder Schiffen konstruiert.

Merke

Maßstab

Der **Maßstab** einer Abbildung (eines Modells) gibt das **Verhältnis von Bildgröße zu Originalgröße** an.

Maßstab = Bildgröße : Originalgröße oder $\text{Maßstab} = \frac{\text{Bildgröße}}{\text{Originalgröße}}$

Beispiel

- Stadtplan im Maßstab 1 : 20 000
  Die originalen Entfernungen in der Stadt sind im Bild auf $\frac{1}{20\,000}$ verkleinert.
  1 cm im Bild ≙ 20 000 cm (200 m) im Original
- 300-fache Vergrößerung im Mikroskop, Maßstab 300 : 1
  Die originalen Abstände sind im Bild 300-mal so groß dargestellt.
  300 mm im Bild ≙ 1 mm im Original

Vergrößerungen oder Verkleinerungen sollen in der Regel maßstabsgetreu sein, d. h. Original- und Bildfigur stimmen in der Gestalt völlig überein, haben jedoch unterschiedliche Größen. Wir sagen dann auch: Original- und Bildfigur sind **ähnlich**.

Merke

Ähnliche Figuren

Zwei ähnliche Figuren F_1 und F_2 ($F_1 \sim F_2$) stimmen
- in den Maßen entsprechender Winkel (Winkeltreue)
- im Verhältnis entsprechender Streckenlängen (Verhältnistreue)

überein.

Beispiel

Fröbelsterne in verschiedenen Größen:

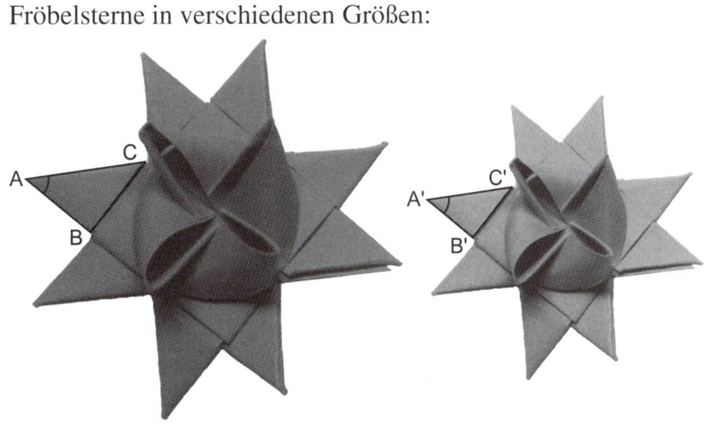

Gleiche Winkel:
$\alpha = \alpha'$
$\beta = \beta'$

Gleiche Seitenverhältnisse:
$\frac{\overline{AB}}{\overline{AC}} = \frac{\overline{A'B'}}{\overline{A'C'}}$

Merke

Hauptähnlichkeitssatz für Dreiecke

Wenn zwei Dreiecke in **zwei Winkeln** übereinstimmen, dann sind die Dreiecke **ähnlich**.

Beispiel

1. Berechne die Länge der Strecke $\overline{DE}$ (siehe Skizze).

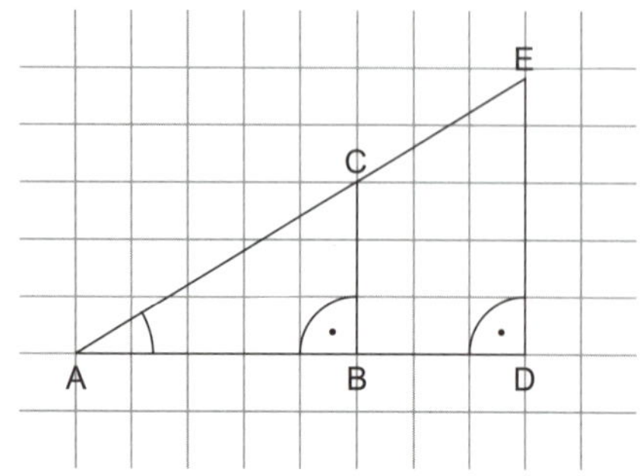

Lösung:

- Zeigen, dass die Dreiecke ABC und ADE ähnlich sind:
  $\sphericalangle BAC = \sphericalangle DAE$
  $\sphericalangle CBA = \sphericalangle EDA$ (zwei rechte Winkel)
  Da die Dreiecke in zwei Winkeln übereinstimmen, sind sie ähnlich.
- Gleiche Streckenverhältnisse in ähnlichen Dreiecken ausnutzen:
  $$\frac{\overline{DE}}{\overline{AD}} = \frac{\overline{BC}}{\overline{AB}} \quad |\cdot \overline{AD}$$
  $$\overline{DE} = \frac{\overline{BC}\cdot\overline{AD}}{\overline{AB}} = \frac{3\cdot 8}{5} = \frac{24}{5} = 4{,}8$$

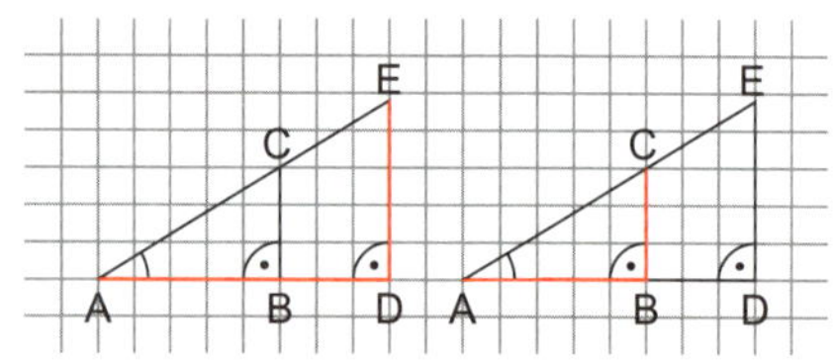

2. Anton, Conny und Detlef wollen durch Peilen über einen Stein die Breite des Flusses bestimmen. Sie haben dazu am Ufer drei Strecken gemessen.

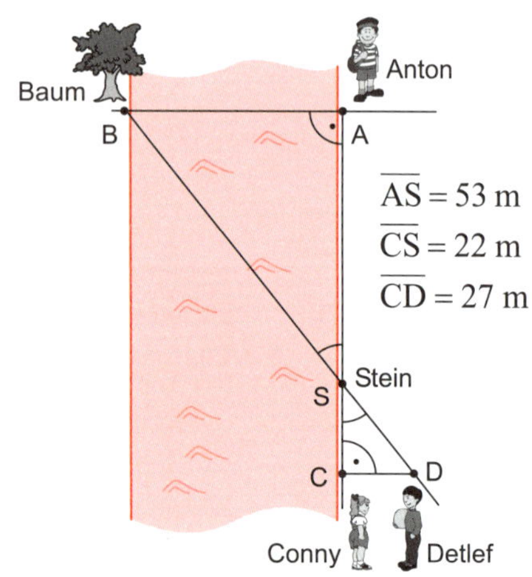

Lösung:

- $\sphericalangle ASB = \sphericalangle CSD$ (Scheitelwinkel)
  $\sphericalangle BAS = \sphericalangle DCS$ (rechte Winkel)
  Da die Dreiecke in zwei Winkeln übereinstimmen, sind sie ähnlich.
- Gleiche Streckenverhältnisse in ähnlichen Dreiecken ausnutzen:
  $$\frac{\overline{AB}}{\overline{AS}} = \frac{\overline{CD}}{\overline{CS}} \quad |\cdot \overline{AS}$$
  $$\overline{AB} = \frac{\overline{CD}\cdot\overline{AS}}{\overline{CS}} = \frac{27\text{ m}\cdot 53\text{ m}}{22\text{ m}} = 65\text{ m}$$

Ähnliche Figuren können zum Beispiel durch zentrische Streckung entstehen.

Merke

Zentrische Streckung

Eine zentrische Streckung (Z; k) ist eine Abbildung, die mithilfe eines **Streckungszentrums Z** und eines **Streckungsfaktors k** eine Figur (Original) in eine **ähnliche** Figur (Bild) überführt.
Den Bildpunkt P' eines Originalpunktes P findest du folgendermaßen:

- Die Punkte Z, P und P' liegen auf einer Geraden.
- Für die Abstände zum Zentrum gilt $\overline{ZP'} = k \cdot \overline{ZP}$.

Beispiele

1. Zentrische Streckung (Z; 2)
   Die Ähnlichkeit der Dreiecke PQR und P'Q'R' fällt sofort auf, da die Dreiecke sich nicht überschneiden und das Streckungszentrum ein extra Punkt ist.
   $\Delta P'Q'R' \sim \Delta PQR$ mit $k = 2$:
   $\overline{ZP'} = 2 \cdot \overline{ZP}$, $\overline{ZQ'} = 2 \cdot \overline{ZQ}$, $\overline{ZR'} = 2 \cdot \overline{ZR}$

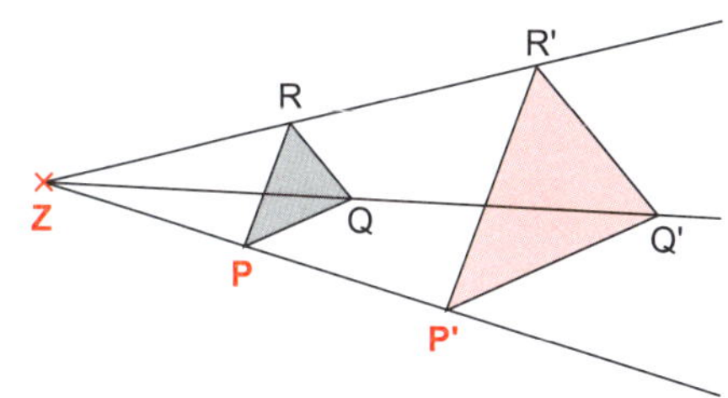

   Die Ähnlichkeit der Dreiecke ZPR und ZP'R' ist schwerer zu erkennen, weil die Dreiecke sich teilweise überdecken und das Streckungszentrum ebenfalls ein Punkt der Dreiecke ist.
   $\Delta ZP'R' \sim \Delta ZPR$ mit $k = 2$:
   $\overline{ZP'} = 2 \cdot \overline{ZP}$, $\overline{ZR'} = 2 \cdot \overline{ZR}$

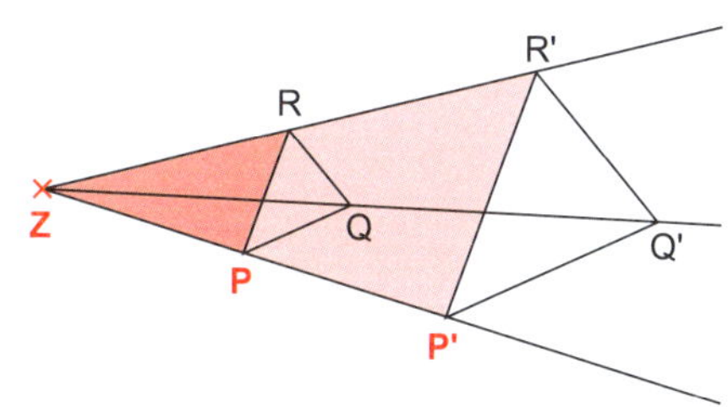

2. Berechne jeweils die Längen x und y der zugehörigen Strecken.
   Lösung:
   - Weil man aus dem Dreieck CDE durch eine Streckung mit dem Zentrum C das Dreieck ABC erzeugen kann, sind beide Dreiecke ähnlich.
   - In ähnlichen Dreiecken sind die Seitenverhältnisse gleich.

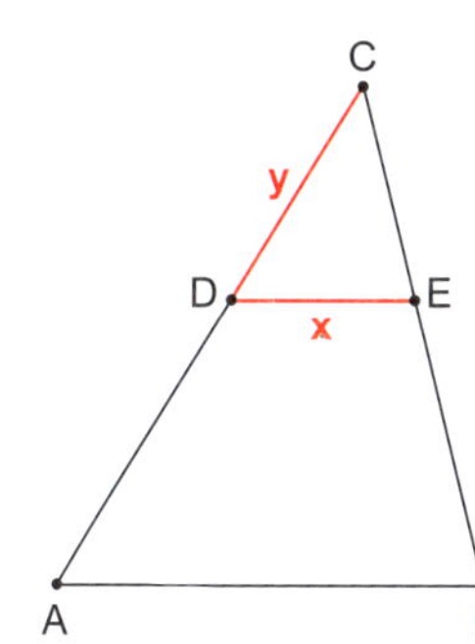

$\overline{AB} = 6\text{ cm}$
$\overline{BC} = 7\text{ cm}$
$\overline{CE} = 3\text{ cm}$
$\overline{AC} = 8\text{ cm}$
$\overline{AB} \parallel \overline{DE}$

$$\frac{x}{\overline{CE}} = \frac{\overline{AB}}{\overline{BC}} \quad | \cdot \overline{CE} \qquad \frac{y}{\overline{CE}} = \frac{\overline{AC}}{\overline{BC}} \quad | \cdot \overline{CE}$$

$$x = \frac{\overline{AB} \cdot \overline{CE}}{\overline{BC}} \qquad y = \frac{\overline{AC} \cdot \overline{CE}}{\overline{BC}}$$

$$x = \frac{6\text{ cm} \cdot 3\text{ cm}}{7\text{ cm}} \qquad y = \frac{8\text{ cm} \cdot 3\text{ cm}}{7\text{ cm}}$$

$$x \approx 2{,}57\text{ cm} \qquad y \approx 3{,}43\text{ cm}$$

3. Einem rechtwinkligen Dreieck mit $\overline{AB} = 18\text{ cm}$ und $\overline{BC} = 24\text{ cm}$ wird ein Rechteck einbeschrieben (siehe nebenstehende Skizze).
   Berechne die Längen der Rechteckseiten.
   Lösung:
   - Da man aus dem Dreieck CDE durch eine Streckung mit dem Zentrum C das Dreieck ABC erzeugen kann, sind beide Dreiecke ähnlich.

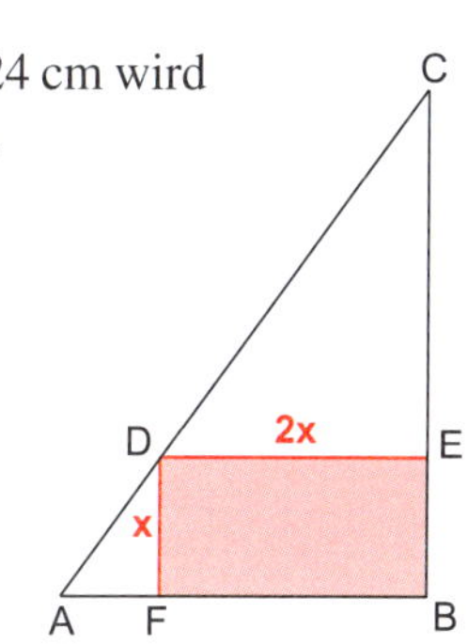

- Gleiche Streckenverhältnisse in ähnlichen Dreiecken ausnutzen:

$$\frac{\overline{BC}}{\overline{AB}} = \frac{\overline{CE}}{\overline{DE}}$$

$$\frac{24\text{ cm}}{18\text{ cm}} = \frac{24\text{ cm} - x}{2x} \qquad |\cdot 18\text{ cm} \quad \cdot 2x$$

$$24\text{ cm} \cdot 2x = (24\text{ cm} - x) \cdot 18\text{ cm} \qquad |:\text{cm}$$

$$48x = 432\text{ cm} - 18 \cdot x \qquad |+18x$$

$$66x = 432\text{ cm}; \quad x \approx 6{,}55\text{ cm}$$

Rechteckseiten: $\overline{DF} \approx 6{,}55$ cm; $\overline{DE} \approx 13{,}10$ cm

Merke

Bedeutung des Streckungsfaktors k

- Der Streckungsfaktor entspricht dem als Bruch geschriebenen Maßstab.

Maßstab 1 : 20 000 $\rightarrow k = \frac{1}{20\,000}$

Maßstab 300 : 1 $\rightarrow k = \frac{300}{1} = 300$

- Der Streckungsfaktor k gibt (wie der Maßstab) das Verhältnis $\frac{\text{Bildgröße}}{\text{Originalgröße}}$ an.

$k > 1$ und $k < -1$ Vergrößerung
$k = 1$ und $k = -1$ gleiche Größe
$0 < k < 1$ und $-1 < k < 0$ Verkleinerung

- Das Vorzeichen von k entscheidet, auf welcher Seite von Z der Bildpunkt liegt.

$k > 0$: P und P' liegen auf der gleichen Seite der Geraden (Z P P')

$k < 0$: P und P' liegen auf verschiedenen Seiten der Geraden (P' Z P)

Beispiele

$k = 2$: **Vergrößerung**
Alle Bildstrecken sind 2-mal so lang wie die entsprechenden Originalstrecken.

$\overline{A'B'} = 2 \cdot \overline{AB}$
$\overline{B'C'} = 2 \cdot \overline{BC}$
$\overline{A'C'} = 2 \cdot \overline{AC}$

$\Delta ABC \sim \Delta A'B'C'$

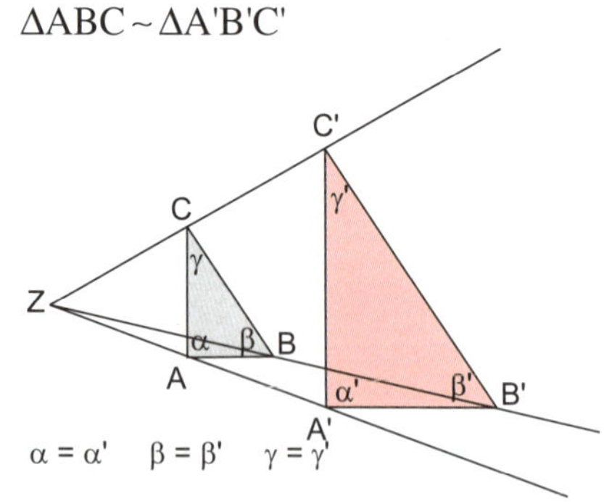

$k = \frac{1}{2}$: **Verkleinerung**
Alle Bildstrecken sind halb so lang wie die entsprechenden Originalstrecken.

$\overline{A'B'} = \frac{1}{2} \cdot \overline{AB}$

$\overline{B'C'} = \frac{1}{2} \cdot \overline{BC}$

$\overline{A'C'} = \frac{1}{2} \cdot \overline{AC}$

$\Delta ABC \sim \Delta A'B'C'$

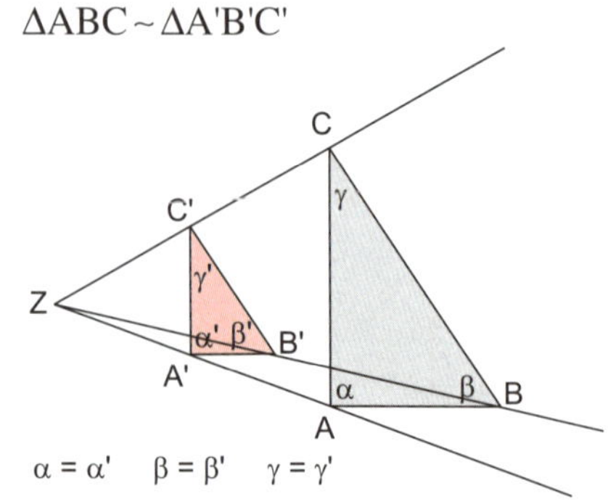

k = –2: **Vergrößerung**
Alle Bildstrecken sind 2-mal so lang wie die entsprechenden Originalstrecken. Original- und Bildpunkt liegen jeweils auf verschiedenen Seiten des Zentrums Z.

$\Delta ABC \sim \Delta A'B'C'$

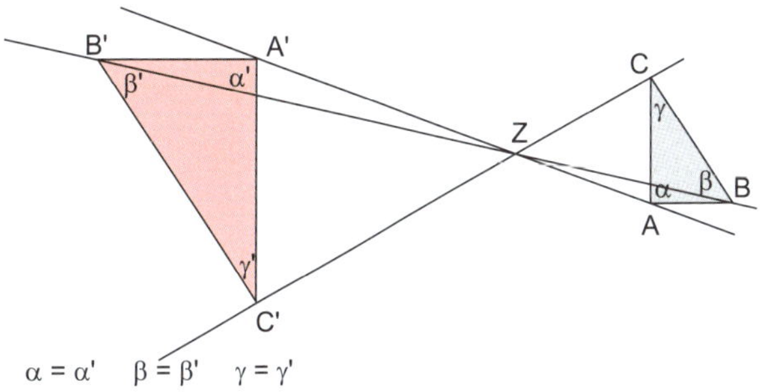

$\alpha = \alpha'$ $\beta = \beta'$ $\gamma = \gamma'$

Merke

Veränderung des Flächeninhalts bei einer zentrischen Streckung

Bei einer zentrischen Streckung mit dem Streckungsfaktor k steigt der Flächeninhalt auf das k^2-fache.
Das Verhältnis der Flächeninhalte beträgt also k^2.

$$A_{Bild} = k^2 \cdot A_{Original}$$

$$\frac{A_{Bild}}{A_{Original}} = k^2$$

Beispiel

Das Dreieck ABC wird vom Zentrum Z aus mit dem Faktor k = 3 gestreckt.

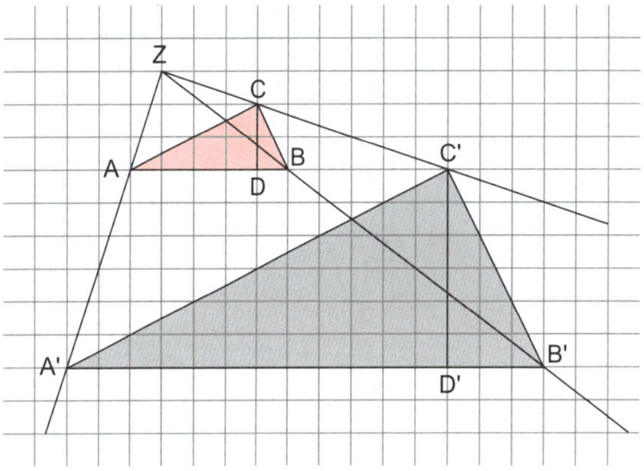

Flächeninhalt des Originaldreiecks:

$$A_{Original} = \frac{1}{2} \cdot \overline{AB} \cdot \overline{CD}$$
$$= \frac{1}{2} \cdot 5 \cdot 2 = 5$$

Flächeninhalt des Bilddreiecks:

$$A_{Bild} = \frac{1}{2} \cdot \overline{A'B'} \cdot \overline{C'D'}$$
$$= \frac{1}{2} \cdot 15 \cdot 6 = 45$$

$$A_{Bild} = 9 \cdot A_{Original}$$

Der Flächeninhalt des Bilddreiecks ist neunmal so groß wie der des Originals ($3^2 = 9$).

Allgemein gilt:

$$A_{Bild} = \frac{1}{2} \cdot \overline{A'B'} \cdot \overline{C'D'} \qquad |\, \text{Bildstrecke} = k \cdot \text{Originalstrecke}$$
$$= \frac{1}{2} \cdot k \cdot \overline{AB} \cdot k \cdot \overline{CD}$$
$$= k^2 \cdot \frac{1}{2} \cdot \overline{AB} \cdot \overline{CD}$$

$$\frac{A_{Bild}}{A_{Original}} = \frac{k^2 \cdot \cancel{\frac{1}{2}}^{1} \cdot \cancel{\overline{AB}}^{1} \cdot \cancel{\overline{CD}}^{1}}{\cancel{\frac{1}{2}}_{1} \cdot \cancel{\overline{AB}}_{1} \cdot \cancel{\overline{CD}}_{1}} = k^2$$

Bei der Herstellung von maßstabsgetreuen Modellen ändern sich nicht nur die Kantenlängen (Faktor k) und Oberflächeninhalte (Faktor k^2), sondern auch das Volumen.

Merke

Veränderung des Volumens bei einer zentrischen Streckung

Bei einer zentrischen Streckung mit dem Streckungsfaktor k steigt das Volumen auf das k^3-fache.

$$V_{Modell} = k^3 \cdot V_{Original}$$

Das Verhältnis der Volumina beträgt also k^3.

$$\frac{V_{Modell}}{V_{Original}} = k^3$$

Beispiele

1. Ein als kugelförmig angenommener Luftballon wird weiter aufgeblasen, bis sich sein Durchmesser verdoppelt hat. Der Streckungsfaktor beträgt dann $k = 2$.
   - Verhältnis der Oberflächen:

     $\frac{A_{O,\,groß}}{A_{O,\,klein}} = k^2 = 2^2 = 4$ Die Oberfläche vervierfacht sich.
   - Verhältnis der Volumina:

     $\frac{V_{groß}}{V_{klein}} = k^3 = 2^3 = 8$ Das Volumen verachtfacht sich.

2. Ein Architekt nimmt an einem Wettbewerb für eine neue Schwimmhalle teil. Sein Entwurf sieht unter anderem ein 25 m langes Schwimmbecken mit 500 000 ℓ Fassungsvermögen und eine 280 m^2 große Glasfassade vor.
   Für die Bewerbung muss er ein Modell im Maßstab 1 : 100 anfertigen.
   - Verhältnis der Strecken:
     Im Modell sind die Strecken auf $\frac{1}{100}$ verkürzt.

     $$\frac{s_{Modell}}{s_{Original}} = k = \frac{1}{100}$$

     Für die 25-m-Bahn ergibt sich im Modell:

     $$s_{Modell} = k \cdot s_{Original} = \frac{1}{100} \cdot 25\text{ m} = 0{,}25\text{ m} = 25\text{ cm}$$
   - Verhältnis der Oberflächen:
     Im Modell haben alle Oberflächen nur $\frac{1}{10\,000}$ des originalen Flächeninhaltes.

     $$\frac{A_{Modell}}{A_{Original}} = k^2 = \left(\frac{1}{100}\right)^2 = \frac{1}{10\,000}$$

     Für die 280-m^2-Glasfassade ergibt sich im Modell:

     $$A_{Modell} = k^2 \cdot A_{Original} = \frac{1}{10\,000} \cdot 280\text{ m}^2 = 0{,}028\text{ m}^2 = 2{,}8\text{ dm}^2$$
   - Verhältnis der Volumina:
     Im Modell betragen alle Volumina nur $\frac{1}{1\,000\,000}$ des Originalvolumens.

     $$\frac{V_{Modell}}{V_{Original}} = k^3 = \left(\frac{1}{100}\right)^3 = \frac{1}{1\,000\,000}$$

     Für das 500 000-ℓ-Schwimmbecken ergibt sich im Modell:

     $$V_{Modell} = k^3 \cdot V_{Original} = \frac{1}{1\,000\,000} \cdot 500\,000\,\ell = 0{,}5\,\ell$$

3. Einer quadratischen Pyramide mit einer Grundfläche von 196 cm^2 und einer Höhe von 24 cm wird das obere Viertel abgeschnitten, sodass ein Pyramidenstumpf entsteht. Berechne die Größe der neu entstandenen Deckfläche und das Volumen des Pyramidenstumpfs.

Lösung:

- Die neue Deckfläche entsteht aus der Grundfläche durch eine Streckung mit dem Zentrum S und dem Streckungsfaktor $k = \frac{1}{4}$.

  Der Flächeninhalt beträgt demzufolge
  $A_{Deckfläche} = k^2 \cdot A_{Grundfläche}$
  $= \left(\frac{1}{4}\right)^2 \cdot 196\ cm^2 = 12{,}25\ cm^2$

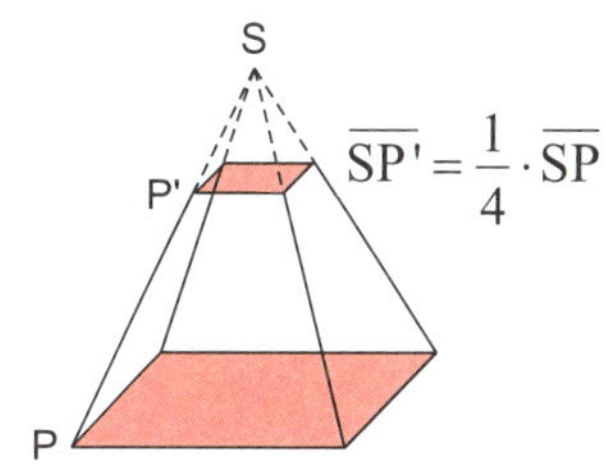

Skizze (nicht maßstäblich)

- Volumen der ganzen Pyramide:
  $V_{ganz} = \frac{1}{3} \cdot A_G \cdot h = \frac{1}{3} \cdot 196\ cm^2 \cdot 24\ cm = 1\,568\ cm^3$
- Volumen der abgeschnittenen Spitze:
  $V_{Spitze} = k^3 \cdot V_{ganz} = \left(\frac{1}{4}\right)^3 \cdot 1\,568\ cm^3 = 24{,}5\ cm^3$
- Volumen des Pyramidenstumpfs:
  $V_{Stumpf} = V_{ganz} - V_{Spitze} = 1\,568\ cm^3 - 24{,}5\ cm^3 = 1\,543{,}5\ cm^3$

Aufgaben

227 Berechne die fehlenden Werte in der Tabelle.

	Entfernung Karte	Entfernung Wirklichkeit	Maßstab
a)	40 cm		1 : 15 000
b)		56,8 km	1 : 200 000
c)	7 cm	1 400 km	

228 Eine historische Dampflokomotive ist 7,58 m lang.
Welche Länge hat ein Modell im Maßstab 1 : 87?

229 Ein Waggon einer Modelleisenbahn im Maßstab 1 : 120 misst 5,4 cm.
Wie lang ist der Waggon in Wirklichkeit?

230 Der Eiffelturm in Paris ist 300 m hoch.

a) Ein Souvenirladen am Fuße des Eiffelturms bietet ein 25 cm hohes Modell an.
In welchem Maßstab wurde das Modell angefertigt?

b) Wie hoch ist ein Modell im Maßstab 1 : 5 000?

231 Der Maßstab einer Wanderkarte ist mit 1 : 75 000 angegeben. Die Länge der geplanten Wanderstrecke beträgt 20 cm auf der Karte.

a) Wie lang ist die Wanderstrecke in Wirklichkeit?

b) Auf einer anderen Wanderkarte misst die gleiche Strecke 30 cm. In welchem Maßstab wurde sie gezeichnet?

232 Es sind fünf Dreiecke $D_1 - D_5$ mit den folgenden Maßen gegeben:

D_1: $a_1 = 18$ cm	$b_1 = 12$ cm	$c_1 = 24$ cm
D_2: $a_2 = 6$ cm	$b_2 = 4$ cm	$c_2 = 8$ cm
D_3: $a_3 = 7{,}5$ cm	$b_3 = 5$ cm	$c_3 = 9$ cm
D_4: $\alpha_4 = 78°$	$\gamma_4 = 47°$	
D_5: $\beta_5 = 78°$	$\gamma_5 = 47°$	

Prüfe, ob die Dreiecke D_1 und D_2, D_2 und D_3, D_4 und D_5 jeweils ähnlich sind.

233 In der Zeichnung sind die Geraden AB und CD parallel. Welche der angegebenen Verhältnisse sind richtig, welche falsch?

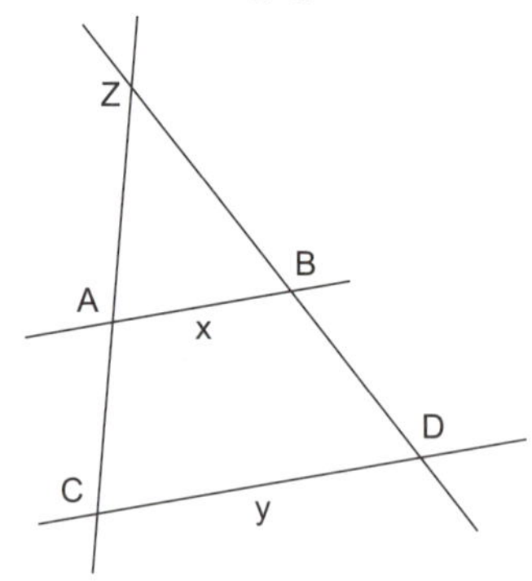

a) $\frac{\overline{ZA}}{\overline{ZB}} = \frac{\overline{ZC}}{\overline{ZD}}$ b) $\frac{x}{\overline{ZA}} = \frac{y}{\overline{ZC}}$

c) $\frac{x}{\overline{ZB}} = \frac{y}{\overline{ZD}}$ d) $\frac{x}{\overline{ZA}} = \frac{y}{\overline{ZA} + \overline{AC}}$

e) $\frac{x}{\overline{ZA}} = \frac{y}{\overline{ZD}}$ f) $\frac{\overline{ZA}}{\overline{ZB}} = \frac{\overline{ZD}}{\overline{ZC}}$

g) $\frac{x}{\overline{ZA}} = \frac{y}{\overline{AC}}$ h) $\frac{\overline{ZB}}{x} = \frac{\overline{BD}}{y}$

234 In der Zeichnung sind die Strecken x, y und z parallel. Welche der angegebenen Verhältnisse sind richtig, welche falsch?

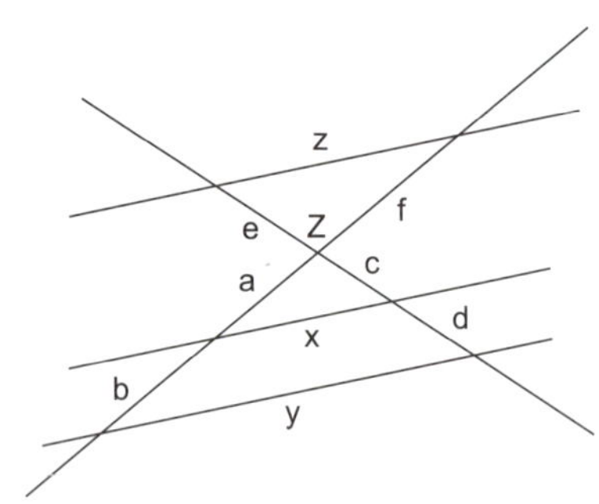

a) $\frac{a}{c} = \frac{a+b}{c+d}$ b) $\frac{x}{a} = \frac{y}{b}$

c) $\frac{a}{c} = \frac{f}{e}$ d) $\frac{x}{c} = \frac{y}{c+d}$

e) $\frac{e}{f} = \frac{c+d}{a+b}$ f) $\frac{x}{a} = \frac{z}{f}$

g) $\frac{e}{f} = \frac{a}{c}$ h) $\frac{f}{e} = \frac{a+b}{c+d}$

235 Berechne die Längen x und y der entsprechenden Strecken.

a) Gegeben:

$\overline{AB} = 8$ cm; $\overline{BC} = 7$ cm;

$\overline{AC} = 9$ cm; $\overline{CD} = 5$ cm;

$\overline{AB} \parallel \overline{DE}$

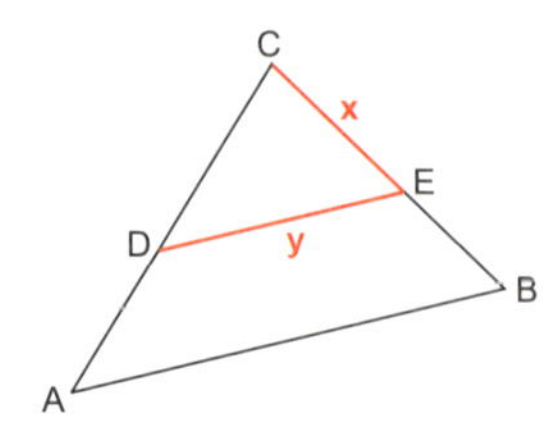

b) Gegeben:

$\overline{AB} = 10$ cm; $\overline{BC} = 10$ cm;

$\overline{AC} = 9$ cm; $\overline{BE} = 6$ cm;

$\overline{AC} \parallel \overline{DE}$

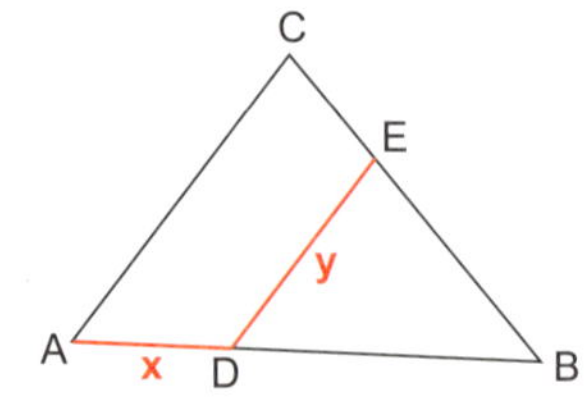

236 Berechne mit den in der nebenstehenden Zeichnung gegebenen Streckenlängen die restlichen Streckenlängen.
Gegeben:
$\overline{AB} = 8$ cm; $\overline{BC} = 9$ cm;
$\overline{AD} = 3$ cm; $\overline{FC} = 5{,}5$ cm;
$\overline{AB} \parallel \overline{EF}$; $\overline{AC} \parallel \overline{EG}$; $\overline{BC} \parallel \overline{DF}$
Gesucht: $\overline{AC}$, $\overline{AF}$, $\overline{DF}$, $\overline{EF}$, $\overline{EG}$

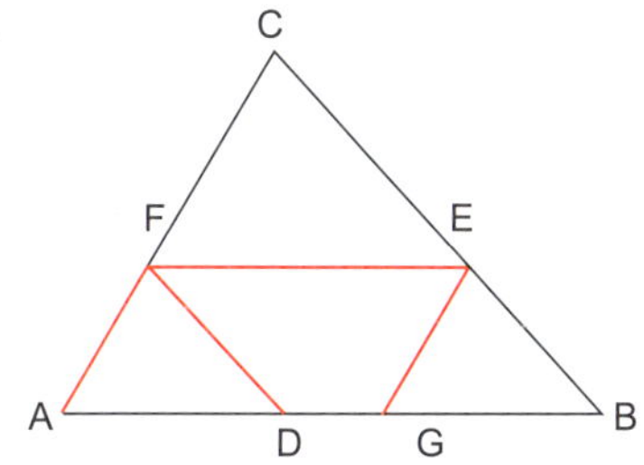

237 Ein Turm wirft einen 40 m langen Schatten, während ein senkrecht gestellter Meterstab (zur selben Zeit) einen 65 cm langen Schatten wirft. Erstelle eine Skizze und berechne die Höhe des Turms.

238 Ein Schattentheater benutzt für seine Aufführung eine punktförmige Lichtquelle, die 1,50 m hinter der Leinwand steht (siehe Abbildung). Wie groß erscheint der Schatten einer 28 cm hohen Puppe, die sich 30 cm hinter der Leinwand befindet?

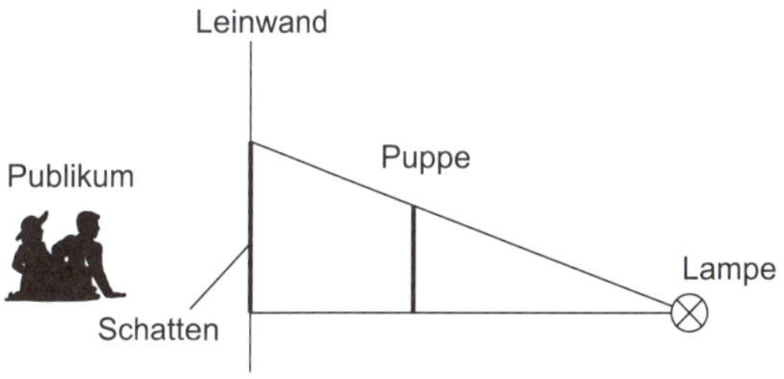

239 Für eine Blumenschau soll ein Beet in der abgebildeten Form angelegt werden. Der rote Bereich soll mit Blumen bepflanzt werden. Für den grauen Bereich ist Rasen vorgesehen.

a) Berechne die für Blumen bzw. Rasen vorgesehene Fläche.
b) Berechne den Flächeninhalt für Blumen und für Rasen, wenn alle Längen verdoppelt (verdreifacht, halbiert) werden.

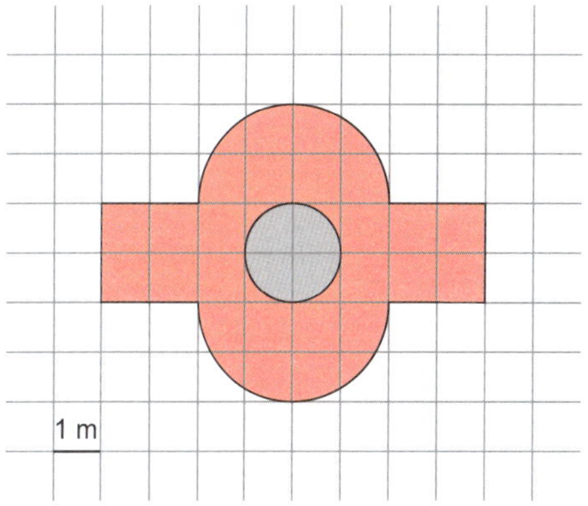

240 Eine 12 cm hohe Pyramide mit einer rechteckigen Grundfläche von 20 cm^2 wird in halber Höhe abgeschnitten. Berechne die Größe der Deckfläche und das Volumen des Pyramidenstumpfs.

241 Für eine Getränkemesse wird von einer Getränkedose mit 0,5 ℓ Fassungsvermögen ein Modell im Maßstab 10 : 1 hergestellt.

a) Berechne das Fassungsvermögen des Modells.
b) Berechne den Materialbedarf für das Modell, wenn für die originale Dose 3,6 dm^2 Blech benötigt werden.

242 Paula möchte ihre Blumen umtopfen. In ihren alten Blumentopf passen 0,9 ℓ Erde.

a) Reicht ein 5-ℓ-Beutel Erde, um einen Topf zu füllen, der die doppelten Abmessungen des alten Topfes hat? Begründe.
b) Begründe, warum der Wunsch nach einem „doppelt so großen" Topf bei der Verkäuferin zu Missverständnissen führen kann.
c) Wie viel Liter Erde benötigt Paula für einen Blumentopf, dessen Durchmesser und Höhe um 10 % größer sind als beim alten Topf?

11 Körper

11.1 Schrägbild, Zweitafelbild und Körpernetz

Merke

Schrägbild

- Im Schrägbild wird der Körper so dargestellt, wie er von schräg oben erscheint.
- Körperkanten, die in der **Breitenrichtung** oder der **Höhenrichtung** verlaufen, werden in ihrer **wahren Länge** dargestellt.
- Körperkanten, die in der **Tiefenrichtung** (nach hinten) verlaufen, werden in einem **Verzerrungswinkel** α (meistens $\alpha = 45°$) **geneigt** und mit dem **Verkürzungsfaktor q** (meistens $q = \frac{1}{2}$) **verkürzt** dargestellt.
- Körper mit gekrümmter Oberfläche (**Zylinder**, **Kegel** und **Kugel**) wirken mit $\alpha = 45°$ unnatürlich und werden meistens mit $\alpha = 90°$ und $q \approx \frac{1}{3}$ dargestellt.

Beispiele

1. Schrägbild eines Würfels mit 1,8 cm Kantenlänge:
   Verzerrungswinkel $\alpha = 45°$
   Verkürzungsfaktor $q = \dfrac{1}{2}$
   Die Kanten $\overline{AD}$, $\overline{BC}$, $\overline{EH}$ und $\overline{FG}$ verlaufen in Tiefenrichtung und werden deshalb um 45° geneigt und auf die Hälfte gekürzt dargestellt.

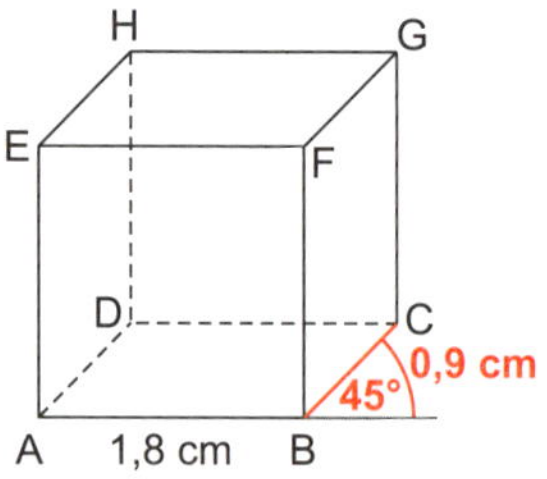

2. Quadratische Pyramide mit $a = 1{,}8$ cm, $h = 2{,}1$ cm: $\left(\alpha = 45°, q = \dfrac{1}{2}\right)$
   Die Mitte M der Grundfläche erhältst du, indem du die beiden Diagonalen $\overline{AC}$ und $\overline{BD}$ einzeichnest. Die Pyramidenspitze S liegt senkrecht über dem Punkt M ($\overline{MS} = 2{,}1$ cm).

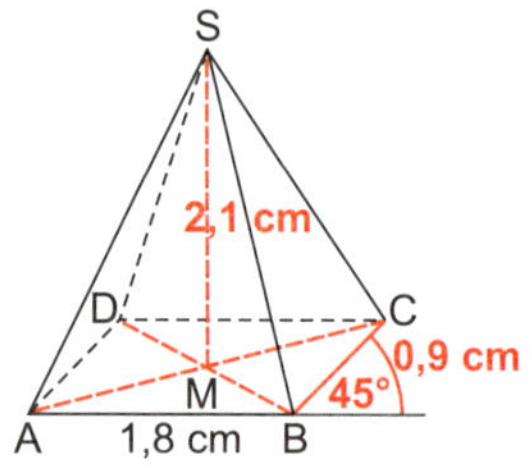

3. Dreiseitiges Prisma mit $h = 2{,}6$ cm und mit einem gleichschenkligen Dreieck als Grundfläche mit $a = 2{,}4$ cm und $h_a = 2{,}2$ cm $\left(\alpha = 45°, q = \dfrac{1}{2}\right)$:
   a) Wenn das Prisma auf der dreieckigen Grundfläche steht, dann zeigt die Höhe h_a der Grundfläche in Tiefenrichtung und wird um 45° geneigt und auf die Hälfte gekürzt dargestellt. Die Höhe h_a beginnt in der Mitte M der Grundseite $\overline{AB}$.

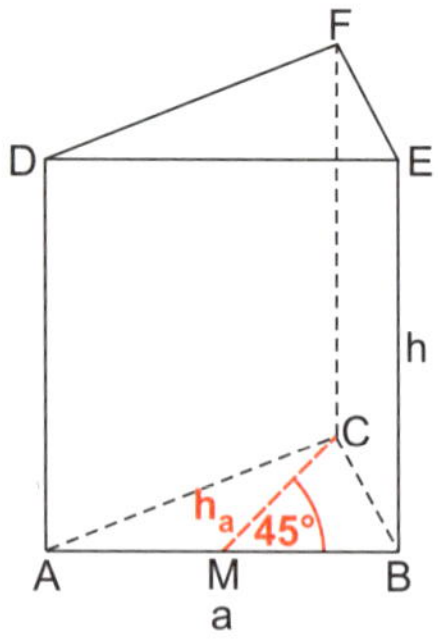

   b) Wenn das Prisma auf einer Seitenfläche liegt, dann wird die dreieckige Grundfläche in wahrer Größe dargestellt.
   Zeichne zuerst die dreieckige Grundfläche ABC. Anschließend zeichnest du die drei Kanten $\overline{AD}$, $\overline{BE}$ und $\overline{CF}$ verkürzt ein.
   (Für die Teilaufgabe b wurde die Bezeichnung der Eckpunkte geändert.)

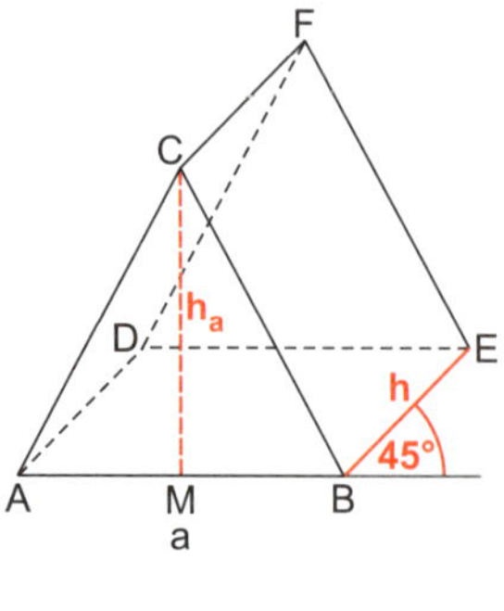

4. Kreiszylinder mit d = 2,1 cm und h = 2,5 cm:
$\left(\alpha = 90°, q = \frac{1}{3}\right)$
Zeichne als „Rahmen“ einen Quader mit a = 2,1 cm, b = 2,1 cm und c = 2,5 cm, in den sich der Kreiszylinder einschmiegt.
Die Kreise werden im Schrägbild zu Ellipsen und können von dir nur freihand skizziert werden.

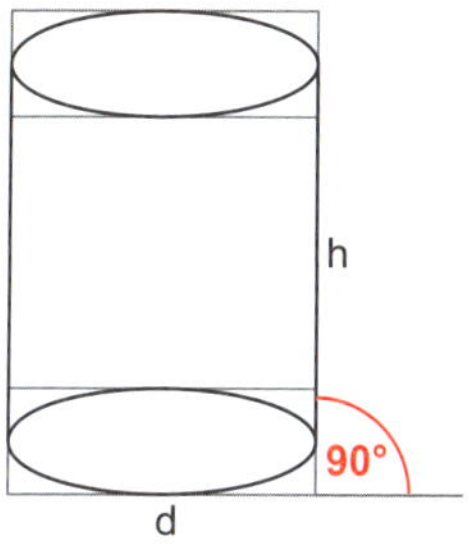

5. Kreiskegel mit d = 2,1 cm und h = 2,5 cm:
$\left(\alpha = 90°, q = \frac{1}{3}\right)$
Zeichne als „Rahmen“ einen Quader mit a = 2,1 cm, b = 2,1 cm und c = 2,5 cm, in den sich der Kreiskegel einschmiegt.
Die Spitze des Kegels befindet sich dort, wo sich die Diagonalen des oberen Rechtecks schneiden.

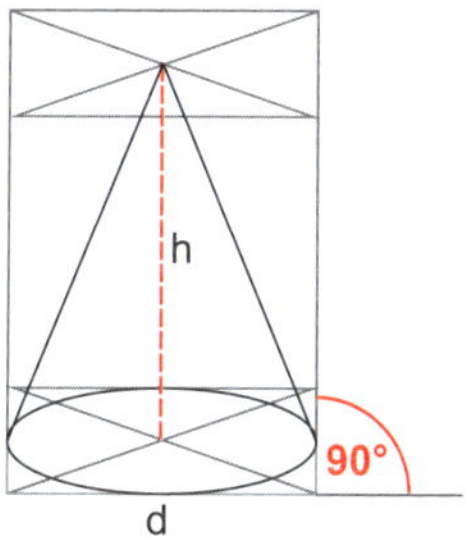

Merke

Zweitafelbild

- Im Zweitafelbild wird der Körper von zwei Seiten aus dargestellt:
  – von oben gesehen (Grundriss)
  – von vorn gesehen (Aufriss)
- Dazu wird mit zwei Bildebenen gearbeitet:
  – eine Bildebene liegt unter dem Körper (Grundrissebene)
  – eine Bildebene liegt hinter dem Körper (Aufrissebene)
- Zusammengehörende Punkte im Grund- und Aufriss werden durch dünne Ordnungslinien verbunden.

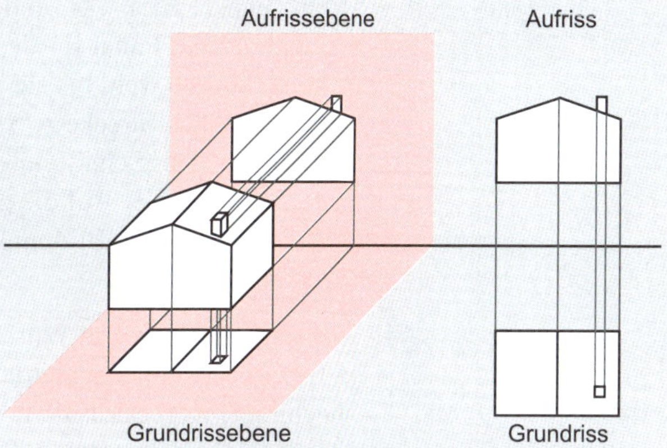

die zwei Bildebenen
fertiges Zweitafelbild

Beispiele

1. Quader im Schrägbild und im Zweitafelbild:
Beim Blick **von oben** siehst du **zuerst** den Punkt E und dann den Punkt A. Deshalb steht im Grundriss E'A' (lies: E' **über** A').
Beim Blick von **vorn siehst** du **zuerst** den Punkt A und dann den Punkt D. Deshalb steht im Aufriss A"D" (lies: A" **vor** D").

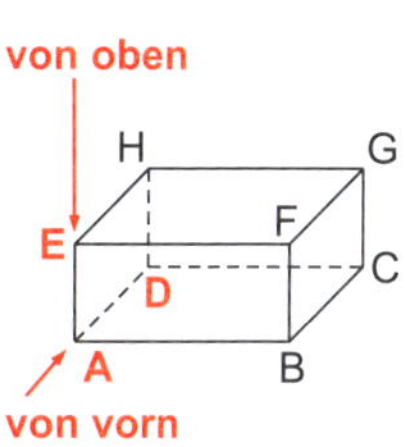

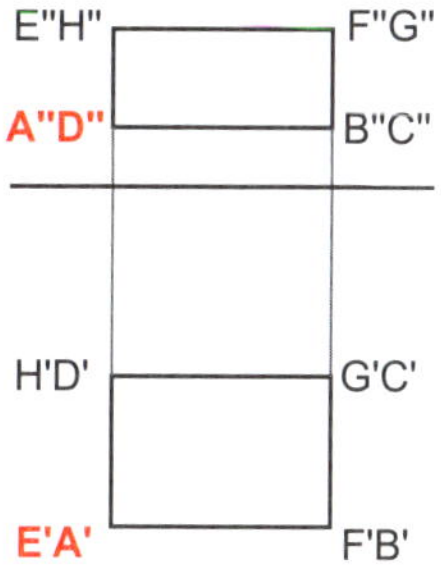

2. Kreiskegel im Zweitafelbild:

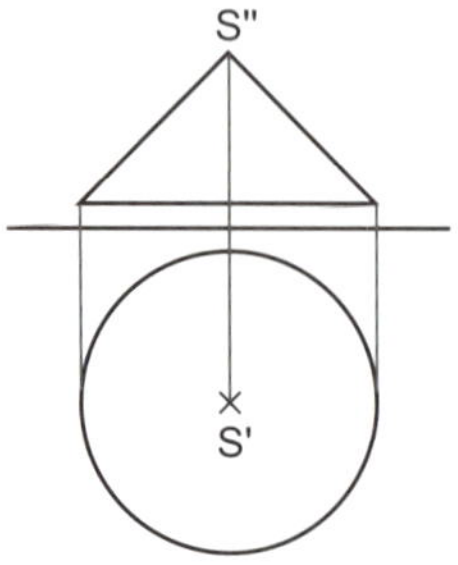

3. Eine 3,0 cm hohe Pyramide mit quadratischer Grundfläche (a = 3,0 cm) wurde in der Höhe 2,0 cm abgeschnitten. Zeichne das Zweitafelbild des Pyramidenstumpfs.
   - Zeichne dünn das Zweitafelbild der Pyramide (Punkte A', B', C', D', S', A", B", C", D" und S").
   - Trage im Aufriss die Schnittstelle ein (Punkte E", F", G" und H").
   - Zeichne vom Punkt E" die Ordnungslinie so weit, bis sie im Grundriss die Strecke $\overline{A'S'}$ schneidet. Der Schnittpunkt ist der Bildpunkt E'. Auf die gleiche Art findest du die Bildpunkte F', G' und H'.

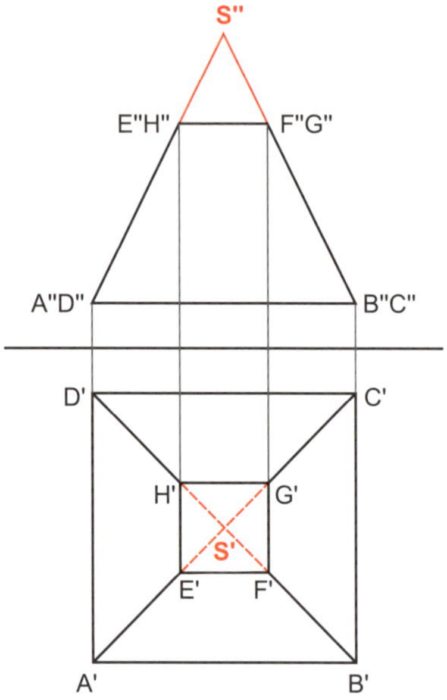

4. Aus fünf gleich großen Würfeln mit je 1,0 cm Kantenlänge wurde der abgebildete Körper zusammengesetzt. Zeichne das Zweitafelbild.
   - Das Schrägbild ist nicht vollständig. Du musst dir die verdeckten Körperkanten selber vorstellen und im Zweitafelbild einzeichnen.
   - Die dünnen Trennlinien zwischen den Würfeln werden im Zweitafelbild nicht dargestellt, da sie keine Kanten des zusammengesetzten Körpers darstellen.
   - Da die Eckpunkte nicht bezeichnet wurden, ist das Zweitafelbild nicht mehr anschaulich. Das heißt, man kann sich den Körper nur schwer vorstellen.

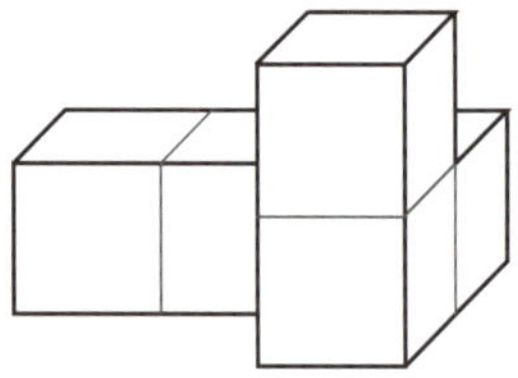

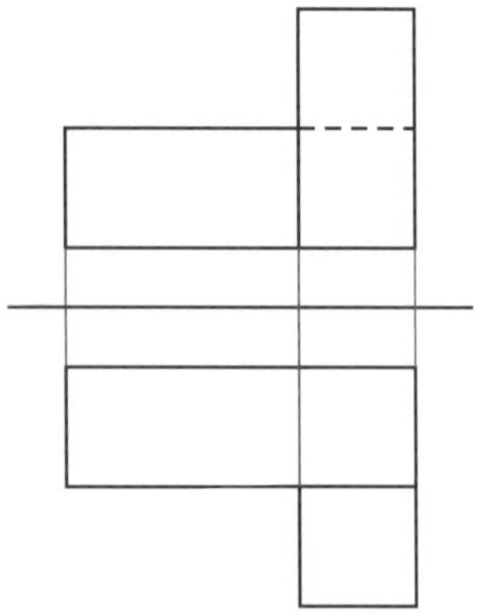

Merke

Körpernetz

- Das Netz eines Körpers stellt alle Begrenzungsflächen des Körpers in einer Ebene dar.
- Ein Körpernetz lässt sich nur dann anfertigen, wenn
  - die Begrenzungsflächen eben sind (Quader, Pyramide, Grundfläche des Kreiskegels, ...) oder
  - die Begrenzungsflächen sich in der Ebene ausbreiten lassen (Mantel des Kreiszylinders und des Kreiskegels).

  Deshalb gibt es von der Kugel kein Körpernetz.
- Praktisch ist das Netz eines Körpers nützlich, wenn er aus Papier, Pappe oder Blech gefaltet werden soll.

Beispiele

1. Netz eines dreiseitigen Prismas mit $a = 1{,}2$ cm, $b = 1{,}8$ cm, $c = 2{,}4$ cm und $h = 2{,}1$ cm:
   - Zeichne zuerst die drei rechteckigen Seitenflächen.
   - Konstruiere die dreieckige Deckfläche aus den drei Seiten a, b und c.

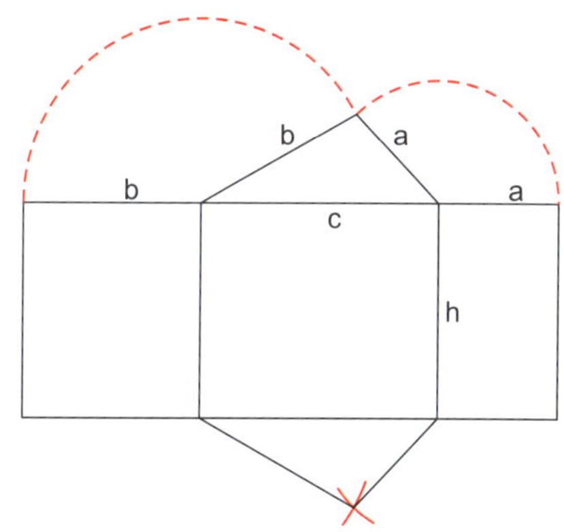

2. Netz einer quadratischen Pyramide mit $a = 1{,}8$ cm und $h = 2{,}0$ cm:
   - Zeichne die quadratische Grundfläche.
   - Konstruiere mit der Strecke $\overline{EF}$ und der Höhe h das rechtwinklige Dreieck FES. Die dritte Seite dieses Dreiecks entspricht der Höhe h_S der Seitenfläche ABS.
   - Konstruiere mit der Seite $\overline{AB}$ und der Seitenhöhe h_S die Seitenfläche ABS.

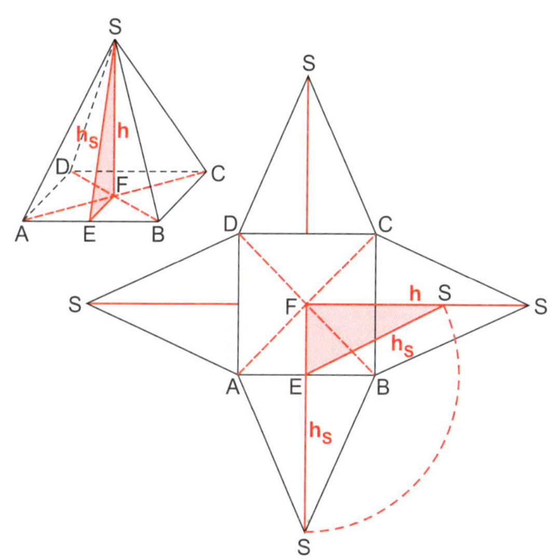

3. Netz eines Kreiszylinders mit $d = 1{,}4$ cm und $h = 0{,}9$ cm:
   Die Mantelfläche ist ein Rechteck mit den Seitenlängen h und $u = \pi \cdot d$ (Umfang des Grundkreises).
   $u = \pi \cdot 1{,}4 \text{ cm} = 4{,}4 \text{ cm}$

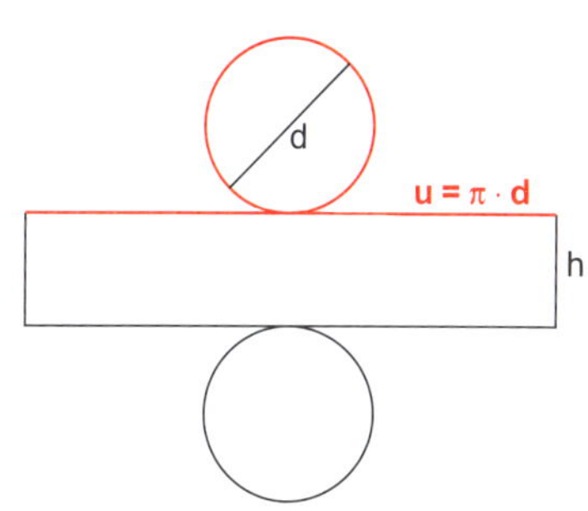

4. Die Netze des Kreiskegels und des Kegelstumpfs solltest du erkennen können.

Kreiskegel:

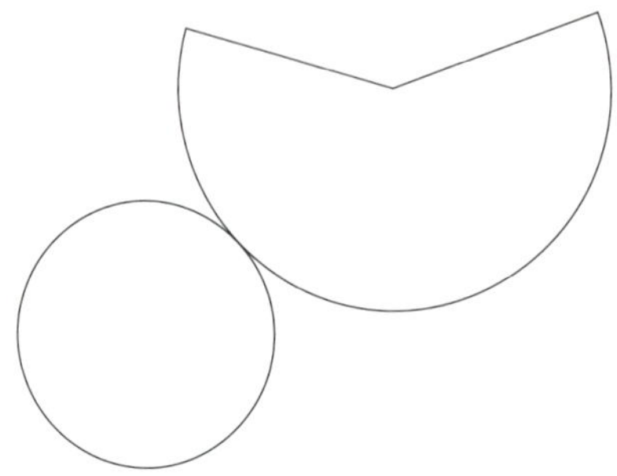

Kegelstumpf:

Aufgaben

243 Zeichne das Schrägbild, das Zweitafelbild und das Körpernetz einer 5,4 cm hohen Pyramide, deren Grundfläche ein Quadrat mit 4,4 cm Kantenlänge ist.

244 Ergänze alle verdeckten Körperkanten.

a) 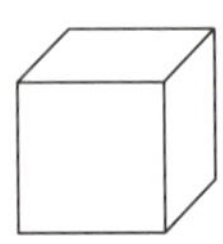

b) 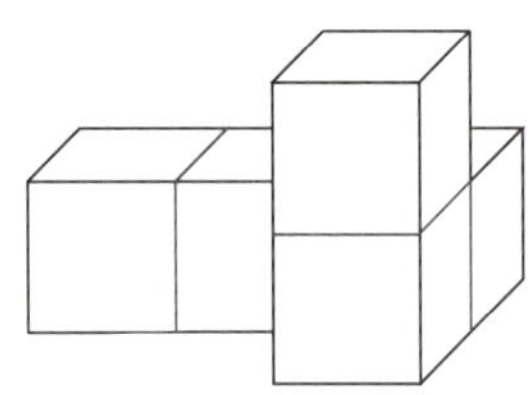

c) 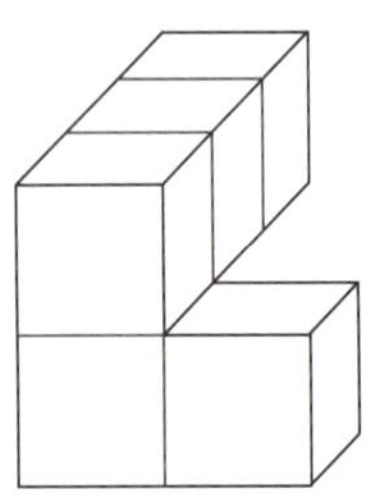

d) 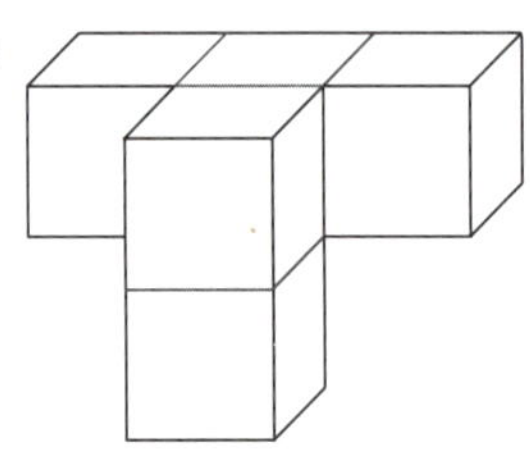

245 Von dem dargestellten Quader ABCDEFGH wurde das Prisma AEJDHK abgeschnitten. Stelle den Restkörper ABCDJFGK im Zweitafelbild und als Körpernetz dar.

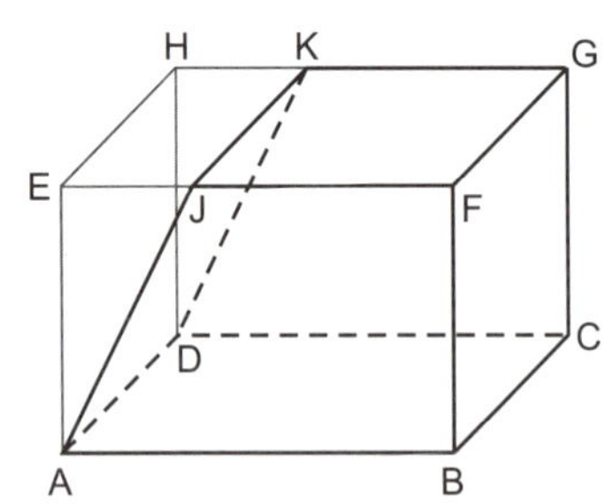

$\overline{AB} = 3{,}0$ cm

$\overline{BC} = 2{,}5$ cm

$\overline{BF} = 2{,}0$ cm

$\overline{EJ} = \frac{1}{3}\overline{EF}$

$\overline{HK} = \overline{EJ}$

246 Nenne jeweils alle Körper, die im Grundriss so aussehen können. (Auswahl: Quader, Pyramide, Kegel, Zylinder, Kugel, keiner)

a) 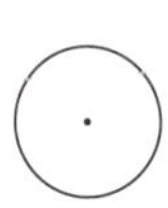

b) 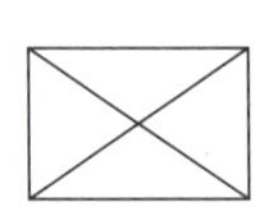

c) 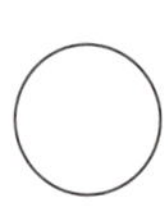

d) 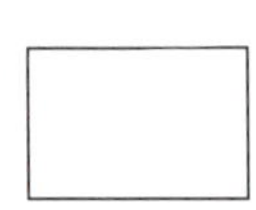

247 Nenne jeweils alle Körper, die im Zweitafelbild so aussehen können. (Auswahl: Quader, Pyramide, Kegel, Zylinder, Kugel, keiner)

a)

b)

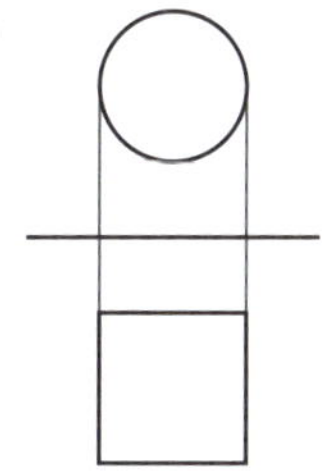

c)

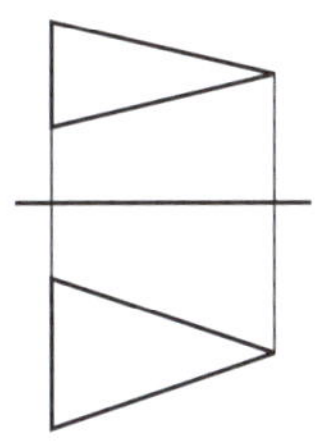

d)

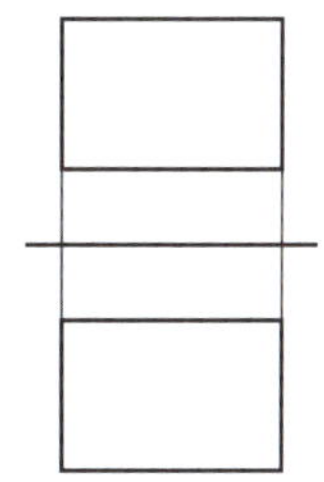

248 Von dem dargestellten Würfel ABCDEFGH wurde die Ecke im Punkt F abgeschnitten. Stelle den Restkörper ABCDEJKGH im Zweitafelbild und als Körpernetz dar.

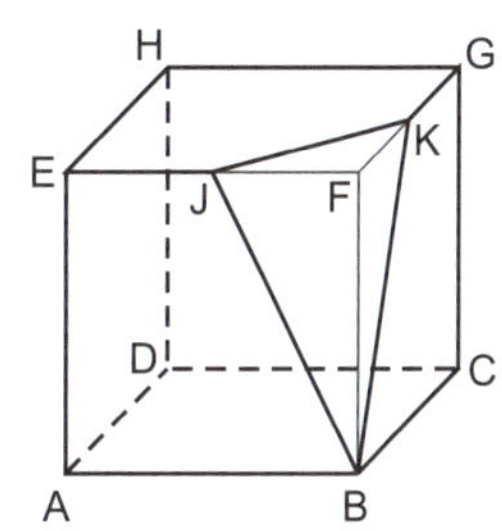

$\overline{AB} = 3{,}0$ cm

$\overline{EJ} = \frac{1}{2}\overline{EF}$

$\overline{FK} = \overline{KG}$

249 Stelle den im Zweitafelbild gegebenen Körper im Schrägbild dar.

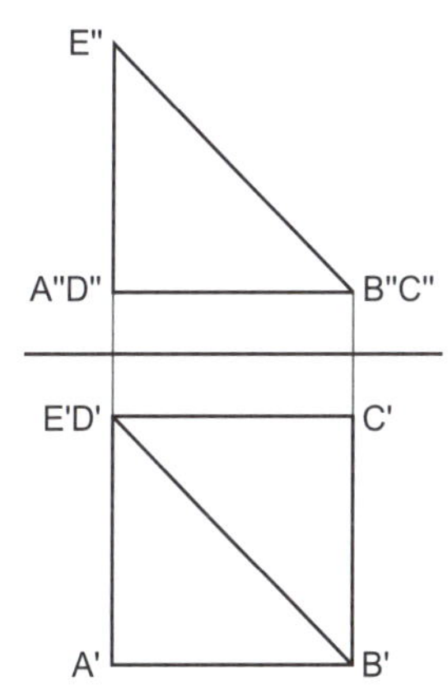

250 Die nebenstehende Abbildung zeigt das Körpernetz eines quadratischen Pyramidenstumpfs in einem 3-cm-Raster.
Zeichne ein Schrägbild dieses Körpers.
$\left(\alpha = 45°, q = \frac{1}{2}\right)$.

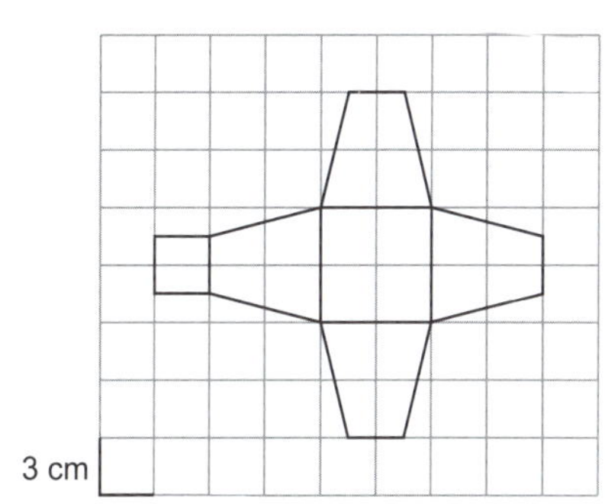

11.2 Würfel, Quader und Prisma

Merke

Würfel

- Ein Körper, der von sechs Quadraten begrenzt wird, heißt Würfel.
- Volumen: $V = a^3$
- Oberfläche: $A_O = 6 \cdot a^2$

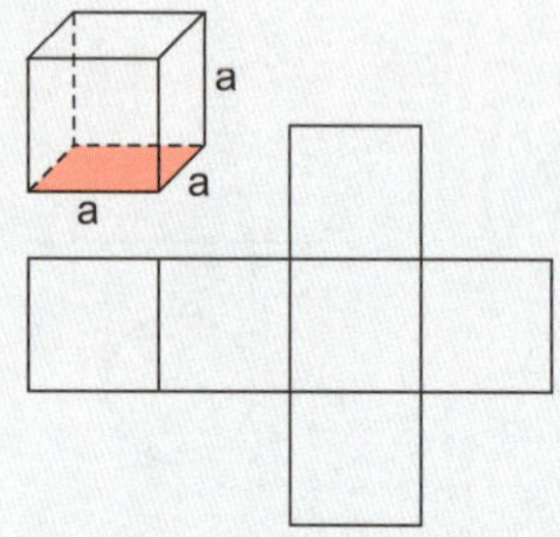

Quader

- Ein Körper, der von sechs Rechtecken begrenzt wird, heißt Quader.
- Volumen: $V = a \cdot b \cdot c$
- Oberfläche: $A_O = 2 \cdot (ab + ac + bc)$

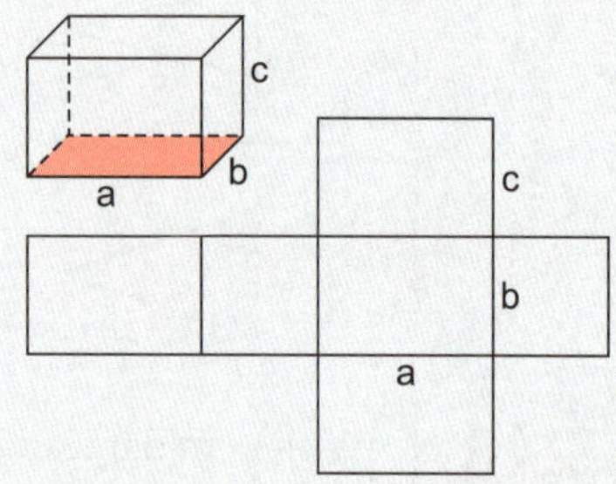

Prisma

- Ein Körper, dessen Mantelfläche aus n Rechtecken besteht, heißt n-seitiges (gerades) Prisma.
- Die Grund- und die Deckfläche sind kongruente n-Ecke.
- Volumen: $V = A_G \cdot h$
  A_G: Grundfläche
- Oberfläche: $A_O = 2 \cdot A_G + A_M$
  A_M: Mantelfläche

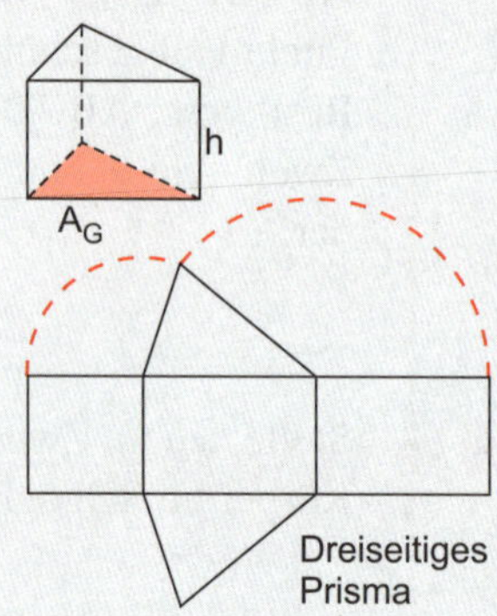

Beispiele

1. Berechne das Volumen und den Oberflächeninhalt eines Würfels, dessen Raumdiagonale 11,1 cm lang ist.

Lösung:

Für die Raumdiagonale e und die Kantenlänge a eines Würfels gilt:

$$e = a \cdot \sqrt{3} \quad |:\sqrt{3}$$

$$\frac{e}{\sqrt{3}} = a$$

$$a = \frac{11{,}1\text{ cm}}{\sqrt{3}} = 6{,}4\text{ cm}$$

Volumen des Würfels:

$V = a^3$

$V = (6{,}4\text{ cm})^3 = 262\text{ cm}^3$

Oberflächeninhalt des Würfels:

$A_O = 6 \cdot a^2$

$A_O = 6 \cdot (6{,}4\text{ cm})^2 = 246\text{ cm}^2$

2. Ein Quader hat das Volumen $V = 1\,920\ cm^3$ und die Oberfläche $A_O = 992\ cm^2$. Eine Rechteckseite der Grundfläche hat die Länge $b = 8$ cm. Berechne die Länge a der zweiten Rechtecksseite sowie die Höhe h.

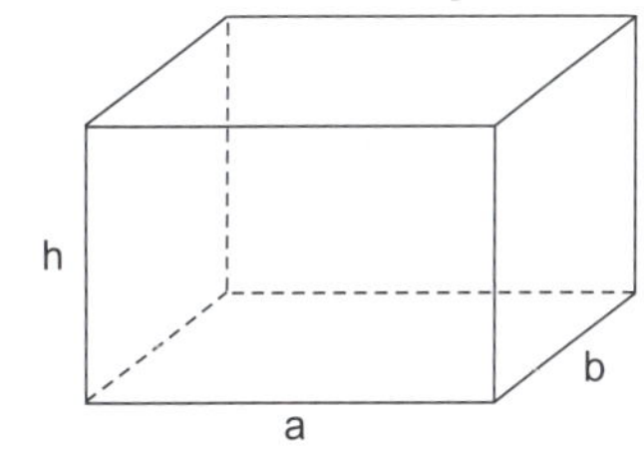

Lösung:

Die Volumenangabe liefert:

$$V = a \cdot b \cdot h$$

$$1\,920\ cm^3 = a \cdot 8\ cm \cdot h \qquad |: 8\ cm$$

$$240\ cm^2 = a \cdot h \qquad \textbf{Gleichung I}$$

Die Oberflächenangabe liefert:

$$A_O = 2 \cdot (ab + ah + bh)$$

$$992\ cm^2 = 2 \cdot a \cdot 8\ cm + 2 \cdot a \cdot h + 2 \cdot 8\ cm \cdot h$$

$$992\ cm^2 = 16\ a\ cm + 2a \cdot h + 16\ h\ cm \qquad |\ a \cdot h \text{ durch } 240\ cm^2 \text{ ersetzen}$$

$$992\ cm^2 = 16\ a\ cm + 2 \cdot 240\ cm^2 + 16\ h\ cm$$

$$992\ cm^2 = 16\ a\ cm + 480\ cm^2 + 16\ h\ cm \qquad |- 480\ cm^2$$

$$512\ cm^2 = 16\ a\ cm + 16\ h\ cm \qquad |: 16\ cm$$

$$32\ cm = a + h \qquad \textbf{Gleichung II}$$

Wir lösen Gleichung II nach h auf:

$h = 32\ cm - a$

Den für h erhaltenen Term setzen wir in Gleichung I ein und erhalten:

$240\ cm^2 = a \cdot (32\ cm - a)$

Oder als Maßzahlengleichung:

$$240 = a(32 - a) \qquad |\ \text{Klammer auflösen}$$

$$240 = 32a - a^2 \qquad |+ a^2 - 32a$$

$$a^2 - 32a + 240 = 0 \qquad |\ \text{quadratische Gleichung mit den Koeffizienten } p = -32,\ q = 240$$

Lösung der quadratischen Gleichung:

$a_{1/2} = 16 \pm \sqrt{256 - 240}$

$a_{1/2} = 16 \pm 4$

$a_1 = 20 \quad \text{oder} \quad a_2 = 12$

Somit erhalten wir 2 mögliche Quader mit den Maßen:

Quader 1	Quader 2
$a_1 = 20$ cm	$a_2 = 12$ cm
$b = 8$ cm	$b = 8$ cm
$h_1 = 12$ cm	$h_2 = 20$ cm

Beide Quader unterscheiden sich nur durch ihre Lage.

Die Seite b stimmt überein und die Seiten a und h sind vertauscht.

3. Berechne das Volumen V, die Mantelfläche A_M und die Oberfläche A_O eines geraden dreiseitigen Prismas mit den in der Zeichnung angegebenen Maßen (in cm).

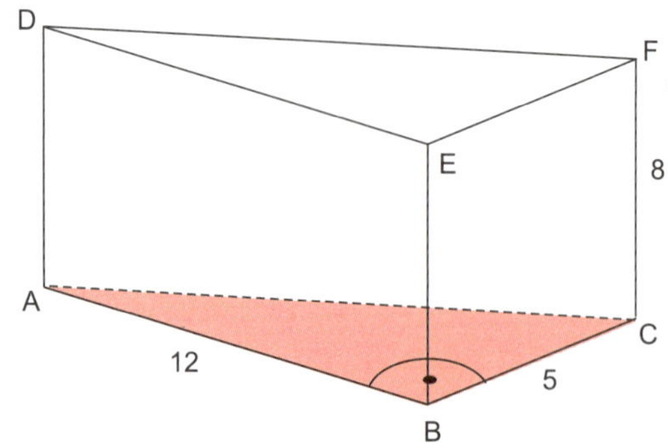

Lösung:
Grundfläche des Prismas ist das rechtwinklige Dreieck ABC mit den Kathetenlängen $\overline{AB} = 12$ cm und $\overline{BC} = 5$ cm.

Grundfläche: $A_G = \frac{1}{2} \cdot \overline{AB} \cdot \overline{BC} = \frac{1}{2} \cdot 12\text{ cm} \cdot 5\text{ cm} = 30\text{ cm}^2$

Volumen: $V = A_G \cdot h = 30\text{ cm}^2 \cdot 8\text{ cm} = 240\text{ cm}^3$

Länge von $\overline{AC}$: $\overline{AC}$ ist Hypotenuse im rechtwinkligen Dreieck ABC:

$\overline{AC}^2 = \overline{AB}^2 + \overline{BC}^2$ Satz des Pythagoras

$\overline{AC}^2 = (12\text{ cm})^2 + (5\text{ cm})^2$

$\overline{AC}^2 = 144\text{ cm}^2 + 25\text{ cm}^2 = 169\text{ cm}^2 \quad |\sqrt{\ }$

$\overline{AC} = 13\text{ cm}$

Mantelfläche: $A_M = A_{\text{Rechteck ABED}} + A_{\text{Rechteck BCFE}} + A_{\text{Rechteck ACFD}}$

$A_M = 12\text{ cm} \cdot 8\text{ cm} + 5\text{ cm} \cdot 8\text{ cm} + 13\text{ cm} \cdot 8\text{ cm}$

$A_M = 96\text{ cm}^2 + 40\text{ cm}^2 + 104\text{ cm}^2$

$A_M = 240\text{ cm}^2$

Oberfläche: $A_O = 2 \cdot A_G + A_M = 2 \cdot 30\text{ cm}^2 + 240\text{ cm}^2 = 300\text{ cm}^2$

4. Gib eine Formel für den Oberflächeninhalt eines Turmes aus 2 (3, n) übereinander gestapelten Würfeln mit der Kantenlänge a an.

a) 2 Würfel: $A_O = 10 \cdot a^2$

b) 3 Würfel: $A_O = 14 \cdot a^2$

c) n Würfel: Jeder Würfel bringt nur seine Mantelfläche ($4a^2$) ein. Bei n Würfeln sind das $n \cdot 4a^2$. Dazu kommt vom untersten und obersten Würfel noch je einmal a^2.
$A_O = n \cdot 4a^2 + 2a^2 = (4n + 2) \cdot a^2$

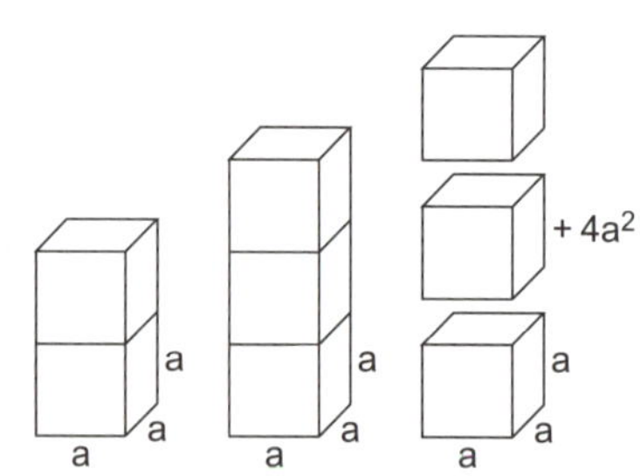

Aufgaben

251 Ein 5 cm hoher Quader mit einem Oberflächeninhalt von 184 cm^2 hat eine 4 cm lange Grundfläche. Berechne die Breite und das Volumen des Quaders.

252 Ein gerades Prisma mit der Höhe $h = 10$ cm hat ein regelmäßiges Sechseck mit der Seitenlänge $s = 5$ cm als Grundfläche.
Berechne Volumen, Mantelfläche und Oberfläche des Prismas.

253 Ein gerades Prisma mit der Höhe $h = 6$ cm hat ein gleichschenkliges Trapez mit den parallelen Seiten $a = 8$ cm und $c = 4{,}5$ cm sowie der Höhe $h_T = 4{,}5$ cm als Grundfläche.
Berechne Grundfläche, Mantelfläche, Oberfläche und Volumen.

254 Das nebenstehende Bild stellt das Netz eines Prismas dar.
Berechne Volumen und Oberfläche des Prismas.

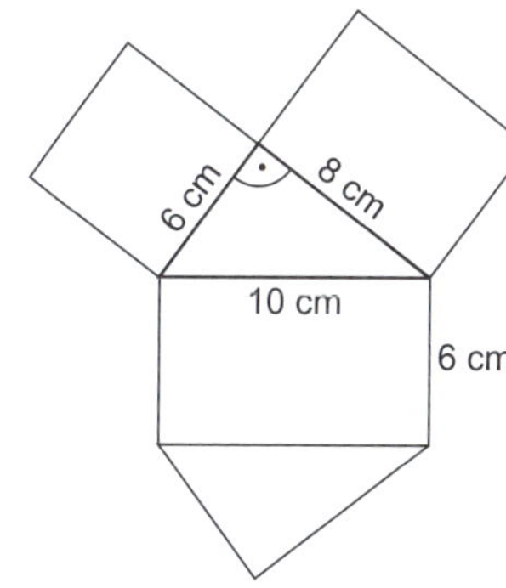

255 Ein Würfel mit der Kantenlänge a wird durch einen geraden Schnitt so geteilt, dass zwei gleich große dreiseitige Prismen entstehen.
Berechne das Volumen und den Oberflächeninhalt eines solchen Prismas.

256 Die Firma Schokoba stellt ein leckeres Schokoladenprodukt her. Die Verpackung hat die Form eines Prismas mit einem gleichseitigen Dreieck mit der Seitenlänge $a = 4$ cm als Grundfläche. Die Körperhöhe h beträgt 16 cm.

a) Zeichne das Schrägbild des Prismas.
b) Berechne das Volumen des Prismas.
c) Die „Schokoba-Prismen“ werden in den Geschäften in größeren Kartons angeliefert. Jeder Karton (Quader) hat die Innenmaße: 12 cm × 11 cm × 16 cm.
Petra sagt: „In jedem Karton können sich nur 15 Schokoba-Prismen befinden.“
Bestätige oder widerlege Petras Aussage durch Rechnung oder Zeichnung.

257 Ein 25 m langes, 10 m breites und 2,10 m tiefes Schwimmbecken muss innen neu gefliest werden (Boden und Wände).

a) Berechne die Fläche, die zu fliesen ist.
b) Die beauftragte Firma rechnet mit Kosten von $45\,\frac{€}{m^2}$ (Material + Arbeitsleistung).
Prüfe, ob die Renovierungskosten die Obergrenze von 20 000 € überschreiten.
c) Nach dem Abschluss der Renovierungsarbeiten wird das Schwimmbecken wieder bis zum Rand gefüllt.
Berechne die Kosten, wenn der Preis für 1 m^3 Wasser 2,20 € beträgt.

258 Prüfe rechnerisch, ob es möglich ist, mit einem Rucksack, der eine Tragkraft von 30 kg hat, fünf Würfel aus Gold mit je 10 cm Kantenlänge zu transportieren (1 cm^3 Gold hat eine Masse von 19,3 g).

259 Das dargestellte Gewächshaus hat eine Gesamthöhe von 2,30 m und soll komplett neu verglast werden.

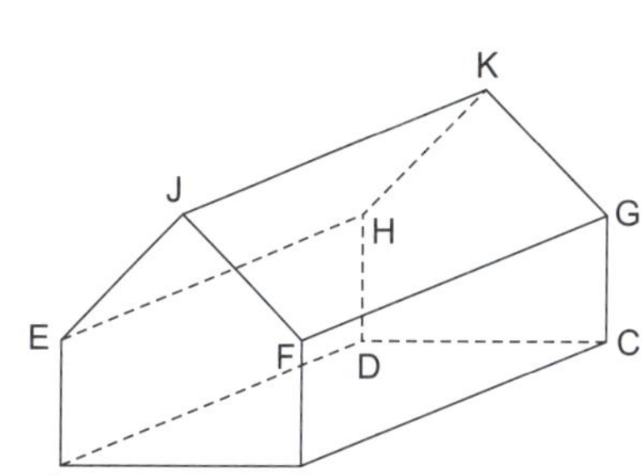

Skizze (nicht maßstäblich)

$\overline{AB} = 2{,}20$ m
$\overline{BC} = 2{,}80$ m
$\overline{BF} = 1{,}30$ m

a) Zeichne ein Zweitafelbild und ein Körpernetz des Gewächshauses im Maßstab 1 : 50.
Hebe im Körpernetz die Fläche hervor, die nicht verglast werden muss.
b) Für Verschnitt ist ein Mehrbedarf von 15 % zu planen.
Berechne die voraussichtlichen Materialkosten, wenn der Preis für einen Quadratmeter Glas 37,39 € beträgt.

11.3 Kreiszylinder

Merke

Kreiszylinder

- Einen Kreiszylinder kann man sich erzeugt denken, indem man ein Rechteck um eine Achse a rotieren lässt, auf der eine der beiden Rechtecksseiten liegt.

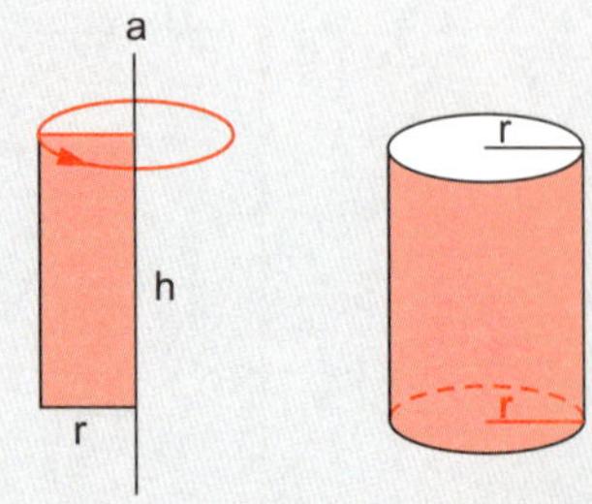

- Die Grundfläche des Kreiszylinders ist ein Kreis mit Radius r und dem Flächeninhalt $A = \pi \cdot r^2$.
- Der Mantel des Zylinders ist ein Rechteck mit den Seiten Zylinderhöhe h und Kreisumfang $u = 2\pi \cdot r$.
- Die Zylinderoberfläche besteht aus den zwei Kreisflächen und dem Mantel.
- Volumen: $V = A_G \cdot h$
  $V = \pi \cdot r^2 \cdot h$
- Mantelfläche: $A_M = u \cdot h$
  $A_M = 2\pi \cdot r \cdot h$
- Oberfläche: $A_O = 2A_G + A_M$
  $A_O = 2\pi \cdot r \cdot (r + h)$

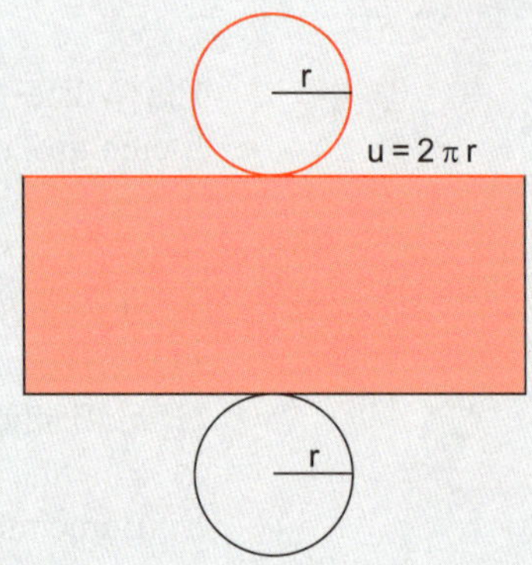

Beispiele

1. Ein Rechteck mit den Seiten a = 8 cm und b = 6 cm rotiert um eine Achse, die
   a) die Rechtecksseite a,
   b) die Rechtecksseite b

   enthält.
   Berechne für beide Fälle Volumen, Mantelfläche und Oberfläche des jeweils erzeugten Kreiszylinders.

   Lösung:
   a) Der Radius des Zylinders ist b, seine Höhe a.

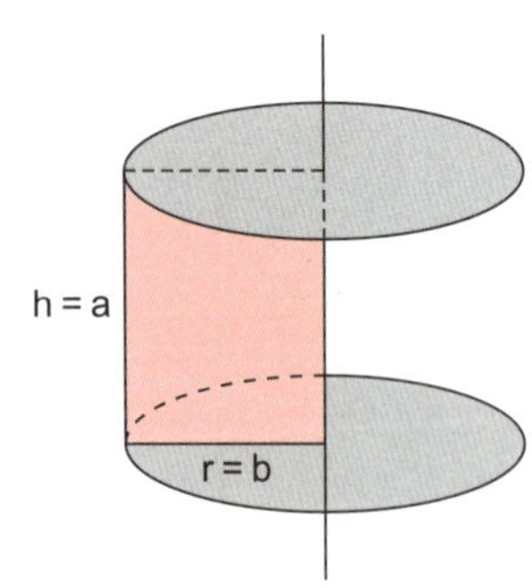

Volumen:
$V = \pi \cdot b^2 \cdot a$
$V = \pi \cdot (6\text{ cm})^2 \cdot 8\text{ cm}$
$V \approx 904{,}78\text{ cm}^3$

Mantelfläche:
$A_M = 2\pi \cdot b \cdot a$
$A_M = 2\pi \cdot 6\text{ cm} \cdot 8\text{ cm}$
$A_M \approx 301{,}59\text{ cm}^2$

Oberfläche:
$A_O = 2\pi \cdot b \cdot (b + a)$
$A_O = 2\pi \cdot 6\text{ cm} \cdot (6\text{ cm} + 8\text{ cm})$
$A_O \approx 527{,}79\text{ cm}^2$

b) Der Radius des Zylinders ist a, seine Höhe b.

Volumen: $V = \pi \cdot a^2 \cdot b$

$V = \pi \cdot (8\text{ cm})^2 \cdot 6\text{ cm}$

$V \approx 1206{,}37\text{ cm}^3$

Mantelfläche: $A_M = 2\pi \cdot a \cdot b$

$A_M = 2\pi \cdot 8\text{ cm} \cdot 6\text{ cm}$

$A_M \approx 301{,}59\text{ cm}^2$

Oberfläche: $A_O = 2\pi \cdot a \cdot (a + b)$

$A_O = 2\pi \cdot 8\text{ cm} \cdot (8\text{ cm} + 6\text{ cm})$

$A_O \approx 703{,}72\text{ cm}^2$

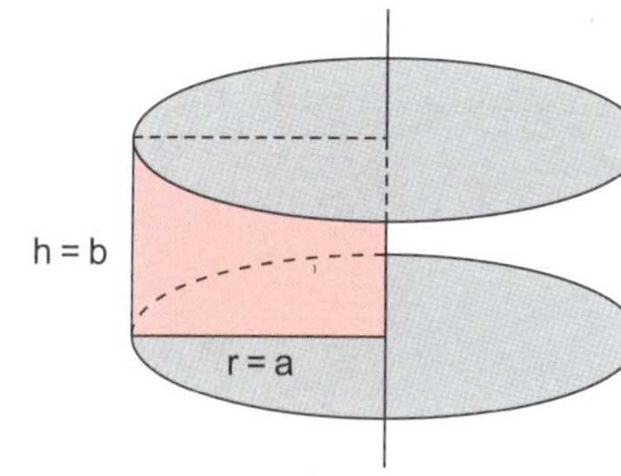

2. Der Grundkreisradius eines Messzylinders beträgt 1,5 cm. In welcher Höhe müssen die Markierungen für 20 cm³, 60 cm³, 80 cm³ und 100 cm³ angebracht werden?

Lösung:

$V = \pi \cdot r^2 \cdot h$ | Äquivalenzumformung (nach der gesuchten Größe h auflösen)

$h = \frac{V}{\pi \cdot r^2}$ | r = 1,5 cm einsetzen

$h = \frac{V}{\pi \cdot (1{,}5\text{ cm})^2}$

$h \approx \frac{V}{7{,}07\text{ cm}^2}$ | h in Abhängigkeit von V tabellarisieren

V in cm³	20	40	60	80	100
h in cm	2,83	5,66	8,49	11,32	14,14

(gerundete Werte)

3. Die nebenstehenden zylinderförmigen Konservendosen haben einen Außendurchmesser von 10,4 cm, einen Innendurchmesser von 10 cm und eine Körperhöhe (innen) von 11 cm.

a) Auf den Dosen befinden sich zwei Zahlenangaben (800 und 850), die sich auf das tatsächliche Volumen und auf die Füllmenge beziehen (in cm³). Weise rechnerisch nach, welcher der beiden Werte das tatsächliche Volumen angibt.

b) Eine genauere Messung ergibt, dass der Radius um einen halben Millimeter geringer und die Höhe um einen halben Millimeter größer ist. Welches rechnerische Volumen ergibt sich jetzt?

c) Welcher Prozentteil des Volumens wird beim Befüllen nicht genutzt?

d) Die Konservendosen sind außen mit einer 10,5 cm hohen Banderole beklebt, wobei für den Kleberand zusätzlich 1 cm berücksichtigt werden muss. Wie viele Quadratmeter Papier werden für die Produktion von 2,5 Millionen Banderolen benötigt?

e) Das gleiche Produkt wird in einer anderen Konservendose mit 1 cm geringerem Durchmesser und 1 cm größerer Körperhöhe angeboten. Kann der Verkaufspreis der gleiche sein? – Begründe deine Entscheidung.

Lösung:

a) Volumen der Konservendose:
$V = \pi \cdot (5\text{ cm})^2 \cdot 11\text{ cm}$
$V \approx 863{,}94\text{ cm}^3$
Der Wert 850 muss das tatsächliche Volumen der Dose angeben.

b) $V = \pi \cdot (4{,}95\text{ cm})^2 \cdot 11{,}05\text{ cm} = 850{,}6\text{ cm}^3$
Da ein halber Millimeter so viel Einfluss auf das Volumen hat, muss die Maschine, die die Dosen herstellt, auf Zehntel Millimeter genau arbeiten.

c) Da die Dose nur mit 800 cm^3 befüllt wird, bleiben 50 cm^3 ungenutzt.
Anteil: $\dfrac{50\text{ cm}^3}{850\text{ cm}^3} = 0{,}0588 = 5{,}88\ \%$
Etwa 5,9 % (6 %) des Volumens der Dose werden nicht genutzt.

d) Die Banderole hat die Form eines Rechtecks mit den Seitenlängen:
Breite: 10,5 cm
Länge: Außenumfang der Dose + 1 cm
Umfang: $u = 2\pi \cdot r$
$u = 2\pi \cdot 5{,}2\text{ cm} \approx 32{,}67\text{ cm}$
Länge: $32{,}67\text{ cm} + 1\text{ cm} = 33{,}67\text{ cm}$
Fläche (pro Banderole): $A = 10{,}5\text{ cm} \cdot 33{,}67\text{ cm} \approx 353{,}54\text{ cm}^2$
Für eine Produktion von 2,5 Millionen Banderolen ergibt sich ein Papierbedarf von $353{,}54\text{ cm}^2 \cdot 2\,500\,000 = 883\,850\,000\text{ cm}^2 = 88\,385\text{ m}^2$.

e) Das Volumen der anderen Konservendose:
$V = \pi \cdot (4{,}5\text{ cm})^2 \cdot 12\text{ cm}$
$V \approx 763{,}41\text{ cm}^3$
Der Verkaufspreis kann nicht gleich sein, da diese Konservendose ein viel geringeres Volumen hat.

Aufgaben

260 Das Rechteck mit den Seiten a = 8 cm und b = 5 cm rotiert um die angegebene Achse z.
Berechne Volumen, Mantelfläche und Oberfläche des Zylinders.

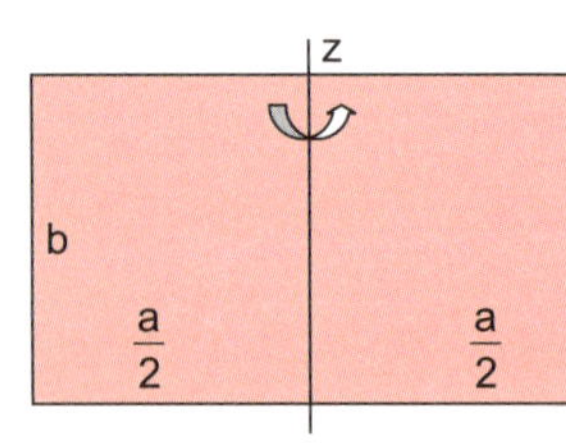

261 Einem Würfel mit der Kantenlänge a = 10 cm wird ein Kreiszylinder einbeschrieben.
Bestimme das Volumen und die Mantelfläche des Zylinders.

262 Eine Konservendose soll die abgebildeten Größenverhältnisse aufweisen.
Berechne den Materialbedarf, wenn die Dose 1 500 cm^3 Volumen hat und für Verschnitt 7 % Material aufgeschlagen werden muss.

Skizze (nicht maßstäblich)

263 Zeige allgemein, dass die Oberfläche des abgebildeten Zylinders mit der Formel $A_O = 6\pi \cdot r^2$ berechnet werden kann.

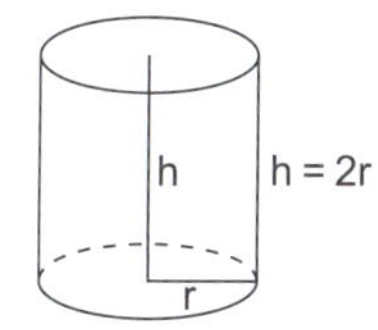

Skizze (nicht maßstäblich)

264 Ein DIN A4-Blatt (Maße: 29,7 cm und 21 cm) ist die Abwicklung der Mantelfläche eines Kreiszylinders. Es gibt zwei mögliche Zylinder.
Welcher der beiden Zylinder hat das größere Volumen?

265 Zylindrische Getränkedosen sollen einen Innendurchmesser von 7,4 cm haben.
Welche Höhe müssen die Zylinder haben, wenn die Dosen 0,75 Liter Flüssigkeit fassen sollen und dabei das Dosenvolumen um 5,0 % größer sein soll als das Flüssigkeitsvolumen?

266 Der Zylinder eines Dieselmotors hat eine Bohrung (Innendurchmesser) von 88,0 mm und einen Hub (Abstand zwischen höchster und tiefster Kolbenstellung) von 88,4 mm. Der Motor hat einen Gesamthubraum (alle Zylinder zusammen) von 2 687 cm^3.
Wie viele Zylinder hat der Motor?

267 Ein Rohrstück aus Stahl hat einen Innendurchmesser von 60,0 cm und einen Außendurchmesser von 62,4 cm. Die Länge des Rohrs beträgt 8,50 m.
Welche Masse hat das Rohrstück? (Dichte von Stahl: $7{,}8\,\frac{g}{cm^3}$)

268 Aus einem 1 m langen zylindrischen Kupferstab mit 5 mm Durchmesser soll durch Ziehen ein Draht mit 0,5 mm^2 Querschnittsfläche hergestellt werden.
Wie lang wird dieser Draht?

269 Jan ist Lehrling in einer Autowerkstatt. Er wird von seinem Ausbilder gebeten, ein volles Fass Öl aus dem Lager zu holen. „Nichts ist leichter als das", prahlt Jan, „ich hole gleich zwei."
Kann Jan wirklich auf diese Weise die beiden mit Öl gefüllten Fässer tragen? Deine Antwort soll mathematisch begründet sein.
(Hinweis: 1 Liter Motoröl wiegt knapp 900 g.)

11.4 Pyramide

Merke

Pyramide

- Ein Körper mit einem n-Eck als Grundfläche und n Dreiecken als Mantelfläche heißt n-seitige Pyramide.
- Volumen: $V = \frac{1}{3} \cdot A_G \cdot h$
- Oberfläche: $A_O = A_G + A_M$

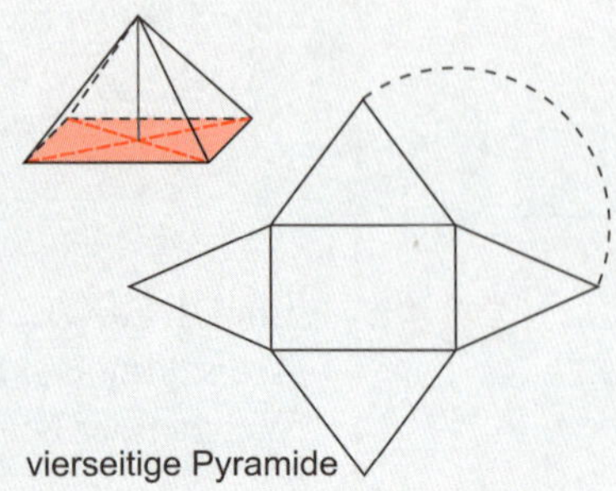

Beispiele

1. Die Abbildung zeigt das Schrägbild der rechteckigen Pyramide ABCDS. Berechne Volumen, Mantelfläche und Oberfläche dieser Pyramide.

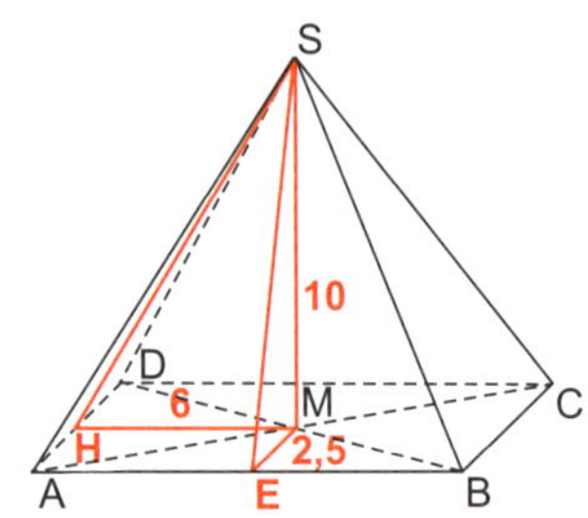

Lösung:

- Volumen: $V = \frac{1}{3} \cdot A_G \cdot h$

  $V = \frac{1}{3} \cdot \overline{AB} \cdot \overline{BC} \cdot \overline{MS}$

  $V = \frac{1}{3} \cdot 12\text{ cm} \cdot 5\text{ cm} \cdot 10\text{ cm}$

  $V = 200\text{ cm}^3$

- Der Mantel der Pyramide besteht aus vier Dreiecken, von denen jeweils zwei kongruent sind. Für die Berechnung der Flächeninhalte dieser Dreiecke benötigen wir die Höhen $\overline{HS}$ und $\overline{ES}$.

  Satz des Pythagoras im rechtwinkligen Dreieck HMS:

  $\overline{HS}^2 = \overline{MS}^2 + \overline{MH}^2$

  $\overline{HS}^2 = 100\text{ cm}^2 + 36\text{ cm}^2 \quad |\sqrt{}$

  $\overline{HS} = \sqrt{136\text{ cm}^2}$

  $\overline{HS} \approx 11,7\text{ cm}$

  Satz des Pythagoras im rechtwinkligen Dreieck EMS:

  $\overline{ES}^2 = \overline{MS}^2 + \overline{ME}^2$

  $\overline{ES}^2 = 100\text{ cm}^2 + 6,25\text{ cm}^2 \quad |\sqrt{}$

  $\overline{ES} = \sqrt{106,25\text{ cm}^2}$

  $\overline{ES} \approx 10,3\text{ cm}$

- Mantelfläche:

  $A_M = 2 \cdot A_{\Delta ADS} + 2 \cdot A_{\Delta ABS}$

  $A_M = 2 \cdot \frac{1}{2} \cdot \overline{AD} \cdot \overline{HS} + 2 \cdot \frac{1}{2} \cdot \overline{AB} \cdot \overline{ES}$

  $A_M = 5\text{ cm} \cdot 11,7\text{ cm} + 12\text{ cm} \cdot 10,3\text{ cm}$

  $A_M = 182,1\text{ cm}^2$

- Oberfläche:

  $A_O = A_G + A_M$

  $A_O = \overline{AB} \cdot \overline{BC} + A_M$

  $A_O = 12\text{ cm} \cdot 5\text{ cm} + 182,1\text{ cm}^2$

  $A_O = 242,1\text{ cm}^2$

2. Zeichne einen Würfel mit der Kantenlänge a (= 12 cm) und verbinde die Mittelpunkte (Diagonalenschnittpunkte) der sechs Seitenflächen. Der so erhaltene Körper heißt **Oktaeder**.
Berechne die Länge s der Seitenkanten, das Volumen V sowie die Oberfläche A_O dieses Oktaeders.

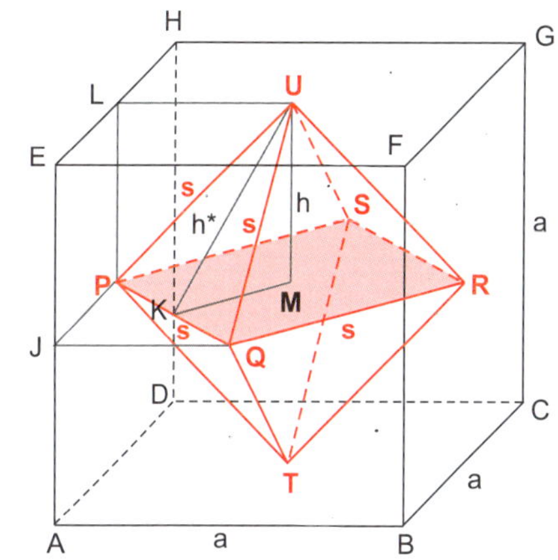

Lösung:
Das Oktaeder PQRSTU ist eine quadratische Doppelpyramide mit dem Quadrat PQRS als Grundfläche und acht kongruenten Dreiecken als Seitenflächen.

- Länge s der Oktaederkanten:
  $\overline{PU}^2 = \overline{PL}^2 + \overline{LU}^2$ Satz des Pythagoras im rechtwinkligen Dreieck PUL
  $s^2 = \left(\frac{a}{2}\right)^2 + \left(\frac{a}{2}\right)^2$
  $s^2 = \frac{a^2}{4} + \frac{a^2}{4}$
  $s^2 = \frac{a^2}{2}$ $\quad |\sqrt{\ }$
  $s = \frac{a}{\sqrt{2}} = \frac{12\text{ cm}}{\sqrt{2}} \approx 8{,}49\text{ cm}$
- Wenn der Würfel um die Achse $\overline{PR}$ um 90° gedreht wird, dann wird aus dem Dreieck PUL das Dreieck PQJ. Daraus folgt, dass die Strecken $\overline{PQ}$ und $\overline{PU}$ gleich lang sind.
  $\overline{PQ} = \overline{PU} = s$
- Eine Drehung des Würfels um die Achse $\overline{TU}$ um 90° zeigt:
  $\overline{QU} = \overline{PU} = s$
  Das Dreieck PQU ist also gleichseitig.
- Volumen des Oktaeders (**doppelte** Pyramide):
  $V = 2 \cdot \frac{1}{3} \cdot A_G \cdot h$ $\quad \left| A_G = s^2,\ h = \frac{a}{2} \right.$ einsetzen
  $V = 2 \cdot \frac{1}{3} \cdot s^2 \cdot \frac{a}{2}$ $\quad \left| s^2 = \frac{a^2}{2} \right.$ einsetzen
  $V = 2 \cdot \frac{1}{3} \cdot \frac{a^2}{2} \cdot \frac{a}{2}$
  $V = \frac{a^3}{6} = \frac{(12\text{ cm})^3}{6} = 288\text{ cm}^3$
- Seitenhöhe h*:
  $\overline{KU}^2 = \overline{KM}^2 + \overline{MU}^2$ Satz des Pythagoras im rechtwinkligen Dreieck KMU
  $h^{*2} = \left(\frac{s}{2}\right)^2 + \left(\frac{a}{2}\right)^2$
  $h^{*2} = \frac{s^2}{4} + \frac{a^2}{4}$ $\quad \left| s^2 = \frac{a^2}{2} \right.$
  $h^{*2} = \frac{a^2}{8} + \frac{a^2}{4}$

$$h^{*2} = \frac{3a^2}{8} \quad |\sqrt{\ }$$

$$h^* = \sqrt{\frac{3}{8}} \cdot a = \sqrt{\frac{3}{8}} \cdot 12\text{ cm} \approx 7{,}35\text{ cm}$$

- Oberfläche des Oktaeders (**acht** gleichseitige Dreiecke):

$$A_O = \mathbf{8} \cdot A_{\Delta PQU} = 8 \cdot \frac{1}{2} \cdot s \cdot h^*$$

$$A_O = 8 \cdot \frac{1}{2} \cdot 8{,}49\text{ cm} \cdot 7{,}35\text{ cm} \approx 249{,}61\text{ cm}^2$$

3. Ein Würfel und eine quadratische Pyramide haben gleich große Grundflächen von je 64 cm^2 und gleiche Volumina. Berechne die Höhe der Pyramide.

Lösung:

- Länge der Grundseite a:
Die Grundfläche ist ein Quadrat.

$$a^2 = 64\text{ cm}^2 \quad |\sqrt{\ }$$

$$a = \sqrt{64\text{ cm}^2}$$

$$a = 8\text{ cm}$$

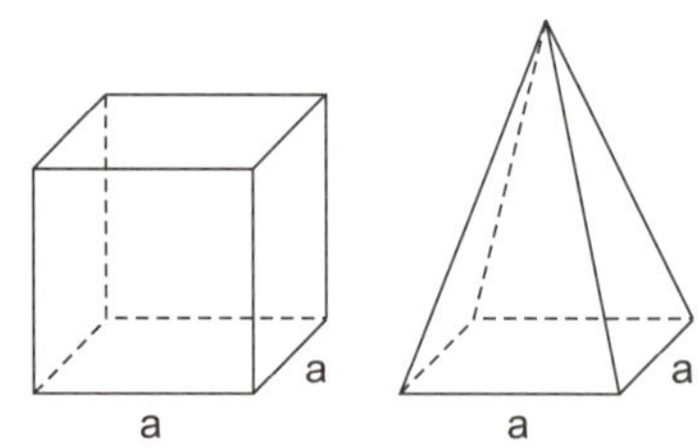

Skizze (nicht maßstäblich)

- Volumen des Würfels:

$$V = a^3$$

$$V = (8\text{ cm})^3 = 512\text{ cm}^3$$

Das ist gleichzeitig das Volumen der Pyramide.

- Höhe der Pyramide:
Wir stellen die Volumenformel für die quadratische Pyramide nach h um.

$$V = \frac{1}{3}a^2 \cdot h \quad |\cdot 3 \quad |:a^2$$

$$\frac{3V}{a^2} = h$$

$$h = \frac{3 \cdot 512\text{ cm}^3}{(8\text{ cm})^2} = 24\text{ cm}$$

Die Pyramide ist dreimal so hoch wie der Würfel. Ist das Zufall?

Aufgaben

270 Bestimme Volumen und Oberfläche einer Pyramide mit der Höhe h = 18 cm, deren Grundfläche

a) ein Quadrat mit der Seitenlänge a = 12 cm,

b) ein Rechteck mit den Seitenlängen a = 10 cm und b = 8 cm

ist, wobei die Pyramidenspitze S jeweils senkrecht über dem Diagonalenschnittpunkt der Grundfläche liegt.

271 Das Quadrat ABCD ist Grundfläche einer Pyramide mit der Höhe h = 15 cm. Die Länge der Quadratseite beträgt a = 9 cm. Die Pyramidenspitze liegt senkrecht über dem Diagonalenschnittpunkt des Quadrats ABCD.

a) Zeichne ein Schrägbild der Pyramide ABCDS ($\alpha = 45°$; $q = \frac{1}{2}$).

b) Bestimme die Länge s der Seitenkanten.

c) Berechne Volumen und Mantelfläche der Pyramide.

272 Die Eingangspyramide für ein neues Einkaufszentrum hat eine quadratische Grundfläche mit einer Grundkantenlänge von 30 m und einer Seitenkante von 25 m.
In einem Zeitungsbericht stand zur Eröffnung des Einkaufszentrums: „Fantastischer Eingangsbereich – Pyramide mit 2 000 m^2 Glasfläche führt ins Einkaufszentrum ...“
Stimmt die Berechnung des Redakteurs oder handelt es sich um eine Übertreibung?

273

a) Die Cheops-Pyramide ist die größte Pyramide in Gizeh (Ägypten). Als sie erbaut wurde, hatte die Pyramide eine quadratische Grundfläche mit einer Grundkante von 230 m und eine Höhe von 150 m.
Berechne das Volumen.

b) Heute, also 4 700 Jahre später, misst die Grundkante der Cheops-Pyramide noch 226 m und ihre Höhe beträgt 137 m.
Berechne das heutige Volumen.
Wie viel m^3 Gestein sind im Laufe der Jahrtausende verwittert bzw. abgetragen worden?

c) Könnte man das verwitterte/abgetragene Gestein (wenn es heute noch am Fuße der Pyramide liegen würde) mit 3 000 Lkw-Fahrten abfahren?
Begründe deine Abschätzung.

11.5 Kreiskegel

Merke

Kreiskegel

- Einen Kreiskegel kann man sich erzeugt denken, indem man ein rechtwinkliges Dreieck um eine seiner Katheten rotieren lässt.

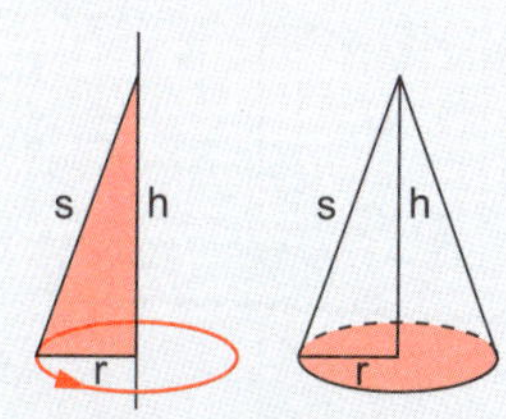

- Die Grundfläche ist ein Kreis mit dem Radius r und dem Flächeninhalt $A = \pi \cdot r^2$.
- Der Mantel ist ein Kreisausschnitt (Kreissektor).

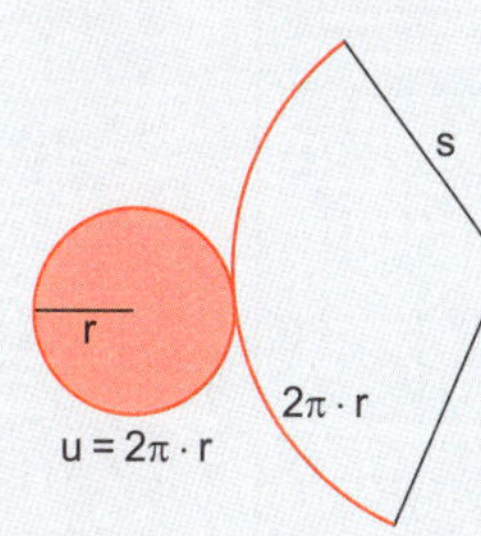

- Volumen:
  $V = \frac{1}{3} A_G \cdot h$ $\quad$ $V = \frac{1}{3} \pi \cdot r^2 \cdot h$
- Mantelfläche:
  $A_M = \frac{1}{2} u \cdot s$ $\quad$ $A_M = \pi \cdot r \cdot s$
- Oberfläche:
  $A_O = A_G + A_M$ $\quad$ $A_O = \pi \cdot r \cdot (r + s)$

Beispiele

1. Ein gerader Kreiskegel mit der Höhe h = 15 cm hat einen Grundkreisradius r = 6 cm.
   Berechne das Volumen, die Mantel- und die Oberfläche.

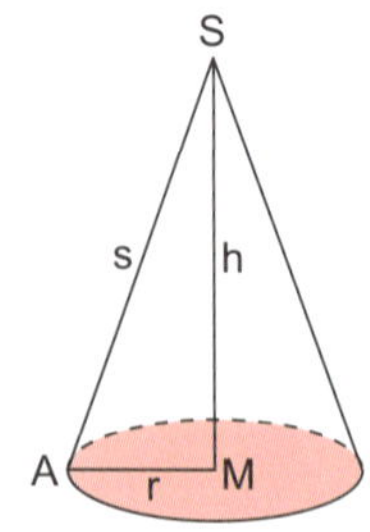

Lösung:

- Länge einer Mantellinie:

$s^2 = h^2 + r^2$ Satz des Pythagoras im rechtwinkligen Dreieck AMS

$s^2 = (15\text{ cm})^2 + (6\text{ cm})^2$

$s^2 = 261\text{ cm}^2 \quad |\sqrt{\ }$

$s \approx 16{,}16\text{ cm}$

- Volumen:

$V = \frac{1}{3}\pi \cdot r^2 \cdot h = \frac{1}{3}\pi \cdot (6\text{ cm})^2 \cdot 15\text{ cm} \approx 565{,}5\text{ cm}^3$

- Mantelfläche:

$A_M = \pi \cdot r \cdot s = \pi \cdot 6\text{ cm} \cdot 16{,}16\text{ cm} \approx 304{,}6\text{ cm}^2$

- Oberfläche:

$A_O = \pi \cdot r \cdot (r + s) = \pi \cdot 6\text{ cm} \cdot (6\text{ cm} + 16{,}16\text{ cm}) \approx 417{,}7\text{ cm}^2$

2. Ein Kreissektor mit einem Zentriwinkel von $\varphi = 120°$ und dem Radius s = 18 cm ist die Mantelfläche eines geraden Kreiskegels.
   Berechne den Grundkreisradius und die Höhe des Kreiskegels.

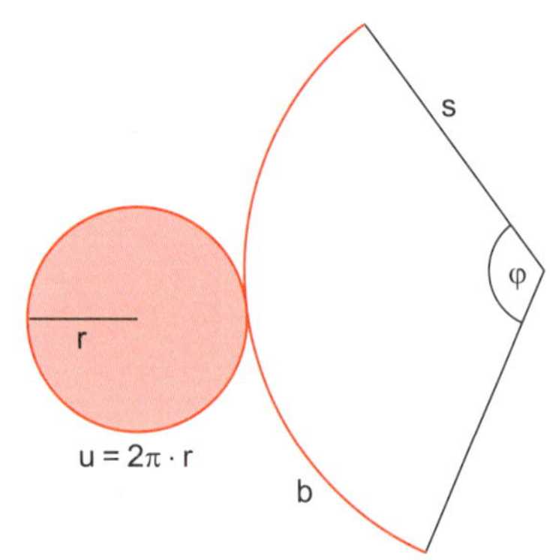

Lösung:

- Länge b des Bogens des Kreissektors:

$b = 2 \cdot \pi \cdot s \cdot \frac{\varphi}{360°}$

$= 2 \cdot \pi \cdot 18\text{ cm} \cdot \frac{120°}{360°} \approx 37{,}7\text{ cm}$

- Grundkreisradius r:
  Der Bogen b ist genau so lang wie der Umfang u des Grundkreises.

$b = u$

$b = 2\pi \cdot r \quad |:2\pi$

$\frac{b}{2\pi} = r$

$r = \frac{37{,}7\text{ cm}}{2\pi} = 6{,}0\text{ cm}$

- Höhe des Kegels:

$s^2 = h^2 + r^2$ Satz des Pythagoras

$s^2 - r^2 = h^2 \quad |\sqrt{\ }$

$\sqrt{s^2 - r^2} = h$

$h = \sqrt{(18\text{ cm})^2 - (6\text{ cm})^2} = 16{,}97\text{ cm}$

3. Ein Schüttkegel mit einer Grundfläche von $25\ m^2$ hat ein Volumen von $20{,}4\ m^3$. Berechne den Schüttwinkel α.

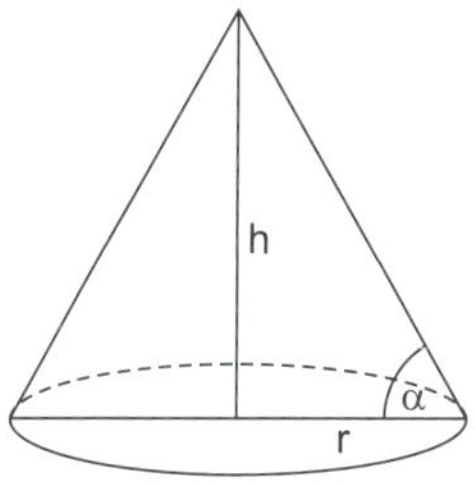

Skizze (nicht maßstäblich)

Lösung:

- Radius r der Grundfläche:

$$A_G = \pi \cdot r^2 \quad |:\pi$$

$$\frac{A_G}{\pi} = r^2 \quad |\sqrt{\ }$$

$$r = \sqrt{\frac{A_G}{\pi}} = \sqrt{\frac{25\ m^2}{\pi}} = 2{,}82\ m$$

- Höhe h des Kegels:

$$V = \frac{\pi}{3} \cdot r^2 \cdot h \quad |\cdot 3$$

$$3V = \pi r^2 \cdot h \quad |:\pi r^2$$

$$\frac{3V}{\pi r^2} = h$$

$$h = \frac{3 \cdot 20{,}4\ m^3}{\pi \cdot (2{,}82\ m)^2} = 2{,}45\ m$$

- Schüttwinkel α:

$$\tan\alpha = \frac{h}{r}$$

$$\tan\alpha = \frac{2{,}45\ m}{2{,}82\ m}$$

$$\tan\alpha = 0{,}8688 \quad |\tan^{-1}$$

$$\alpha = 41{,}0°$$

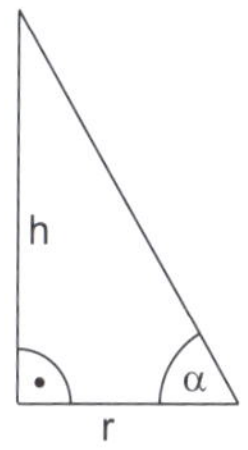

Skizze (nicht maßstäblich)

Aufgaben

274 Ein rechtwinkliges Dreieck mit den Katheten a = 4 cm und b = 5 cm rotiert um eine Achse, die

a) die Seite a enthält,

b) die Seite b enthält.

Berechne für beide Fälle Volumen, Mantelfläche und Oberfläche des jeweils erzeugten Kreiskegels.

275 Ein Kegel hat als Axialschnitt ein gleichseitiges Dreieck mit der Seitenlänge a = 8 cm (siehe nebenstehende Skizze).

a) Berechne Volumen und Oberfläche des Kegels.

b) Berechne den Zentriwinkel der Abwicklung des Mantels.

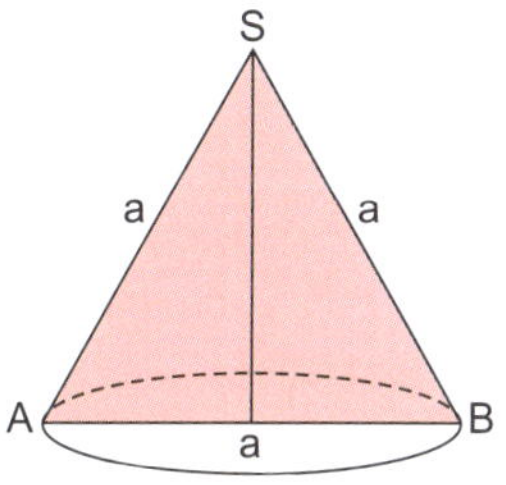

276 Ein Kreissektor mit dem Zentriwinkel $\alpha = 90°$ (Viertelkreis) und dem Radius r = 16 cm ist die Mantelfläche eines geraden Kreiskegels.

a) Berechne den Radius der Grundfläche und die Höhe h des Kegels.

b) Berechne Volumen und Oberfläche des Kegels.

277 Ein Sandberg hat die Form eines Kegels. Er bedeckt eine Bodenfläche mit 5 m Durchmesser und hat eine Höhe von 1,2 m. Ein Fahrer mit Lkw (maximal 18 t Zuladung) soll diesen Sandberg abfahren. Er weiß, dass Sand eine Dichte von 2 600 kg pro m^3 hat. Was wird der Lkw-Fahrer sagen?

278 Ein kegelförmiges Kirchturmdach hat eine Mantellinie von 25 m. Der Turm ist 1,5-mal so hoch wie der Durchmesser des Grundkreises.

a) Fertige eine Skizze an.
b) Bestimme den Radius des kreisförmigen Turmes, auf dem das Kirchturmdach errichtet wurde.

279 Ein Schüttkegel aus Getreide (Schüttwinkel 30°) hat einen Durchmesser von 10 m.

a) Wie hoch ist der Kegel und wie viel Kubikmeter Getreide sind das?
b) Das Getreide wurde mit einer kreisrunden Plane (Durchmesser 14 m) so abgedeckt, dass an allen Seiten ein gleich breiter Rand übersteht (siehe Skizze).
Berechne die Breite des Randes.

Skizze (nicht maßstäblich)

280 Auf einer Baustelle wurde Kies zu einem Kegel aufgeschüttet.
Der Schüttkegel hat einen Böschungswinkel von $\alpha = 25°$ und am Boden einen Umfang von $u = 20{,}1$ m.

a) Wie viel Kubikmeter Kies wurden geliefert?
b) Begründe, dass das Volumen eines solchen Kegels mit der Formel $V = \dfrac{u^3 \cdot \tan\alpha}{24\pi^2}$ berechnet werden kann.

11.6 Kugel

Merke

Kugel

- Jeder Punkt auf der Oberfläche einer Kugel hat vom Kugelmittelpunkt M den gleichen Abstand r.
- Der ebene Schnitt einer Kugel ist ein Kreis.
- Volumen: $V = \frac{4}{3}\pi \cdot r^3$
- Oberfläche: $A_O = 4\pi \cdot r^2$

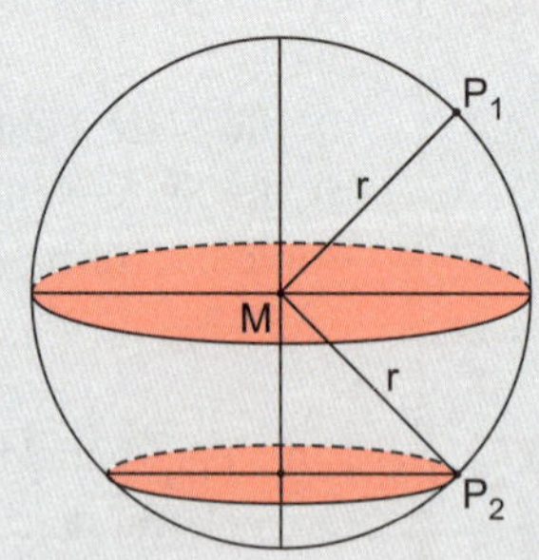

Beispiele

1. Berechne Volumen und Oberfläche einer Kugel mit Radius $r = 6$ cm.

Volumen:

$V = \frac{4}{3} \cdot \pi \cdot (6\text{ cm})^3$

$V = \frac{4}{3} \cdot \pi \cdot 216\text{ cm}^3$

$V \approx 904{,}78\text{ cm}^3$

Oberfläche:

$A = 4 \cdot \pi \cdot (6\text{ cm})^2$

$A = 4 \cdot \pi \cdot 36\text{ cm}^2$

$A \approx 452{,}39\text{ cm}^2$

2. Eine Kugel hat eine Oberfläche von $A = 907{,}92\ cm^2$. Berechne den Radius r und das Volumen der Kugel.

Radius:

$A = 4\pi r^2 \quad |:4\pi$

$r^2 = \frac{A}{4\pi} \quad |\sqrt{\ }$

$r = \sqrt{\frac{A}{4\pi}}$

$r = \sqrt{\frac{907{,}92\ cm^2}{4\pi}}$

$r \approx 8{,}50\ cm$

Volumen:

$V = \frac{4}{3}\pi\,(8{,}50\ cm)^3$

$V \approx 2\,572{,}44\ cm^3$

3. Einem Würfel mit der Kantenlänge a (= 6 cm) wird eine Kugel ein- bzw. umbeschrieben. Bestimme die Verhältnisse der Volumina und der Oberflächen beider Kugeln.

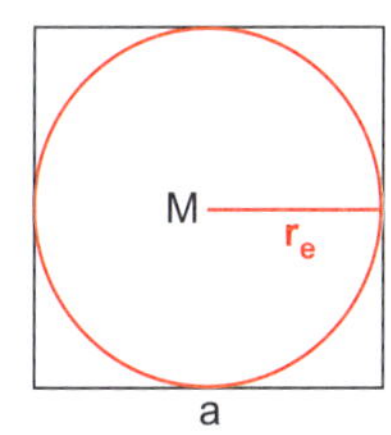

Würfel und einbeschriebene Kugel (Grundriss)

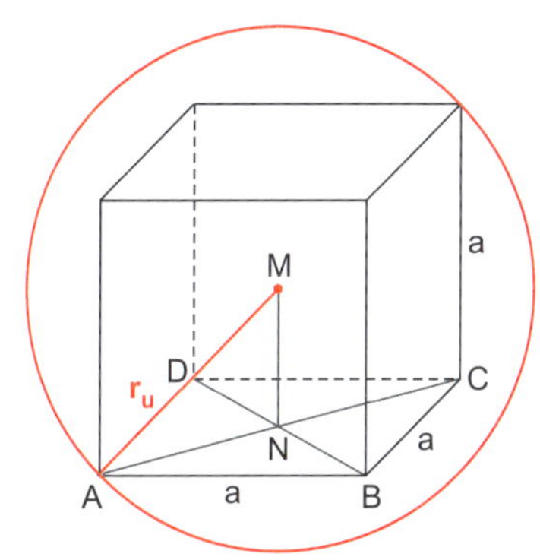

Würfel und umbeschriebene Kugel (Schrägbild)

Lösung:

- Radius der einbeschriebenen Kugel:

  $r_e = \frac{a}{2} = 3\ cm$

- Radius der umbeschriebenen Kugel:

  $r_u = \overline{AM}$

  $\overline{AM}^2 = \overline{AN}^2 + \overline{MN}^2$ Satz des Pythagoras im rechtwinkligen Dreieck ANM.

  $r_u^2 = \left(\frac{a\sqrt{2}}{2}\right)^2 + \left(\frac{a}{2}\right)^2$ $\overline{AN}$ ist gleich der halben Länge der Diagonalen der Grundfläche ABCD.

  $r_u^2 = \frac{2a^2}{4} + \frac{a^2}{4}$ $\overline{MN}$ ist gleich der halben Kantenlänge.

  $r_u^2 = \frac{3}{4}a^2 \quad |\sqrt{\ }$

  $r_u = \frac{a}{2}\sqrt{3}$

  $r_u = \frac{6\ cm}{2}\sqrt{3}$

  $r_u \approx 5{,}20\ cm$

- Volumen der einbeschriebenen Kugel:

  $V_e = \frac{4}{3}\pi \cdot r_e^3 = \frac{4}{3}\pi \cdot \left(\frac{a}{2}\right)^3$

  $V_e = \frac{4}{3}\pi \cdot (3\ cm)^3$

  $V_e \approx 113{,}10\ cm^3$

- Volumen der umbeschriebenen Kugel:

  $V_u = \frac{4}{3}\pi \cdot r_u^3 = \frac{4}{3}\pi \cdot \left(\frac{a}{2}\sqrt{3}\right)^3$

  $V_u = \frac{4}{3}\pi \cdot (5{,}20\ cm)^3$

  $V_u \approx 588{,}98\ cm^3$

- Oberfläche der einbeschriebenen Kugel:

  $A_e = 4\pi \cdot r_e^2 = 4\pi \cdot \left(\frac{a}{2}\right)^2$

  $A_e = 4\pi \cdot (3\text{ cm})^2$

  $A_e \approx 113{,}10\text{ cm}^2$

- Oberfläche der umbeschriebenen Kugel:

  $A_u = 4\pi \cdot r_u^2 = 4\pi \cdot \left(\frac{a}{2}\sqrt{3}\right)^2$

  $A_u = 4\pi \cdot (5{,}20\text{ cm})^2$

  $A_u \approx 339{,}79\text{ cm}^2$

- Verhältnisse:

  $\frac{V_u}{V_e} = \frac{\frac{4}{3}\pi \cdot \left(\frac{a}{2}\sqrt{3}\right)^3}{\frac{4}{3}\pi \cdot \left(\frac{a}{2}\right)^3} = 3 \cdot \sqrt{3}$ $\qquad$ $\frac{A_u}{A_e} = \frac{4\pi \cdot \left(\frac{a}{2}\sqrt{3}\right)^2}{4\pi \cdot \left(\frac{a}{2}\right)^2} = 3$

Aufgaben

281 Bestimme Volumen und Oberfläche einer Kugel mit $r = 12$ cm.

282 Eine Kugel hat ein Volumen von 4 188,79 cm^3. Berechne den Radius und die Oberfläche der Kugel.

283 Welche der folgenden Kugeln hat den größten Radius?
Kugel 1 mit $u = 4$ m
Kugel 2 mit $A_O = 4\text{ m}^2$
Kugel 3 mit $V = 4\text{ m}^3$

284 Auf das Wievielfache wächst jeweils die Oberfläche beziehungsweise das Volumen einer Kugel an, wenn der Radius verdreifacht wird?

285 In welchem Maße muss der Radius einer Kugel vergrößert werden, damit
a) das Volumen der neuen Kugel,
b) die Oberfläche der neuen Kugel
doppelt so groß ist wie das Volumen bzw. die Oberfläche der alten Kugel?

286 Ein 50 cm hoher Stahlzylinder mit 10 cm Durchmesser wird eingeschmolzen. Wie viele Stahlkugeln mit jeweils 1,5 cm Durchmesser kann man aus ihm herstellen?

287 Die Erde hat einen Radius von $r_E = 6\,371$ km, der Mars einen Radius von $r_M = 3\,400$ km (beide als ideale Kugeln gedacht).
In welchem Verhältnis stehen die Volumina der beiden Planeten?

288 **Protestaktion**

Im Juni 2006 hatten Studenten in Münster eine spektakuläre Protestaktion geplant. Sie wollten einen der 3,50 m im Durchmesser messenden und aus Stahlbeton hergestellten „Giant Pool Balls" des Künstlers Claes Oldenburg in den Aasee rollen. Von dieser Idee haben sie aber schnell abgelassen und stattdessen eine nachgebaute Kugel versenkt. Was könnte der Grund für die Planänderung gewesen sein? Stütze deine Antwort auf geeignete Berechnungen.
(Hinweis: 1 m^3 Stahlbeton wiegt 2,7 t)

11.7 Zusammengesetzte Körper und Restkörper

Merke

Zusammengesetzte Körper und Restkörper

- Das Volumen von zusammengesetzten Körpern und Restkörpern erhält man durch Addition oder Subtraktion der Volumina der Teilkörper.
- Bei der Berechnung der Oberfläche dürfen nur die Flächen berücksichtigt werden, die außen als Begrenzungsflächen erscheinen.

Beispiele

1. Ein Architekt entwirft das Gebäude für ein Planetarium als Würfel mit aufgesetzter Halbkugel (siehe Skizze).
   Der Durchmesser der Halbkugel stimmt mit der Kantenlänge des Würfels überein ($a = d = 8$ m).
   a) Berechne das Volumen des Körpers.
   b) Die gesamte sichtbare Oberfläche des Gebäudes soll gestrichen werden. Wie viel Quadratmeter sind das?
   c) Berechne die Kantenlänge, die sichtbare Oberfläche und das Volumen für ein Modell im Maßstab 1 : 50.

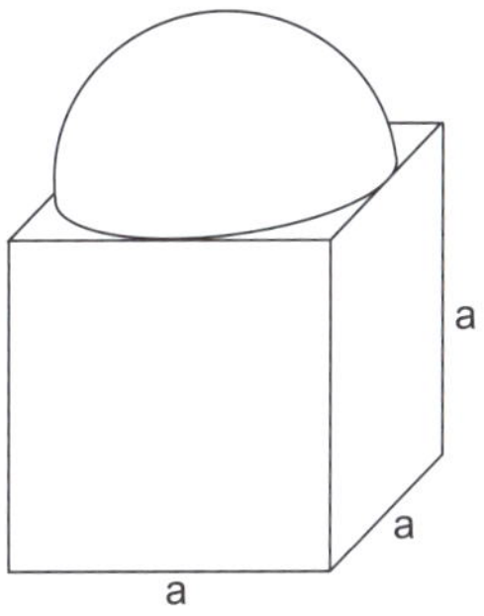

Lösung:

a) Volumen des Würfels:
$V_{Würfel} = a^3 = (8\text{ m})^3 = 512\text{ m}^3$

Volumen der **halben** Kugel:
$V_{Halbkugel} = \frac{1}{2} \cdot \frac{\pi}{6} d^3 = \frac{\pi}{12} \cdot (8\text{ m})^3 = 134\text{ m}^3$

Gesamtvolumen:
$V = V_{Würfel} + V_{Halbkugel} = 512\text{ m}^3 + 134\text{ m}^3 = 646\text{ m}^3$

b) Fläche A_1 der **vier** quadratischen Seitenflächen:
$A_1 = 4 \cdot a^2 = 4 \cdot (8\text{ m})^2 = 256\text{ m}^2$

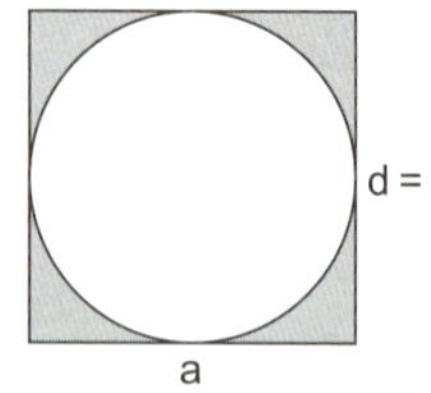

Von der quadratischen Deckfläche des Würfels muss eine **Kreisfläche** mit dem Durchmesser d **abgezogen** werden.

$A_2 = a^2 - \frac{\pi}{4} d^2$

$= (8\text{ m})^2 - \frac{\pi}{4} \cdot (8\text{ m})^2 = 13{,}73\text{ m}^2$

Oberfläche A_3 der **halben** Kugel:

$A_3 = \frac{1}{2} \cdot \pi \cdot d^2 = \frac{1}{2} \cdot \pi \cdot (8\text{ m})^2 = 100{,}53\text{ m}^2$

Gesamte sichtbare Oberfläche:

$A = A_1 + A_2 + A_3 = 256\text{ m}^2 + 13{,}73\text{ m}^2 + 100{,}53\text{ m}^2 = 370{,}26\text{ m}^2$

c) Die Verkleinerung im Maßstab 1 : 50 entspricht einer zentrischen Streckung mit dem Streckungsfaktor $k = \frac{1}{50}$.

Für die Kantenlänge gilt der Faktor k.

$a_{\text{Modell}} = k \cdot a_{\text{Original}} = \frac{1}{50} \cdot 8\text{ m} = 0{,}16\text{ m} = 16\text{ cm}$

Für die Oberfläche gilt der Faktor k^2.

$A_{\text{Modell}} = k^2 \cdot A_{\text{Original}} = \left(\frac{1}{50}\right)^2 \cdot 370{,}26\text{ m}^2 = 0{,}1481\text{ m}^2 = 14{,}81\text{ dm}^2$

Für das Volumen gilt der Faktor k^3.

$V_{\text{Modell}} = k^3 \cdot V_{\text{Original}} = \left(\frac{1}{50}\right)^3 \cdot 646\text{ m}^3 = 0{,}005168\text{ m}^3 = 5{,}168\text{ dm}^3$

2. In einen 3 mm dicken, 8 cm langen und 28 mm breiten Streifen aus Stahlblech werden drei Löcher mit je 12 mm Durchmesser gestanzt.

a) Berechne das Volumen und die Masse des Bauteils (Dichte von Stahl: $\rho = 7{,}85 \frac{\text{g}}{\text{cm}^3}$).

b) Zum Schutz vor Korrosion soll das Bauteil beschichtet werden. Berechne die zu beschichtende Oberfläche.

Lösung:

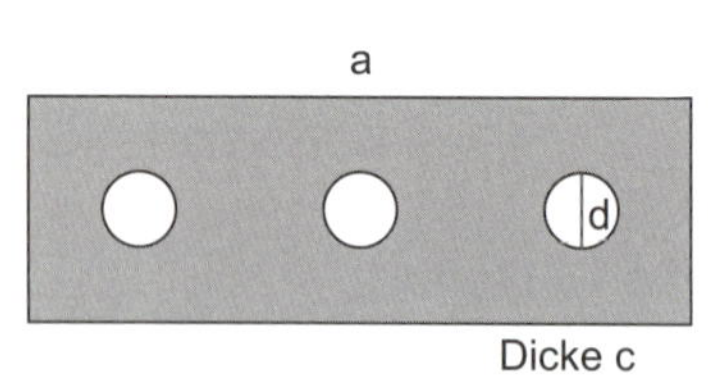

Skizze (nicht maßstäblich)

a) Umrechnung aller Längen in cm:

$a = 8\text{ cm},\ b = 2{,}8\text{ cm},\ c = 0{,}3\text{ cm},\ d = 1{,}2\text{ cm}$

Volumen des ungelochten Streifens (Quader):

$V_1 = a \cdot b \cdot c$

$V_1 = 8\text{ cm} \cdot 2{,}8\text{ cm} \cdot 0{,}3\text{ cm} = 6{,}72\text{ cm}^3$

Volumen der **drei** Löcher (Zylinder mit Radius $r = \frac{d}{2} = 0{,}6\text{ cm}$):

$V_2 = 3 \cdot \pi \cdot r^2 \cdot h = 3 \cdot \pi \cdot (0{,}6\text{ cm})^2 \cdot 0{,}3\text{ cm} = 1{,}02\text{ cm}^3$

Volumen des fertigen Bauteils:

$V = V_1 - V_2 = 6{,}72\text{ cm}^3 - 1{,}02\text{ cm}^3 = 5{,}70\text{ cm}^3$

Masse des Bauteils (1 cm^3 hat eine Masse von 7,85 g):

$5{,}7\text{ cm}^3 \cdot 7{,}85 \frac{\text{g}}{\text{cm}^3} = 44{,}75\text{ g}$

b) Oberfläche des ungelochten Streifens (Quader):

$A_1 = 2 \cdot (ab + ac + bc)$

$= 2 \cdot (8\,cm \cdot 2{,}8\,cm + 8\,cm \cdot 0{,}3\,cm + 2{,}8\,cm \cdot 0{,}3\,cm) = 51{,}28\,cm^2$

Fläche der **sechs** Kreise mit Radius r = 0,6 cm:

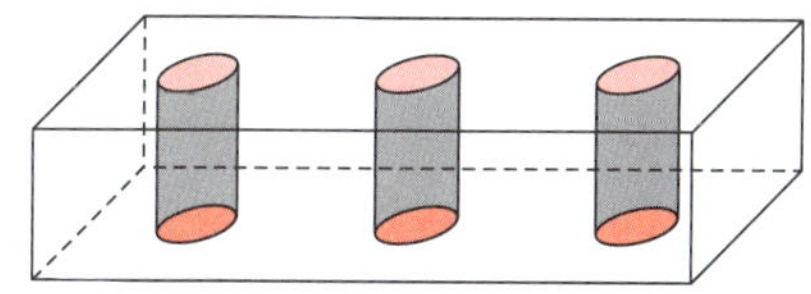

Skizze (nicht maßstäblich)

$A_2 = \mathbf{6} \cdot \pi r^2$

$= 6 \cdot \pi \cdot (0{,}6\,cm)^2 = 6{,}79\,cm^2$

Mantelfläche der **drei** Bohrungen (Zylinder):

$A_3 = \mathbf{3} \cdot 2\pi \cdot r \cdot h = 6\pi \cdot 0{,}6\,cm \cdot 0{,}3\,cm = 3{,}39\,cm^2$

Oberfläche des fertigen Bauteils:
Die sechs Kreise **fehlen** der Oberfläche des Quaders.
Die Mantelfläche der Löcher **vergrößert** die Oberfläche.

$A = A_1 \mathbf{-} A_2 \mathbf{+} A_3 = 51{,}28\,cm^2 - 6{,}79\,cm^2 + 3{,}39\,cm^2 = 47{,}88\,cm^2$

3. Aus einem Würfel entsteht durch Abschneiden zweier Ecken der abgebildete Restkörper ABCDFH. Zeige allgemein, dass das Volumen dieses Körpers mit der Formel $V = \frac{2}{3}a^3$ berechnet werden kann.

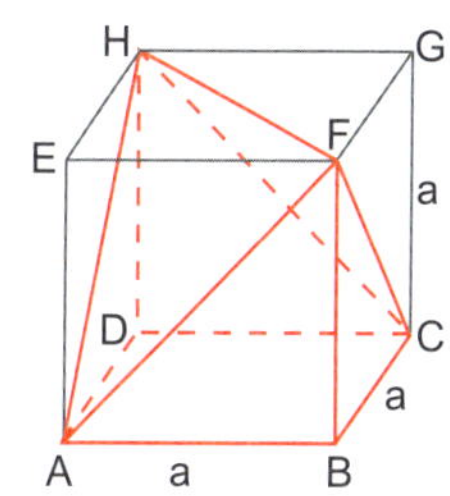

$\overline{AB} = \overline{BC} = \overline{CG} = a$
Skizze (nicht maßstäblich)

Lösung:

Volumen des Würfels:

$V_1 = a^3$

Volumen der dreiseitigen Pyramide AEFH (Grundfläche ist die **Hälfte eines Quadrates**, Höhe ist a):

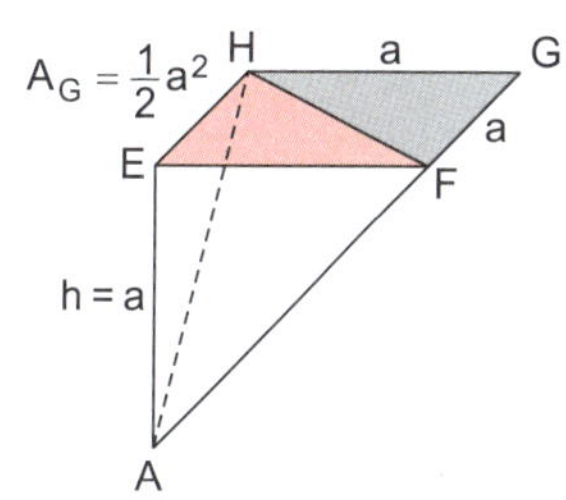

Skizze (nicht maßstäblich)

$V_2 = \frac{1}{3} \cdot A_G \cdot h$

$= \frac{1}{3} \cdot \mathbf{\frac{1}{2}a^2} \cdot a = \frac{1}{6}a^3$

Vom Volumen des Würfels werden **zwei** solche Pyramiden **abgezogen**.

$V = V_1 \mathbf{- 2} \cdot V_2 = a^3 - 2 \cdot \frac{1}{6}a^3 = a^3 - \frac{1}{3}a^3 = \frac{2}{3}a^3$

Aufgaben

289 Das abgebildete Bauteil mit Bohrung soll aus 5 mm dickem Stahlblech angefertigt werden.
Berechne die Masse des fertigen Bauteils.
(Die Dichte des Stahls beträgt $\rho = 7{,}8\frac{g}{cm^3}$.)

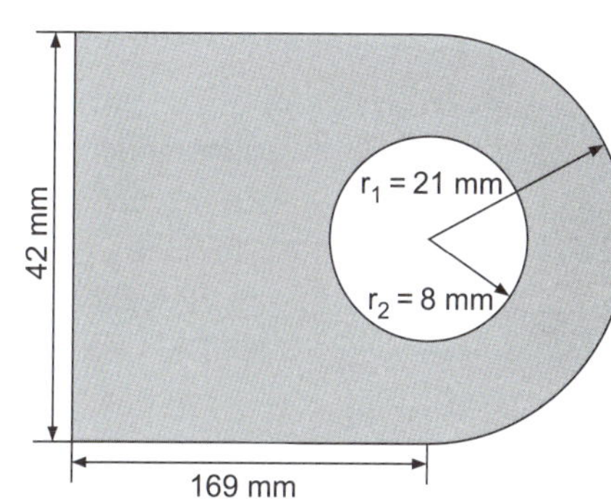

Skizze (nicht maßstäblich)

290 Der abgebildete Körper setzt sich aus Würfeln mit 2 cm Kantenlänge zusammen.

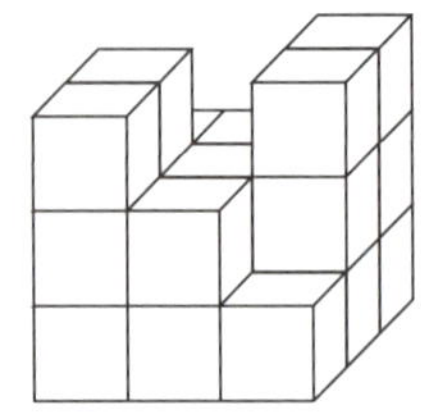

a) Berechne das Volumen dieses Körpers.

b) Die abgebildeten Körper I, II und III bestehen ebenfalls aus Würfeln mit 2 cm Kantenlänge. Welcher dieser Körper ergänzt den nebenstehend abgebildeten Körper zu einem kompletten Würfel?

I

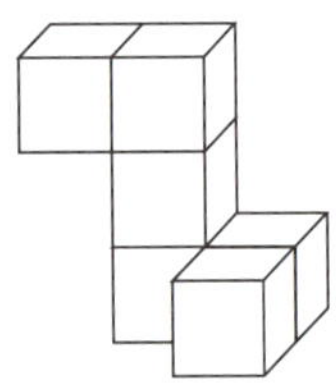

II

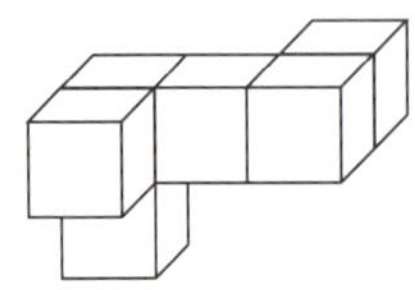

III

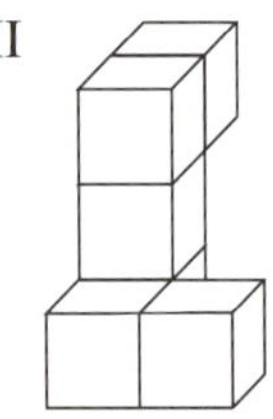

291 Von dem nebenstehenden Quader ABCDEFGH wird das Prisma BFJCGK abgeschnitten.

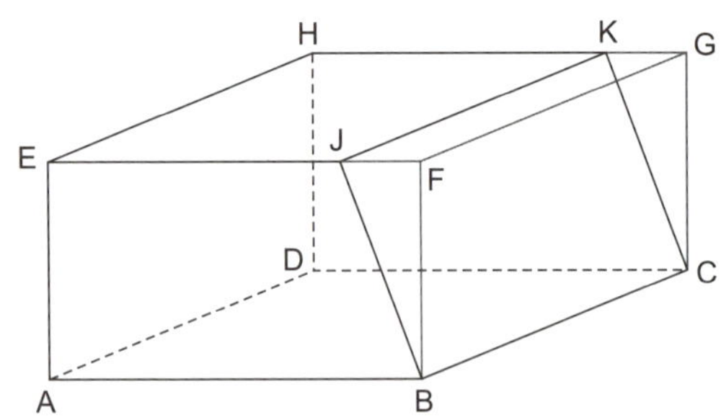

$\overline{BC} = 3{,}6$ cm
$\overline{AB} = 2\overline{BC}$
$\overline{BF} = 1{,}5\overline{BC}$
$\overline{FJ} = \frac{1}{3}\overline{EF}$

Skizze (nicht maßstäblich)

a) Zeichne ein Zweitafelbild des Restkörpers.
b) Zeichne ein Körpernetz des Restkörpers im Maßstab 1 : 2.
c) Berechne das Volumen des Restkörpers.
d) Berechne den Flächeninhalt der Schnittfläche BCKJ.

292 Der nebenstehende Körper besteht aus einem Kreiszylinder mit aufgesetztem Kegel.

a) Berechne den Oberflächeninhalt dieses Körpers für a = 2 cm.
b) Zeige allgemein, dass der Oberflächeninhalt eines solchen Körpers mit der Formel $A_O = 13\pi a^2$ berechnet werden kann.
c) Auf das Wievielfache vergrößert sich der Oberflächeninhalt eines solchen Körpers, wenn a verdreifacht wird?

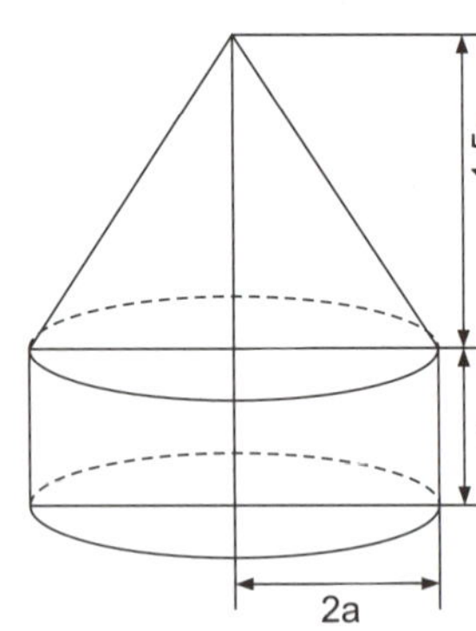

Skizze (nicht maßstäblich)

293 Eine moderne Skulptur besteht aus einem Würfel mit 2,00 m Kantenlänge, auf dem eine Kugel ruht, die das gleiche Volumen wie der Würfel hat. Als Entwurf hat der Künstler ein Modell im Maßstab 1 : 5 angefertigt.

a) Berechne den Durchmesser der Kugel im Original und im Modell.
b) Die gesamte Oberfläche der Skulptur – mit Ausnahme der Standfläche – soll gestrichen werden.
Wie viele Dosen Farbe werden benötigt, wenn eine Dose für 4 m^2 ausreicht?
c) Der Künstler behauptet, zum Streichen des Modells habe eine halbe Dose ausgereicht. Prüfe rechnerisch, ob er Recht hat.

294 Ein als „Stehaufmännchen“ bekanntes Spielzeug hat die Form einer Halbkugel mit aufgesetztem Kegel. Der Radius der Halbkugel beträgt r = 5 cm, die Höhe des Kegels h = 7 cm. Berechne Volumen und Oberfläche des zusammengesetzten Körpers.

295 Von einem Holzwürfel mit der Kantenlänge a = 6,0 cm wurde die obere Hälfte zu einem Zylinder gedrechselt (siehe Abbildung).

a) Stelle den Körper im Zweitafelbild dar.

b) Wie viel Prozent des Würfels wurden Abfall?

c) Begründe, dass das Volumen des dargestellten Körpers allgemein mit der Formel

$$V = a^3 \cdot \left(\frac{\pi}{8} + \frac{1}{2}\right)$$

berechnet werden kann.

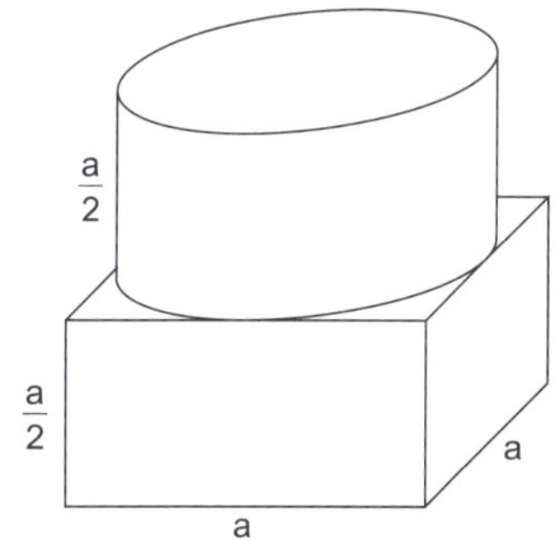

Skizze (nicht maßstäblich)

296 Das in der Skizze dargestellte Podest wurde aus Betonwürfeln mit je 60 cm Kantenlänge aufgebaut.
Die oberste Ebene ist von vier Seiten aus zugänglich.

a) Gib an, aus wie vielen Würfeln das Podest besteht.

b) Berechne die Masse des Podests (Dichte von Beton $\rho = 2{,}2\ \frac{g}{cm^3}$).

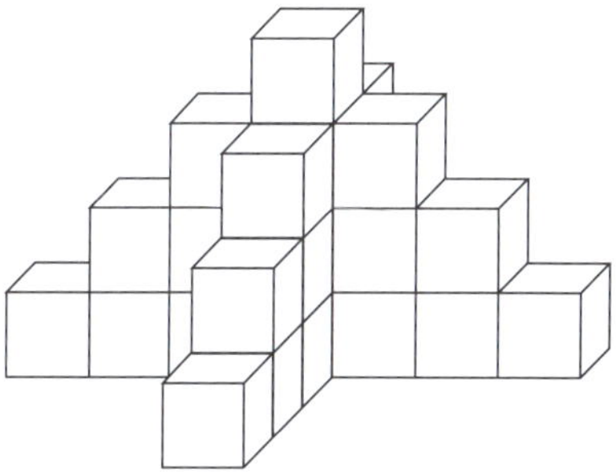
Skizze (nicht maßstäblich)

297 Von einem Würfel mit der Kantenlänge 20 cm wurde ein Teil abgeschnitten (siehe nebenstehende Abbildung).

a) Stelle diesen Körper im Zweitafelverfahren im Maßstab 1 : 5 dar.

b) Berechne den Flächeninhalt der Schnittfläche BGE.

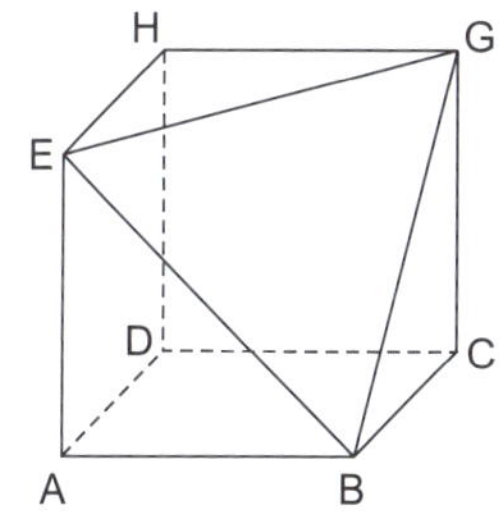

Skizze (nicht maßstäblich)

298 Von dem dargestellten Glasquader ABCDEFGH wurde das Prisma AEJDHK abgeschnitten. Berechne den Oberflächeninhalt, das Volumen und die Masse des Restkörpers ABCDJFGK (Dichte des Glases $\rho = 2{,}6\ \frac{g}{cm^3}$).

$\overline{AB} = 3{,}0$ cm
$\overline{BC} = 2{,}5$ cm
$\overline{BF} = 2{,}0$ cm
$\overline{EJ} = \frac{1}{4}\overline{EF}$
$\overline{HK} = \overline{EJ}$

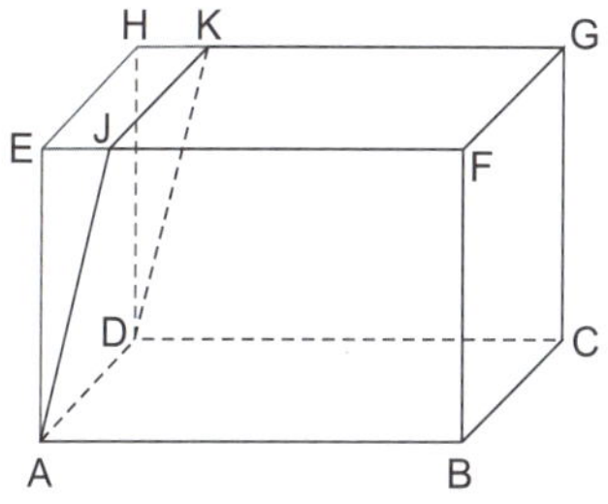

Skizze (nicht maßstäblich)

12 Statistik und Wahrscheinlichkeitsrechnung

In der **Statistik** werden Daten aus statistischen Erhebungen mithilfe bestimmter mathematischer Begriffe und Verfahren erfasst, bearbeitet und dargestellt.
In der **Wahrscheinlichkeitsrechnung** versucht man mithilfe mathematischer Methoden den Grad der Sicherheit, mit dem ein bestimmtes Ereignis eintreten wird, zahlenmäßig zu erfassen.

12.1 Statistische Grundbegriffe

Daten, die statistisch ausgewertet werden sollen, werden durch Umfragen, Zählungen, Beobachtungen usw. gewonnen. Dabei sind die folgenden Begriffe von Bedeutung.

Merke

Statistische Grundbegriffe

Grundgesamtheit: Die Menge aller Personen oder Gegenstände, über die man eine Aussage treffen möchte.

Stichprobe: Die Menge aller tatsächlich befragten Personen oder untersuchten Gegenstände.

Umfang n der Stichprobe: Die Anzahl der tatsächlich befragten Personen oder untersuchten Gegenstände.

Absolute Häufigkeit H: Gibt an, wie oft ein bestimmtes Merkmal (z. B. Körpergröße) in der Stichprobe auftritt.

Relative Häufigkeit h: Quotient aus absoluter Häufigkeit H und Umfang n der Stichprobe.

$$h = \frac{H}{n}$$

Gibt den Anteil eines bestimmten Merkmals am Umfang der Stichprobe an und wird meist als Prozentwert angegeben.

Arithmetisches Mittel $\overline{x}$: Wird auch als Mittelwert oder Durchschnitt einer Reihe zahlenmäßig gegebener Daten bezeichnet. Quotient aus der Summe aller Daten x_1 bis x_n und dem Umfang n der Stichprobe:

$$\overline{x} = \frac{x_1 + x_2 + x_3 + \ldots + x_n}{n}$$

Mittlere Abweichung d vom Mittelwert $\overline{x}$: Mittelwert der (immer positiv angegebenen) Abweichungen der Ergebnisse x_1 bis x_n jeweils vom Mittelwert $\overline{x}$.

$$d = \frac{|x_1 - \overline{x}| + |x_2 - \overline{x}| + \ldots + |x_n - \overline{x}|}{n}$$

Modalwert m: Wert, der in einer Datenmenge bzw. Stichprobe am häufigsten vertreten ist.

Zentralwert z oder **Median:** Datenwert, der in der Mitte einer der Größe nach geordneten Datenmenge liegt.
Ist die Anzahl der Daten ungerade, so ist der Median der in der Mitte stehende Datenwert. Bei gerader Anzahl der Daten ist der Median das arithmetische Mittel der beiden mittleren Werte oder man gibt diese beiden Werte an.

Spannweite w: Differenz zwischen dem größten und dem kleinsten Datenwert.
$w = x_{max} - x_{min}$

Zahlen lassen sich besser vergleichen, wenn sie grafisch veranschaulicht wurden.

Merke

Grafische Darstellung statistischer Daten

Zur grafischen Darstellung statistischer Daten verwendet man Strichlisten, Tabellen und Diagramme.
Gebräuchliche Diagrammtypen sind **Säulen-, Block- und Kreisdiagramme**.

Beispiele

1. Die Körpergröße von 12 Schülerinnen und Schülern einer Klasse wird erfasst. Die Datenerhebung liefert folgendes Ergebnis:

Schülerin/Schüler	1	2	3	4	5	6	7	8	9	10	11	12
Körpergröße x in cm	159	149	167	181	166	162	173	184	169	177	182	159

- Umfang der Stichprobe: $n = 12$
- Untersuchtes Merkmal: Körpergröße > 180 cm
  Absolute Häufigkeit: $H = 3$ (3 Schülerinnen/Schüler sind größer als 180 cm)
  Relative Häufigkeit: $h = \frac{3}{12} = 0{,}25 = 25\,\%$

  25 % der Kinder sind größer als 180 cm.
- Arithmetisches Mittel:
  $$\overline{x} = \frac{159+149+167+181+166+162+173+184+169+177+182+159}{12}\text{ cm}$$
  $$\overline{x} = \frac{2\,028\text{ cm}}{12} = 169\text{ cm}$$
  Die durchschnittliche Körpergröße liegt bei 169 cm.
- Mittlere Abweichung vom Mittelwert:
  $$d = \frac{10+20+2+12+3+7+\ldots+13+10}{12}\text{ cm}$$
  $$= \frac{104\text{ cm}}{12} = 8{,}67\text{ cm}$$
  d. h. im Mittel weichen die einzelnen Körpergrößen um 8,67 cm vom Mittelwert (169 cm) ab.

x	$x-\overline{x}$ $= x-169$	$\lvert x-\overline{x}\rvert$ $= \lvert x-169\rvert$
159	−10	10
149	−20	20
167	−2	2
181	+12	12
166	−3	3
162	−7	7
173	+4	4
184	+15	15
169	0	0
177	+8	8
182	+13	13
159	−10	10
Summe	0	104

- Modalwert: m = 159 cm
  Die am häufigsten gemessene Körpergröße beträgt 159 cm.
- Zentralwert (Median):
  Dazu wird die Datenmenge der Größe nach geordnet.
  149 159 159 162 166 **167** **169** 173 177 181 182 184
  z = 168 cm
  (Da es sich um eine gerade Anzahl (12) von Daten handelt, wird für den Zentralwert der Mittelwert zwischen dem 6. und dem 7. Datenwert, also den beiden mittleren Datenwerten, genommen.)
  Im Zentrum der geordneten Datenmenge liegt der Wert 168 cm.
- Spannweite: w = 184 cm − 149 cm = 35 cm
  Die größte und die geringste Körpergröße liegen 35 cm auseinander.

2. Unter Schülern wurde eine Umfrage über den Umfang der erteilten Hausaufgaben durchgeführt. Die Tabelle enthält die Häufigkeiten, mit denen die entsprechenden Antworten gegeben wurden.

	Klassenstufe 8	geordnet	Klassenstufe 9	geordnet	Klassenstufe 10	geordnet
zu viel, nicht zu schaffen	20	1. … 20.	25	1. … 25.	**34 ← m**	1. … 34.; 34./35. ← **z**
viel, aber zu schaffen	20	21. … 40.	**32 ← m**	26. … 57.; 40. ← **z**	18	35. … 52.
so viel wie erwartet	20	41. … 60.; 51. ← **z**	18	58. … 75.	14	53. … 66.
weniger als erwartet	**21 ← m**	61. … 81.	3	76. … 78.	2	67. 68.
viel zu wenig	20	82. … 101.	1	79.	0	–
Umfang n der Stichprobe	101		79		68	
Modalwert m	weniger als erwartet		viel		zu viel	
Zentralwert z	wie erwartet		viel		viel bis zu viel	

- Die Berechnung des **arithmetischen Mittels** ist bei dieser Umfrage nicht möglich, da das untersuchte Merkmal „Umfang der Hausaufgaben“ nur in Form von Worturteilen (nicht in Form von Zahlen) erfasst wurde.
- Es lässt sich aber sehr schnell die häufigste Antwort (der **Modalwert**) angeben. Er ist aber nur dann aussagekräftig, wenn dieser Wert wesentlich häufiger auftritt als jeder andere (Klassenstufen 9 und 10).
  In Klassenstufe 8 ist der Modalwert deshalb nicht gut geeignet, die Antworten zu beschreiben.
- Der **Zentralwert** in Klassenstufe 8 ergibt sich als Antwort des 51. Schülers in der geordneten Liste.
  Er beschreibt den Hausaufgabenumfang besser als der Modalwert.
  In der Klassenstufe 9 stimmen Modalwert und Zentralwert überein.
  In der Klassenstufe 10 „steht es auf der Kippe“. Laut Zentralwert gibt es viele bis zu viele Hausaufgaben.

3. Um den Klassensprecher zu wählen, sollte jeder Schüler seinen Vorschlag aufschreiben. Die Auszählung ergab folgende Häufigkeiten.

	Häufigkeit
Jeanne D.	11
Robin H.	4
Klaus S.	7
Maria S.	1
Wilhelm T.	2

Hier ist nur die Angabe des Modalwertes sinnvoll: Jeanne hat die meisten Stimmen.

Für die grafische Darstellung berechnen wir die relativen Häufigkeiten.

	absolute Häufigkeit H	relative Häufigkeit h	Winkel im Kreisdiagramm
Jeanne D.	11	$\frac{11}{25} = 0,44 = 44\ \%$	$0,44 \cdot 360° = 158,4°$
Robin H.	4	$\frac{4}{25} = 0,16 = 16\ \%$	$0,16 \cdot 360° = 57,6°$
Klaus S.	7	$\frac{7}{25} = 0,28 = 28\ \%$	$0,28 \cdot 360° = 100,8°$
Maria S.	1	$\frac{1}{25} = 0,04 = 4\ \%$	$0,04 \cdot 360° = 14,4°$
Wilhelm T.	2	$\frac{2}{25} = 0,08 = 8\ \%$	$0,08 \cdot 360° = 28,8°$
Summe	25	100 %	360°

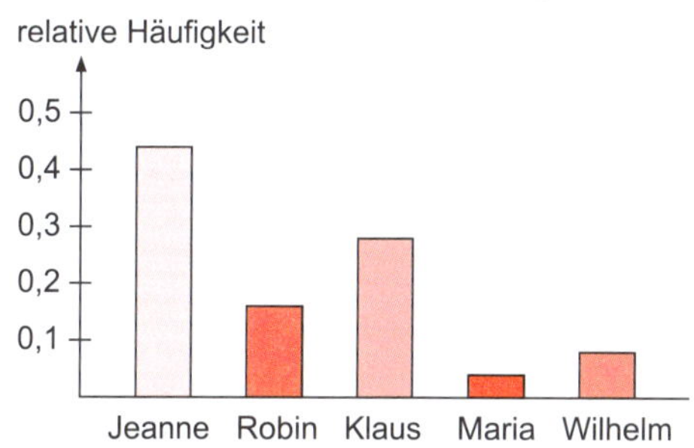

Relative Häufigkeit dezimal
Säulendiagramm

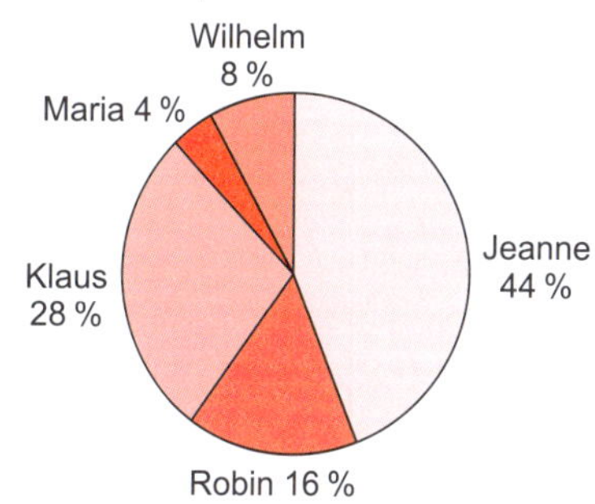

Relative Häufigkeit prozentual
Kreisdiagramm

$100\ \% \mathrel{\hat{=}} 360°$

$1\ \% \mathrel{\hat{=}} 3,6°$

Aufgaben

299 Die nachstehende Tabelle gibt die Anzahlen der bei einer Klassenarbeit erreichten Noten an.

Note	1	2	3	4	5	6
Anzahl	2	4	10	9	6	2

a) Bestimme die relativen Häufigkeiten (dezimal und prozentual) für die einzelnen Notenstufen.

b) Bestimme die absolute und die relative Häufigkeit für das Merkmal „Note besser als fünf“.

c) Bestimme das arithmetische Mittel und die mittlere Abweichung.

d) Erstelle für die absoluten Häufigkeiten ein Säulendiagramm und für die prozentualen relativen Häufigkeiten ein Kreisdiagramm.

300 Bei einer Qualitätskontrolle wurde eine Stichprobe von 20 Teilen untersucht. Die gemessenen Längen (in mm) wurden in folgender Urliste festgehalten:

17,1	17,0	17,2	16,8	17,0	17,1	16,9	17,0	16,9	17,0
17,2	16,9	17,1	17,0	16,8	17,0	16,9	17,1	16,8	17,0

a) Bestimme für jede Länge die absolute und die relative Häufigkeit.
b) Stelle die relativen Häufigkeiten als Säulendiagramm dar.
c) Bestimme arithmetisches Mittel und mittlere Abweichung.

301 Zeichne zu den folgenden geordneten Listen je ein Säulendiagramm.

a)	11	12	12	13	13	13	14	14	15
b)	12	12	13	13	13	13	14	14	22
c)	12	12	12	13	13	14	14	15	16

Markiere die Lage des arithmetischen Mittels $\overline{x}$, des Zentralwertes (Medians) z und des Modalwertes (häufigster Wert) m.
Welche der berechneten 9 Werte sind am besten (bzw. nicht) geeignet, um die Daten den Listen zu beschreiben? Begründe.

302 Zur Kontrolle der Abfüllmenge wurden bei zwei Abfüllmaschinen Stichproben von je 10 Flaschen untersucht. Dabei ergaben sich folgende Abfüllmengen (in $m\ell$).

Maschine 1:

197	203	201	195	198	203	199	203	204	197

Maschine 2:

198	201	199	201	197	199	202	201	199	203

Berechne für jede Maschine das arithmetische Mittel und die mittlere Abweichung vom Mittelwert. Welche Maschine arbeitet zuverlässiger?

12.2 Grundbegriffe der Wahrscheinlichkeitsrechnung

In der Wahrscheinlichkeitsrechnung versucht man die Wahrscheinlichkeit, mit der ein bestimmtes zufälliges Ereignis eintritt, mathematisch bzw. zahlenmäßig zu beschreiben. Dazu beschäftigt man sich mit so genannten Zufallsexperimenten und überträgt die Ergebnisse auf die Wirklichkeit.

Merke

Grundbegriffe der Wahrscheinlichkeitsrechnung

Begriffe:		**Beispiele:**
Zufallsexperiment	Ein Experiment, dessen Ausgang nur vom Zufall abhängt	– Würfeln mit einem Spielwürfel – Münzwurf – Ziehen einer Kugel aus einem Gefäß, in dem sich 1 schwarze, 1 weiße und 1 rote Kugel befinden
Ergebnismenge Ω	Die Menge aller möglichen Ergebnisse eines Zufallsexperiments	– Würfeln: $\Omega = \{1; 2; 3; 4; 5; 6\}$ – Münzwurf: $\Omega = \{$Kopf; Zahl$\}$ – Kugelziehen: $\Omega = \{$schwarz; weiß; rot$\}$

Ereignis E	Teilmenge der Ergebnismenge Ω	– Ereignis „gerade Augenzahl" $E = \{2; 4; 6\} \subseteq \Omega$ – Ereignis „Zahl" $E = \{Zahl\} \subseteq \Omega$ – Ereignis „nicht die rote Kugel" $E = \{schwarz; weiß\} \subseteq \Omega$
Elementarereignis	Ereignis, das nur aus einem Ergebnis besteht	– Beim Würfeln ist $\{2\}$, beim Münzwurf $\{Kopf\}$ ein Elementarereignis.
Laplace-Experiment	Zufallsexperiment, bei dem alle Elementarereignisse gleich wahrscheinlich sind	– Das Würfeln mit einem idealen (nicht gezinkten) Würfel. Jede der sechs Augenzahlen ist bei einem (1) Wurf gleich wahrscheinlich. – Gegenbeispiel: Beim Werfen einer Reißzwecke sind die Elementarereignisse „Spitze unten" und „Kopf unten" **nicht** gleich wahrscheinlich.

12.3 Die Wahrscheinlichkeit bei Zufallsexperimenten

Merke

Die Wahrscheinlichkeit bei Zufallsexperimenten

- Unter der Wahrscheinlichkeit P(E) eines Ereignisses E versteht man die relative Häufigkeit, mit der das Eintreten des Ereignisses E erwartet wird.
- Wenn **alle Elementarereignisse gleich wahrscheinlich** sind (Laplace-Experiment), dann gilt:

$$P(E) = \frac{\text{Anzahl der Ergebnisse, die zum Ereignis E gehören}}{\text{Anzahl aller möglichen Ergebnisse}}$$

- Wahrscheinlichkeiten werden als Bruchzahl, Dezimalbruch oder Prozentwert angegeben.
- Für die Wahrscheinlichkeit gilt $0 \le p \le 1$ oder $0\,\% \le p \le 100\,\%$.
- $P(E) = 0$ (0 %): Ereignis E tritt mit absoluter Sicherheit nicht ein.
- $P(E) = 1$ (100 %): Ereignis E tritt mit absoluter Sicherheit ein.
- Ist die Wahrscheinlichkeit für das Eintreten eines Ereignisses gleich p, dann ist die Wahrscheinlichkeit dafür, dass dieses Ereignis E nicht eintritt, gleich $1 - p$.

Beispiele

1. Wie groß ist die Wahrscheinlichkeit für das Ereignis „beim Würfeln die Augenzahl 2 zu werfen"?

   Lösung:
   - Ergebnismenge: $\Omega = \{1; 2; 3; 4; 5; 6\}$ Anzahl der Elemente von Ω: $n_\Omega = 6$
   - Ereignis: $E = \{2\}$ Anzahl der Elemente von E: $n_E = 1$
   - Wahrscheinlichkeit, mit der das Ereignis E eintritt:
     Bei einem fairen Würfel sind alle sechs Ergebnisse gleich wahrscheinlich. Das Würfeln ist also ein Laplace-Experiment.
     $P(E) = \frac{n_E}{n_\Omega} = \frac{1}{6} \approx 0{,}167 = 16{,}7\,\%$
   - Die Wahrscheinlichkeit, für das Ereignis „keine 2 zu würfeln", beträgt
     $P(\text{nicht } E) = 1 - \frac{1}{6} = \frac{5}{6}$

2. Wie groß ist die Wahrscheinlichkeit, beim Würfeln eine gerade Augenzahl zu erhalten?

   Lösung:
   $\Omega = \{1; 2; 3; 4; 5; 6\}$ $n_\Omega = 6$
   $E = \{2; 4; 6\}$ $n_E = 3$
   $P(E) = \frac{n_E}{n_\Omega} = \frac{3}{6} = 0{,}5 = 50\ \%$

3. In einer Urne befinden sich 4 rote, 3 schwarze und 1 grüne Kugel. Es wird eine Kugel gezogen. Wie groß ist die Wahrscheinlichkeit,
   a) eine rote, b) eine schwarze, c) die grüne
   Kugel zu ziehen?

   Lösung:
   Für alle drei Zufallsexperimente ist $\Omega = \{r1; r2; r3; r4; s1; s2; s3; g\}$ und $n_\Omega = 8$.
   Die Wahrscheinlichkeit gezogen zu werden, ist für alle Kugeln gleich groß (Laplace-Experiment).

   a) $E = \{r1; r2; r3; r4\}$ $n_E = 4$ $P(E) = \frac{4}{8} = 0{,}5 = 50\ \%$

   b) $E = \{s1; s2; s3\}$ $n_E = 3$ $P(E) = \frac{3}{8} = 0{,}375 = 37{,}5\ \%$

   c) $E = \{g\}$ $n_E = 1$ $P(E) = \frac{1}{8} = 0{,}125 = 12{,}5\ \%$

4. Gegenbeispiel: Wie groß ist die Wahrscheinlichkeit, dass eine herunterfallende Reißzwecke mit der Spitze nach oben liegen bleibt?

   Lösung:
   Ergebnismenge:
   $\Omega = \{$„Spitze nach oben"; „Spitze nach unten"$\}$ $n_\Omega = 2$
   Die Wahrscheinlichkeit der beiden Ergebnisse ist **nicht gleich**. Es handelt sich also um **kein** Laplace-Experiment.
   Die gesuchte Wahrscheinlichkeit kann von uns nicht berechnet werden.

Aufgaben

303 Ein Glücksrad weist acht gleich große Sektoren auf, die mit den Ziffern 1 bis 8 belegt sind. Das Rad wird in Drehung versetzt und hält dann so an, dass eine Markierung auf einen der acht Sektoren zeigt.
Bestimme die Wahrscheinlichkeit, dass eine Zahl größer oder gleich 3 erscheint.
Bestimme die Wahrscheinlichkeit für das Ereignis „Zahl ist kleiner als 3".

304 Wie groß ist die Wahrscheinlichkeit, bei einem Glücksrad mit 15 gleich großen Sektoren, die mit den Zahlen 1 bis 15 beschriftet sind, eine gerade/ungerade Zahl zu erhalten?

305 Beim Skatspiel wird mit 32 Karten gespielt. Es gibt 4 Farben (Karo, Herz, Pik, Kreuz) und von jeder Farbe acht Karten (Sieben, Acht, Neun, Zehn, Bube, Dame, König, As). Aus dem Kartenstapel wird zufällig eine Karte gezogen. Wie groß ist die Wahrscheinlichkeit,
a) Karo oder Herz zu ziehen?
b) ein As zu ziehen?
c) das Kreuz As zu ziehen?
d) Bube, Dame oder König zu ziehen?
e) keine Sieben zu ziehen?

306 In einer Urne liegen 1 rote, 2 schwarze, 3 blaue und 4 weiße Kugeln. Die Kugeln sind so gefertigt, dass sie beim Herausziehen mit verbundenen Augen nicht unterschieden werden können.

a) Wie groß ist die Wahrscheinlichkeit, beim einmaligen Ziehen eine rote, schwarze, blaue bzw. weiße Kugel zu ziehen?

b) Die gezogene Kugel wird wieder in die Urne zurückgelegt und es wird erneut eine Kugel gezogen. Ändern sich die Wahrscheinlichkeiten im Vergleich mit a? Begründe deine Antwort.

c) Beim ersten Versuch wurde eine weiße Kugel gezogen und nicht wieder zurückgelegt. Wie groß ist die Wahrscheinlichkeit, beim zweiten Versuch eine schwarze Kugel zu ziehen?

307 Es wird mit zwei unterscheidbaren Würfeln geworfen.

a) Gib für dieses Zufallsexperiment die Ergebnismenge an.
Hinweis: Die einzelnen Ereignisse bestehen jeweils aus einer Menge mit zwei Elementen. Beispiel: (2; 5) bedeutet, dass mit Würfel 1 die Augenzahl 2, mit Würfel 2 die Augenzahl 5 geworfen wurde.

b) Wie groß ist die Wahrscheinlichkeit dafür, dass bei einem Wurf
- mindestens eine Sechs geworfen wird,
- genau eine Sechs geworfen wird,
- die geworfene Augensumme mindestens 9 ist?

308 Für eine Gruppe von 100 Versuchspersonen wurde die nachstehende absolute Häufigkeitsverteilung für zwei Merkmale festgestellt.

	Raucher	Nichtraucher
männlich	25	38
weiblich	17	20

Aus der Gruppe wird willkürlich eine Person ausgewählt. Wie groß ist die Wahrscheinlichkeit, dass es sich bei der ausgewählten Person um

a) eine weibliche Person,

b) eine(n) Raucher(in),

c) eine Nichtraucherin

handelt?

309 Das dargestellte Glücksrad besteht aus 8 gleich großen Sektoren. Wie groß ist die Wahrscheinlichkeit, dass bei einmaligem Drehen das Rad auf einem grauen Sektor stehen bleibt?

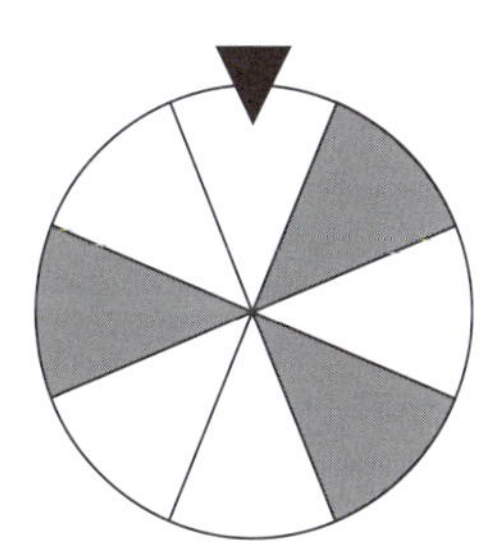

310 Mit einem roten und einem grünen Würfel wird gleichzeitig gewürfelt. Stelle alle möglichen Kombinationen in einer Tabelle zusammen und berechne jeweils die Summe der Augenzahlen. Berechne die Wahrscheinlichkeit dafür, dass die Augensumme den Wert 6 hat.

12.4 Wahrscheinlichkeit und das Gesetz der großen Zahlen

Führt man ein Laplace-Experiment, z. B. den Wurf einer Münze, mehrmals hintereinander aus, so erwartet man, dass die beiden Ereignisse „Kopf" und „Zahl" etwa gleich häufig auftreten, also etwa gleich wahrscheinlich sind. Über den Ausgang eines einzelnen Münzwurfs kann man dagegen keine Vorhersage treffen.
Um bei Zufallsexperimenten zutreffende Voraussagen treffen zu können, ist es offensichtlich wesentlich, das Experiment für eine sehr große Anzahl von Versuchen durchzuführen, da andernfalls eine Prognose äußerst unsicher bzw. ungenau ist.

Merke

Gesetz der großen Zahlen

Die relative Häufigkeit eines Ereignisses stabilisiert sich mit steigender Anzahl von Versuchen um einen festen Wert.
(Diesen Wert nennen wir die Wahrscheinlichkeit des Ereignisses.)

Beispiele

1. Eine Münze wurde 200-mal geworfen. Nach jeweils 20 Würfen wurden die relativen Häufigkeiten für die Ereignisse „Kopf" und „Zahl" bestimmt.

Würfe			Absolute Häufigkeit		Relative Häufigkeit	
	Kopf	Zahl	Kopf	Zahl	Kopf	Zahl
1–20	13	7	13	7	0,650	0,350
21–40	10	10	23	17	0,575	0,425
41–60	8	12	31	29	0,517	0,483
61–80	8	12	39	41	0,488	0,512
81–100	7	13	46	54	0,460	0,540
101–120	15	5	61	59	0,508	0,492
121–140	9	11	70	70	0,500	0,500
141–160	11	9	81	79	0,506	0,494
161–180	8	12	89	91	0,494	0,506
181–200	10	10	99	101	0,495	0,505

Mit wachsender Wurfanzahl n stabilisieren sich die relativen Häufigkeiten für „Kopf" und „Zahl" jeweils um den Wert 0,5.

2. Nicht alle Zufallsexperimente haben gleich wahrscheinliche Ergebnisse wie in Beispiel 1. Ein Glücksrad hat 3 verschieden große Sektoren. Es wird 1 000-mal gedreht und festgehalten, wie oft das Rad auf den 3 Sektoren zum Stehen kommt. In nachstehender Tabelle sind nach jeweils 100 Versuchen die absoluten sowie die relativen Häufigkeiten für die 3 Ereignisse „Sektor 1", „Sektor 2" und „Sektor 3" notiert.

	Absolute Häufigkeit			Relative Häufigkeit		
Versuche	Sektor 1	Sektor 2	Sektor 3	Sektor 1	Sektor 2	Sektor 3
100	47	41	12	0,470	0,410	0,120
200	88	73	39	0,440	0,365	0,195
300	141	101	58	0,470	0,337	0,193
400	185	137	78	0,463	0,343	0,195
500	229	164	107	0,458	0,328	0,214
600	260	229	111	0,433	0,382	0,185
700	307	239	154	0,439	0,341	0,220
800	367	266	167	0,459	0,332	0,209
900	406	312	182	0,451	0,347	0,202
1 000	449	350	201	0,449	0,350	0,201

Mit zunehmender Versuchszahl stabilisieren sich die relativen Häufigkeiten offensichtlich bei den Werten 0,45 für Sektor 1, 0,35 für Sektor 2 und 0,20 für Sektor 3. Legen wir diese relativen Häufigkeiten zugrunde, so können wir die Zentriwinkel der 3 Sektoren unseres Glücksrades angeben.

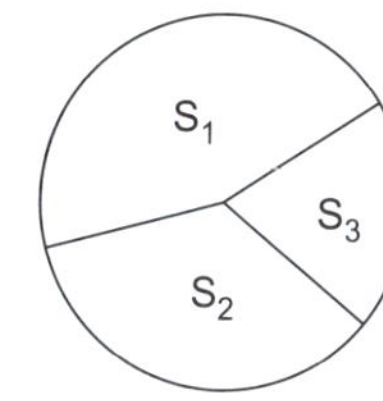

Sektor 1: $\varphi_1 = 360° \cdot 0{,}45$ $\quad \varphi_1 = 162°$
Sektor 2: $\varphi_2 = 360° \cdot 0{,}35$ $\quad \varphi_2 = 126°$
Sektor 3: $\varphi_3 = 360° \cdot 0{,}20$ $\quad \varphi_3 = 72°$

3. Marie darf beim Mensch-Ärgere-Dich-Nicht dreimal würfeln. Die ersten beiden Würfe waren keine Sechs. Besagt das Gesetz der großen Zahlen, dass die Wahrscheinlichkeit, beim nächsten Mal eine Sechs zu würfeln, dadurch größer wird?
Nein, die Wahrscheinlichkeit bleibt $\frac{1}{6}$. Das nächste Ergebnis tritt **unabhängig** vom vorhergehenden Ergebnis ein. Das Gesetz der **großen** Zahlen besagt zum Beispiel: Bei den nächsten 18 000 Würfen werden ungefähr 3 000 Sechsen dabei sein. Das Gesetz sagt aber nicht, wann genau sie auftreten.

Aufgabe

311

Eine Reißzwecke wird von 5 Schülern jeweils 1 000-mal geworfen. Die Reißzwecke kann entweder auf dem „Kopf" oder auf der „Kante" liegen bleiben. Die folgende Tabelle zeigt die absoluten Häufigkeiten des Experiments.

	Absolute Häufigkeit		**Relative Häufigkeit**	
Schüler	Kopf	Kante	Kopf	Kante
1	756	244		
2	802	198		
3	739	261		
4	779	221		
5	793	207		

Berechne in der Tabelle die relativen Häufigkeiten.
Triff eine Vorhersage für das Ereignis „Reißzwecke landet auf dem Kopf".

12.5 Mehrstufige Zufallsexperimente

Merke

Mehrstufiges Zufallsexperiment

- Ein **mehrstufiges Zufallsexperiment** besteht aus mehreren Teilexperimenten (Stufen).
- Ein **Ergebnis des mehrstufigen Zufallsversuchs** besteht aus der Aufzählung der Ergebnisse der Teilversuche.
- Die **Wahrscheinlichkeit eines Ergebnisses** hängt von den Wahrscheinlichkeiten der Teilergebnisse ab.

Beispiele

1. Die Gütekontrolle für Porzellantassen besteht vereinfacht aus zwei Stufen:
   - Beim ersten Test wird geprüft, ob die vorgeschriebene Form erreicht wurde. 85 % der Tassen bestehen diesen Test (Teilergebnis „wohlgeformt"), 15 % nicht (Teilergebnis „krumm").
   - Beim zweiten Test wird die Güte der Glasur geprüft. Auch hier gibt es zwei Teilergebnisse: 93 % der Tassen sind schön „glatt", bei 7 % gibt es „Blasen".

Darstellung als Baumdiagramm:

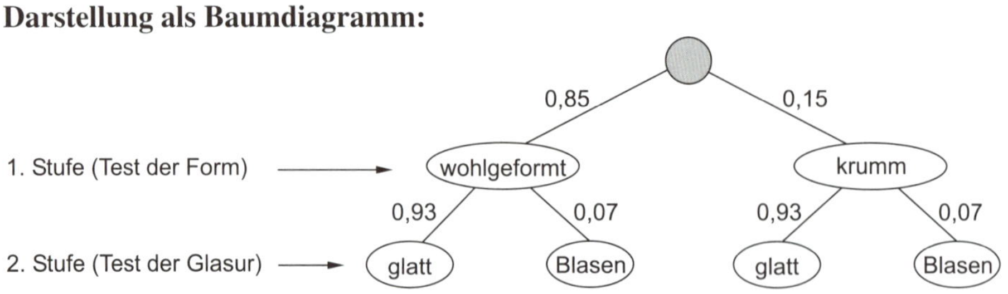

Darstellung der Ergebnisse als Tabelle:

	glatt	Blasen
wohlgeformt	(wohlgeformt, glatt)	(wohlgeformt, Blasen)
krumm	(krumm, glatt)	(krumm, Blasen)

Ein mögliches Ergebnis dieses zweistufigen Zufallsversuchs lautet „krumm, aber glatt".

2. Mit einem roten, einem grünen und einem blauen Würfel wird gleichzeitig gewürfelt. Für jeden Würfel soll uns nur interessieren, ob die Zahl gerade (g) oder ungerade (u) ist. Obwohl die Würfel gleichzeitig fallen, ist es zweckmäßig, die Würfel unterschiedlichen Stufen zuzuordnen.

Darstellung als Baumdiagramm:

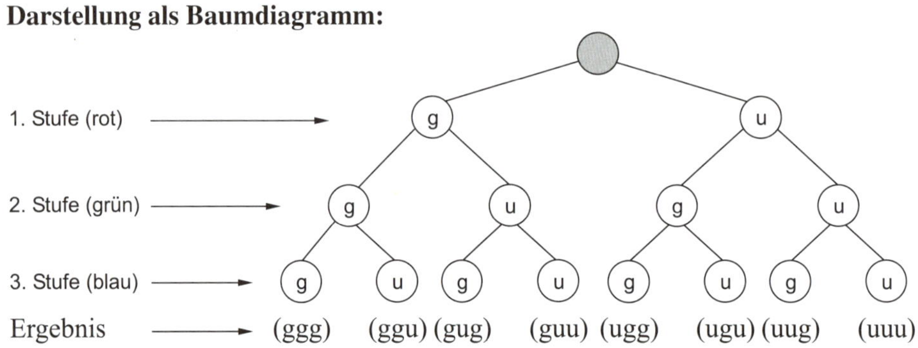

Merke

Wahrscheinlichkeit von Ereignissen mehrstufiger Zufallsexperimente

1. Pfadregel oder Produktregel: Die Wahrscheinlichkeit eines **Elementarereignisses** ist gleich dem Produkt der Wahrscheinlichkeiten längs des zugehörigen Pfades im Baumdiagramm.

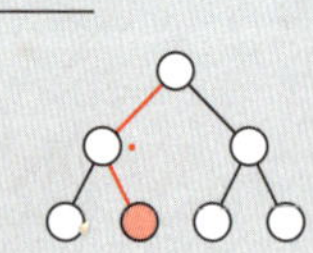

2. Pfadregel oder Summenregel: Die Wahrscheinlichkeit eines **Ereignisses** ist gleich der Summe der Wahrscheinlichkeiten aller zugehörigen Elementarereignisse.

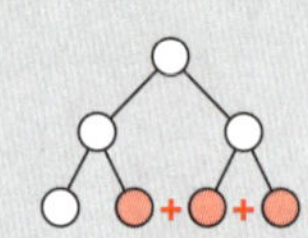

Die Summe der Wahrscheinlichkeiten auf den Zweigen, die von einem Verzweigungspunkt ausgehen, ist stets 1.

Beispiel

Eine Urne enthält 4 rote (r), 3 schwarze (s) und 1 grüne (g) Kugel. Es wird eine Kugel gezogen und dann, ohne die erste Kugel zurückzulegen, eine zweite Kugel gezogen. Wir erstellen für die möglichen Ereignisse dieses Zufallsexperiments ein Baumdiagramm und geben für die einzelnen Ereignisse die entsprechenden Wahrscheinlichkeiten an.

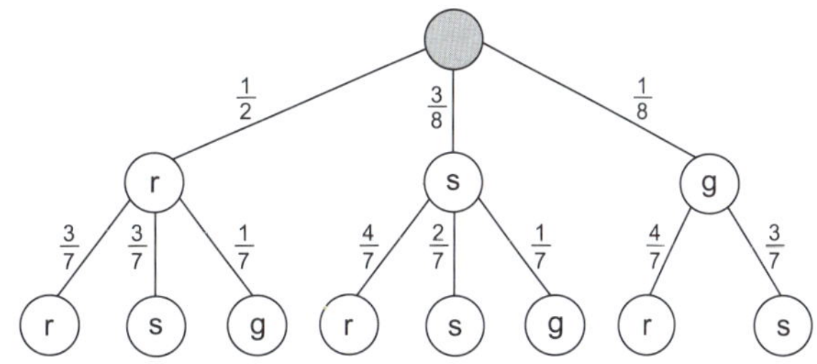

Ergebnis: (rr) (rs) (rg) (sr) (ss) (sg) (gr) (gs)

Die Ergebnismenge lautet: $\Omega = \{(rr), (rs), (rg), (sr), (ss), (sg), (gr), (gs)\}$

Mit der 1. Pfadregel finden wir die Wahrscheinlichkeiten für die 8 Elementarereignisse unseres Zufallsexperiments „zweimaliges Ziehen einer Kugel ohne Zurücklegen“:

Elementarereignis	(rr)	(rs)	(rg)	(sr)	(ss)	(sg)	(gr)	(gs)
Wahrscheinlichkeit	$\frac{1}{2} \cdot \frac{3}{7} = \frac{3}{14}$	$\frac{3}{14}$	$\frac{1}{14}$	$\frac{3}{14}$	$\frac{3}{28}$	$\frac{3}{56}$	$\frac{1}{14}$	$\frac{3}{56}$

a) Wahrscheinlichkeit für das Elementarereignis (rs): $P(rs) = \frac{3}{14} \approx 0{,}21 = 21\,\%$

b) Wahrscheinlichkeit für das Ereignis „die zweite Kugel ist schwarz (s)“:
$E = \{(rs), (ss), (gs)\}$
2. Pfadregel: $P(E) = P(rs) + P(ss) + P(gs)$
$$= \frac{3}{14} + \frac{3}{28} + \frac{3}{56} = \frac{21}{56} = 0{,}375 = 37{,}5\,\%$$

Bei einer großen Anzahl von Versuchen wird mit einer Wahrscheinlichkeit von 21 % die erste Kugel rot und die zweite Kugel schwarz sein.
Mit einer Wahrscheinlichkeit von 37,5 % wird die zweite Kugel schwarz sein.

Aufgaben

312 In einem Betrieb sind 97 % der hergestellten Produkte brauchbar. Dabei werden von jeweils 100 brauchbaren Produkten im Mittel 75 der Güteklasse I zugeordnet.
Wie groß ist die Wahrscheinlichkeit, dass ein Produkt Güteklasse I hat?
Wie groß ist die Wahrscheinlichkeit, dass ein Produkt nicht zur Güteklasse I gehört?

313 Das nebenstehende Baumdiagramm beschreibt einen zweistufigen Zufallsversuch, bei dem aus einem Gefäß mit 7 roten und 5 weißen Kugeln nacheinander 2 Kugeln gezogen werden.

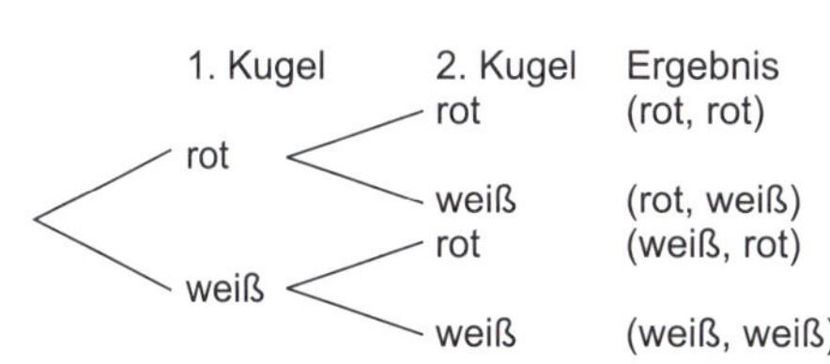

a) Ergänze in dem Diagramm die Wahrscheinlichkeiten für jeden Teilversuch, wenn die erste Kugel zurückgelegt wird, bevor die zweite Kugel gezogen wird.
b) Wie ändern sich die Wahrscheinlichkeiten, wenn die erste Kugel nicht zurückgelegt wird?

314 Aus eincm Kartenspiel mit 32 Karten werden nacheinander 3 Karten gezogen und nebeneinander auf den Tisch gelegt. Wie groß ist die Wahrscheinlichkeit, dass
- genau ein König,
- genau zwei Könige,
- drei Könige

gezogen werden?

315 Für einen Zahlentrick soll ein Zuschauer sich eine zweistellige Zahl ausdenken. Wie groß ist die Wahrscheinlichkeit, dass diese Zahl die Ziffer 7 enthält?

316 Ein Würfel wird zweimal geworfen. Berechne die Wahrscheinlichkeit dafür, dass die beiden Augenzahlen sich genau um 1 unterscheiden.

317 Die drei Freunde Anton, Bert und Conrad zelten gemeinsam. Jeden Morgen losen die drei aus, wer einkaufen geht. Die beiden anderen entscheiden durch ein weiteres Los, wer von ihnen die Mahlzeiten zubereitet.

a) Zeichne ein Baumdiagramm für diesen zweistufigen Zufallsversuch.
b) Wie groß ist die Wahrscheinlichkeit, dass Anton einkauft und gleichzeitig Bert für die Mahlzeiten verantwortlich ist?
c) Wie groß ist die Wahrscheinlichkeit, dass Conrad sich um nichts kümmern muss?

318 Falk und Matthias spielen Mensch-Ärgere-Dich-Nicht. Falk ist am Zug und könnte mit einer 4 das Spiel für sich entscheiden (siehe Abbildung). Würfelt er eine der Zahlen 1, 2 und 3, dann geht er entsprechend viele Felder weiter.

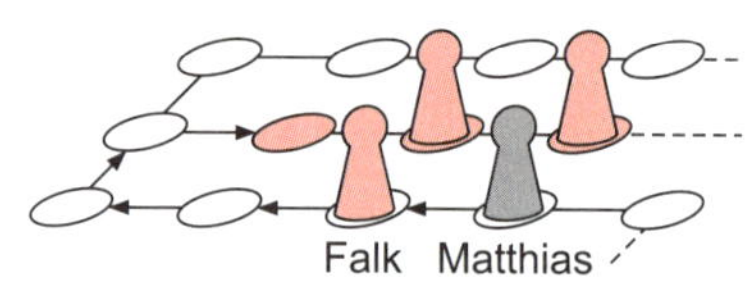

Bei einer 5 oder 6 kann er nicht ziehen und Matthias ist mit Würfeln an der Reihe. (Zur Vereinfachung nehmen wir an, dass nach einer 6 *nicht* noch einmal gewürfelt werden darf.) Matthias kann Falk schlagen, wenn er mit seinem Wurf auf dem Feld landet, auf dem Falk zu diesem Zeitpunkt steht.
Berechne für die dargestellte Spielsituation die Wahrscheinlichkeiten für die folgenden Ereignisse:

a) Falk gewinnt mit einmaligem Würfeln.
b) Matthias schlägt Falk.

12.6 Zufallsgrößen und Erwartungswert

Merke

Zufallsgröße

Eine Größe X, die dem Zufall unterliegt, nennen wir Zufallsgröße.

Erwartungswert

- Den Wert, der sich bei oftmaligem Wiederholen eines Zufallsexperiments als Mittelwert der Zufallsgröße ergibt, nennen wir den Erwartungswert E(X) der Zufallsgröße X.
- Wenn die möglichen Werte x_1 bis x_n einer Zufallsgröße X und die zugehörigen Wahrscheinlichkeiten p_1 bis p_n bekannt sind, dann gilt:
$E(X) = x_1 \cdot p_1 + x_2 \cdot p_2 + \ldots + x_n \cdot p_n$

Beispiele

1. Zufallsgrößen sind z. B.
   - Füllmenge einer Getränkedose (schwankt zufällig)
   - Reisezeit mit dem ICE vom Ort A zum Ort B (schwankt zufällig)
   - Masse der von einer Maschine gefüllten Wiener Würstchen (schwankt zufällig)
   - Lebensdauer eines Staubsaugers vom Typ A (schwankt zufällig)
   - Anzahl der pro Tag bei einer Firma eingehenden Reklamationen (schwankt zufällig)
   - Bearbeitungsdauer für eine Reklamation (schwankt zufällig)

2. Die Füllmenge einer Zahnpastatube ist eine Zufallsgröße. Untersuchungen ergaben die folgende Wahrscheinlichkeitsverteilung (schwarzer Teil der Tabelle).
Der rote Teil enthält die Berechnung des Erwartungswertes.

Füllmenge x in $m\ell$	Wahrschein-lichkeit p	$x \cdot p$
72	0,01	$72 \cdot 0{,}01 = 0{,}72$
73	0,03	$73 \cdot 0{,}03 = 2{,}19$
74	0,17	$74 \cdot 0{,}17 = 12{,}58$
75	0,76	$75 \cdot 0{,}76 = 57{,}00$
76	0,03	$76 \cdot 0{,}03 = 2{,}28$
Summe:	1,00	74,77

Der Erwartungswert für die Füllmenge der Tube beträgt 74,77 $m\ell$.
Die Wahrscheinlichkeit dafür, dass die Tube weniger als 75 $m\ell$ enthält, beträgt $0{,}01 + 0{,}03 + 0{,}17 = 0{,}21 = 21\ \%$.

Aufgaben

319 Die Lebensdauer einer Glühlampe ist eine Zufallsgröße. Die folgende Tabelle zeigt die zugehörige Wahrscheinlichkeitsverteilung.

Lebensdauer in Stunden	Wahrscheinlichkeit
500	0,01
1 000	0,03
1 500	0,11
2 000	0,49
2 500	0,32
3 000	0,04

a) Berechne den Erwartungswert der Lebensdauer.
b) Mit welcher Wahrscheinlichkeit fällt die Glühlampe schon vorher aus?

320 Die erforderliche Arbeitszeit für die Reparatur eines Fernsehgerätes ist eine Zufallsgröße. Aus einer Statistik ergab sich folgende Verteilung:

Arbeitszeit in Stunden	Wahrscheinlichkeit
0,5	0,12
1,0	0,23
1,5	0,52
2,0	0,13

a) Berechne den Erwartungswert für die Dauer einer Reparatur.
b) Wie viele Arbeitstage zu je 8 Zeitstunden sind ungefähr nötig, um 100 Reparaturaufträge auszuführen?

13 Werkzeuge

13.1 Arbeiten mit dem Taschenrechner

Die meisten Schüler sind einigermaßen vertraut im Umgang mit ihrem Taschenrechner. Jedoch gibt es immer wieder Situationen, in denen Schüler Eingabefehler machen. Auch die vielen Speichermöglichkeiten, die der Taschenrechner bietet, werden von den wenigsten Schülern genutzt.

Hinweis:
Die Funktionen des Taschenrechners werden hier am Beispiel eines Casio-Rechners gezeigt. Du hast vielleicht einen anderen Taschenrechner, der aber bestimmt über dieselben Funktionen verfügt. Eventuell musst du dann eine andere Tastenkombination wählen. Die Bedienungsanleitung oder dein/-e Mathematiklehrer/-in werden dir behilflich sein.

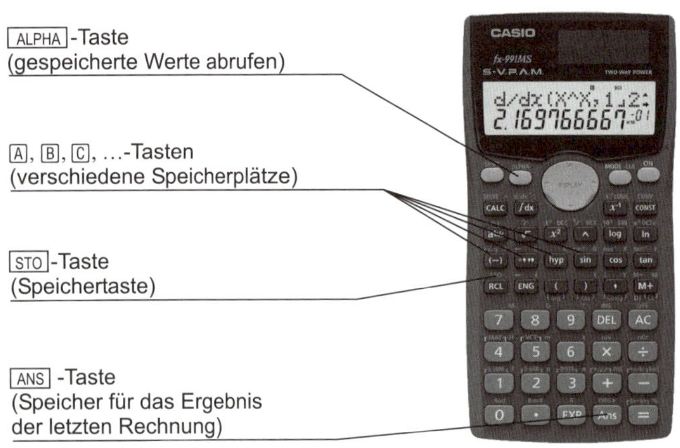

Speichernutzung

Die in den Schulen gebräuchlichen Taschenrechner bieten mehrere „Speicherplätze", die mit den Buchstaben A, B, C … bezeichnet werden. Die Speichernutzung wird hier beispielhaft an dem abgebildeten Rechner gezeigt. Sie kann bei deinem Taschenrechner durchaus anders sein, das kannst du in der Bedienungsanleitung nachlesen. Um einen Wert, der auf dem Display angezeigt wird, zu speichern, drückt man die Speichertaste [STO] (genau genommen: [SHIFT] [STO]) und die Taste, die mit dem gewünschten Speicherbuchstaben versehen ist. Will man mit dem gespeicherten Wert rechnen, drückt man die [ALPHA]-Taste und den entsprechenden Buchstaben.

Beispiel

Folgende Werte (evtl. Zwischenergebnisse einer komplexen Rechnung) sollen in den Speicherplätzen [A], [B] und [C] gespeichert werden:

4,3 → [A] 1,4 → [B] 10 → [C]

Anschließend soll das Produkt [A] · [B] · [C] berechnet werden.

Eingabe: 4,3 [STO] [A] [=] 1,4 [STO] [B] [=] 10 [STO] [C] [=]
[ALPHA] [A] [×] [ALPHA] [B] [×] [ALPHA] [C] [=]

Anzeige: AxBxC 60,2

Aufgabe

321 Speichere: 0,7 → [A]; 11,4 → [B]; $-\frac{3}{4}$ → [C]

und berechne die folgenden Terme:

a) $A+B+C$ b) $3-C$

c) C^2 d) $A\cdot(-B)$

e) $5B-3A$ f) $-B:(-C)$

Gebrauch der [ANS]-Taste

Die [ANS]-Taste hat ihren Namen vom englischen Wort „answer" (Antwort). Sie ist eine besondere Speichertaste. Wenn man die [ANS]-Taste drückt, holt man das Ergebnis der letzten Rechnung, die man durch Drücken von [=] beendet hat, zurück.

Beispiel

Das Ergebnis der Rechnung 4,53 – 2,07 soll als Radius für eine Kreisberechnung verwendet werden.

Radiusberechnung: Eingabe: 4,53 [–] 2,07 [=]
Anzeige: 2,46

Kreisberechnung: Eingabe: [π] [×] [ANS] [x²] [=]
Anzeige: 19,0116621

Aufgaben

322 Berechne die Bruchterme. Berechne dabei zuerst den Nenner. Dividiere anschließend den Zähler durch den Nenner und benutze dabei die [ANS]-Taste.

a) $\frac{0,4}{26,3-12,4-5,9}$ b) $\frac{\sqrt{1,21}}{0,2^2\cdot 100-2,9}$

c) $\frac{7,59}{12-5\cdot 3+5,53}$ d) $\frac{\sin 45°}{4\sqrt{2}}$

323 Berechne die Wurzelterme. Berechne dabei zuerst den Term unter der Wurzel (Radikant). Ziehe anschließend die Wurzel und benutze dabei die [ANS]-Taste.

a) $\sqrt{147,7+213,3}$ b) $\sqrt{4,7^2+0,95}$

c) $\sqrt[3]{1,23^2-1-0,0009}$ d) $\sqrt{(\sin 45°\cdot 2)^4}$

Häufige Eingabefehler

Berechnungen von Brüchen

Bei Berechnungen von Brüchen passieren die meisten Eingabefehler, da der Bruchstrich im Schriftbild auf dem Papier eine Klammersetzung überflüssig macht.

Beispiel

Berechne $\frac{4,23+7,77}{2,31+1,69}$

Zur Berechnung mit dem Taschenrechner sollte man sich die Aufgabe als Division mit einem „:"-Zeichen vorstellen: (4,23 + 7,77) : (2,31 + 1,69)

Hier wird die Notwendigkeit der Klammersetzung deutlich.

Potenzen und Wurzeln

Auch hier werden bei der Eingabe immer wieder Klammern vergessen. Bei Zehnerpotenzen wird oft unvorteilhaft gearbeitet.

Beispiele

1. Berechne $\sqrt{4,536:5,6}$
   Das Wurzelzeichen ersetzt auf dem Papier eine bei der Taschenrechnereingabe notwendige Klammer.
   Eingabe: [√][(]4,536[÷]5,6[)][=]
   Anzeige: 0,9
2. Berechne $9^{\frac{1}{2}}$
   Eingabe: 9[^][(]1[÷]2[)][=]
   Anzeige: 3
3. Berechne $\dfrac{1,47\cdot10^{7}}{4,2\cdot10^{-5}}$
   Durch Verwendung der [EXP]-Taste kannst du die Eingabe von [×]10[^] und sogar Klammern unter dem Bruchstrich einsparen.
   Eingabe: 1,47[EXP]7[÷]4,2[EXP][(-)]5[=]
   Anzeige: 3,5x10[11]

Aufgaben

Tipp: Bei einigen Aufgaben ist es sinnvoll, Zwischenergebnisse zu speichern.

324

a) $\dfrac{15\cdot0,5+7}{580\cdot0,05}$ b) $\dfrac{48\cdot0,9}{2,4\cdot30}$

c) $\dfrac{480-500+5}{-5-(-3)}$ d) $\dfrac{4}{-5}+\dfrac{230-0,8}{0,2}$

325

a) $\sqrt{\dfrac{1}{0,09}}$ b) $\sqrt{-(-15,86)+0,14}$

c) $\sqrt{\sqrt{1,21}+0,59}$ d) $\sqrt{\dfrac{9,9+4,5}{8,7+1,3}}$

326

a) $\dfrac{0,36^{\frac{1}{2}}}{15-\sqrt{30\cdot0,3}}$ b) $\dfrac{\sqrt[3]{625\cdot0,2}-4}{256^{\frac{1}{4}}+1}$

c) $\dfrac{\frac{3}{4}+1}{\frac{5}{\sqrt{4,7+4,3}}}$ d) $343^{3-\frac{7}{3}}$

e) $\dfrac{\sqrt{\sqrt[3]{343^2}}}{49^{\frac{1}{2}}}$ f) $\sqrt{\dfrac{537-213}{\sqrt{0,81}}+1}$

327

a) $\dfrac{4,8\cdot10^{8}\cdot1,4\cdot10^{-2}}{2,1\cdot10^{-5}}$ b) $\dfrac{6,3\cdot10^{12}}{(1,5\cdot10^{4})^{2}}$

c) $5,1\cdot10^{-7}\cdot\dfrac{300}{\sqrt{2,89\cdot10^{6}}}$ d) $(1,2\cdot10^{5})^{3}$

13.2 Arbeiten mit einer Tabellenkalkulation

Mit einer Tabellenkalkulation kann man unter anderem Berechnungen durchführen, Zahlen und Daten auswerten und die Ergebnisse grafisch darstellen. Im Mathematikunterricht wird häufig im Bereich Statistik und Wahrscheinlichkeitsrechnung mit Tabellenkalkulationen gearbeitet.

1 Grundlagen der Adressierung

Die **Spalten** eines Tabellenblattes werden durch Buchstaben A, B, C ... und die **Zeilen** durch Zahlen von 1 bis 65 536 adressiert. Jede einzelne **Zelle** kann eindeutig durch eine Kombination aus einem Buchstaben und einer Zahl (**B3**) angesprochen werden, wobei es nicht auf Groß- und Kleinschreibung ankommt.

In der Abbildung befindet sich in der Zelle **B3** die Zahl **27**. Man kann direkt in die Zelle schreiben oder die Eingabezeile (Bearbeitungsleiste) benutzen. Spätere Änderungen können in der Eingabezeile vorgenommen werden, oder auch in der Zelle durch vorgeschalteten Doppelklick. In einer Zelle können unterschiedliche Datentypen, wie Zahlen, Texte, Datumswerte oder Uhrzeiten, gespeichert sein.

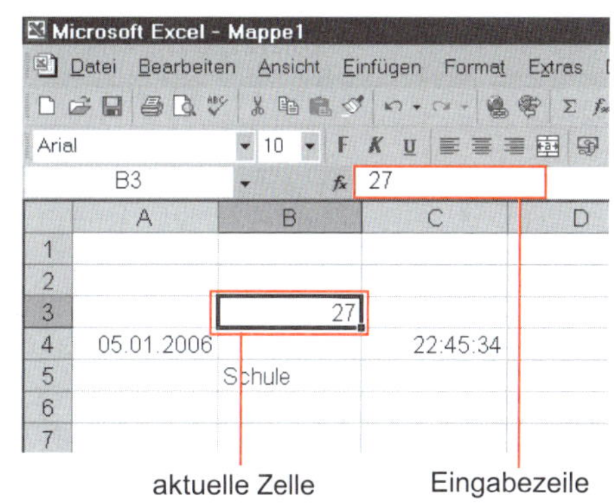

2 Berechnungen in einer Tabellenkalkulation

Berechnungen können durchgeführt werden, indem man eine Formel direkt in eine Zelle oder in die Eingabezeile eingibt. Jede Formel wird zunächst mit einem Gleichheitszeichen (=) eingeleitet. Durch dieses Zeichen gibt man an, dass der Wert in der Zelle durch eine Formel ermittelt werden soll. Nach dem Gleichheitszeichen wird die Formel eingetragen und mit <Return> abgeschlossen.

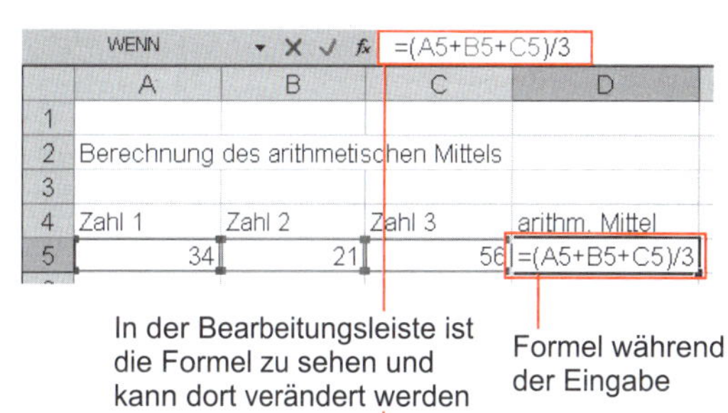

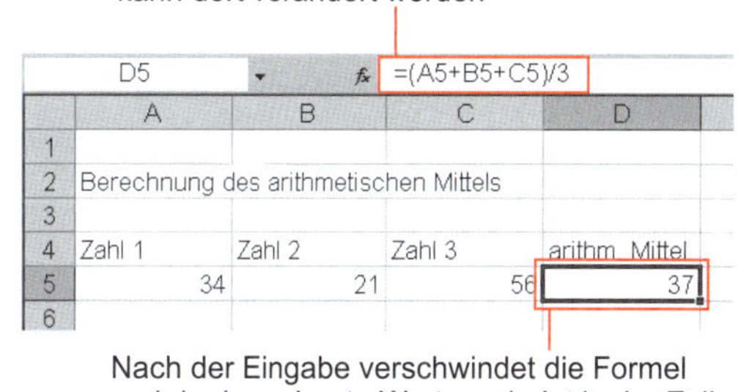

Werden die Daten in den Zellen A5 bis C5 verändert, erfolgt in Zelle D5 sofort eine **Neuberechnung:**

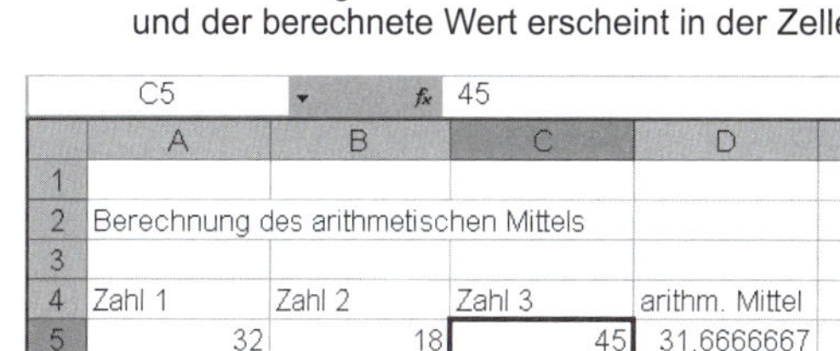

Aufgabe

328

Eine Rechnung wird mit einer Tabellenkalkulation erstellt.

	A	B	C	D
1	**Rechnung**			
2				
3	Anzahl	Bezeichnung	Einzelpreis	Preis
4	2	CD-Laufwerke	15,29	30,58
5	3	DVD-Laufwerke	32,99	
6	8	Lüfter	5,99	
7			Summe Netto	
8		19	Prozent MwSt	
9			zu zahlen:	211,1893

a) Der Wert in Zelle D4 wurde durch eine Formel berechnet. Welche Formel verbirgt sich hinter dem Zahlenwert 30,58?

b) Welche Formeln müssen in die Zellen D5 und D6 eingetragen werden?

c) In Zelle D7 sollen die Zellinhalte D4 bis D6 addiert werden. Welche Formel wird hier eingetragen?

d) In Zelle D8 sollen 19 % Mehrwertsteuer vom Betrag in D7 berechnet werden. Überlege dir eine passende Formel.

e) Der zu zahlende Rechnungsbetrag inkl. Mehrwertsteuer ist in Zelle D9 berechnet worden. Welche Formel wurde hier eingetragen?

f) Formatiere den Rechnungsbetrag auf zwei Nachkommastellen.

Tipp: Der in Zelle D9 ausgewiesene Rechnungsbetrag hat vier Nachkommastellen und muss noch **formatiert** werden. Mit der rechten Maustaste kann die Zelle über das Kontextmenü auf zwei Nachkommastellen formatiert werden.

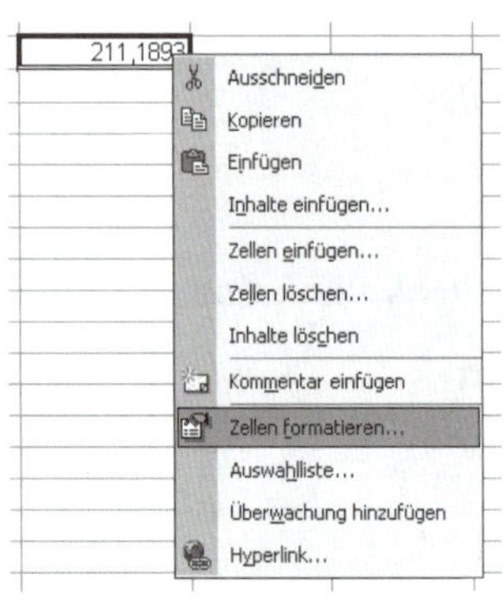

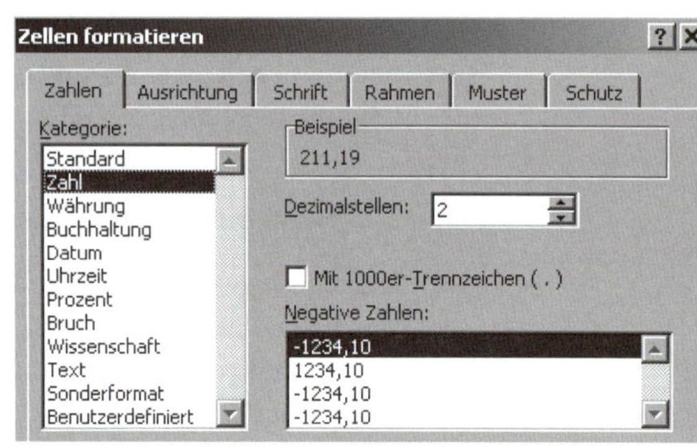

3 Kopieren und Verschieben von Zellen

Relative Zellbezüge

Kopiert man in einer Tabellenkalkulation eine Formel in eine andere Zelle oder mehrere andere Zellen, so werden die neuen Zellbezüge so angepasst, dass sie **relativ** zur neuen Ergebniszelle unverändert sind.

Beispiel

Ein Einzelhändler möchte einige Artikel unterschiedlich hoch im Preis reduzieren.

C2 =A2*B2/100 — Formel in Zelle C2

	A	B	C	D
1	alter Preis	Rabatt in Prozent	Rabatt in Euro	neuer Preis
2	56,20	10	5,62	
3	345,00	20		
4	1234,00	15		
5	543,00	30		
6	5,34	12		
7	23,00	5		

Die Formel in Zelle C2 soll nun auch auf die Zellen C3 bis C7 übertragen werden.

Vorgehensweise:

- C2 wird in den Zwischenspeicher kopiert.
- Die Zellen C3 bis C7 werden markiert.
- Die gespeicherte Formel wird in den markierten Bereich eingefügt.

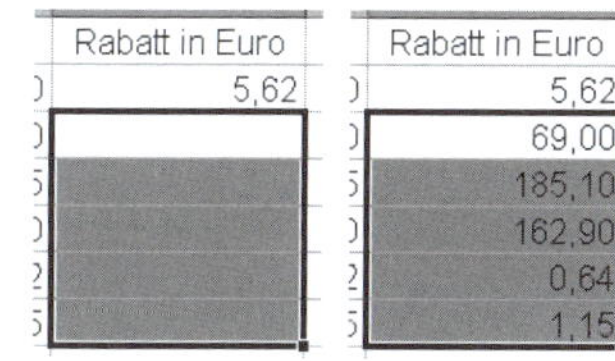

Rabatt in Euro	Rabatt in Euro
5,62	5,62
	69,00
	185,10
	162,90
	0,64
	1,15

Betrachtet man die kopierte Formel in der Zelle C3 genauer, so stellt man fest, dass die Zellbezüge in der Formel an die neue Position angepasst worden sind. Sie beziehen sich jetzt auf die Zellen A3 und B3. Bezüge, die beim Kopieren automatisch angepasst werden, nennt man **relative Bezüge**. Auch beim Verschieben des berechneten Bereichs passen sich die Formeln der neuen Position an.

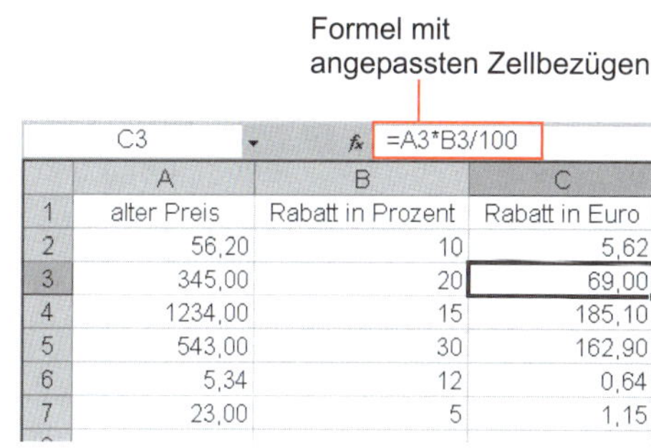

	A	B	C
1	alter Preis	Rabatt in Prozent	Rabatt in Euro
2	56,20	10	5,62
3	345,00	20	69,00
4	1234,00	15	185,10
5	543,00	30	162,90
6	5,34	12	0,64
7	23,00	5	1,15

Aufgabe 329

Betrachte die Tabelle mit den Preisreduzierungen.

a) Welche Formeln verbergen sich hinter den Zahlen in den Zellen C4 bis C7?

b) Welche Formel muss sinnvollerweise für „neuer Preis“ in Zelle D2 angegeben werden?

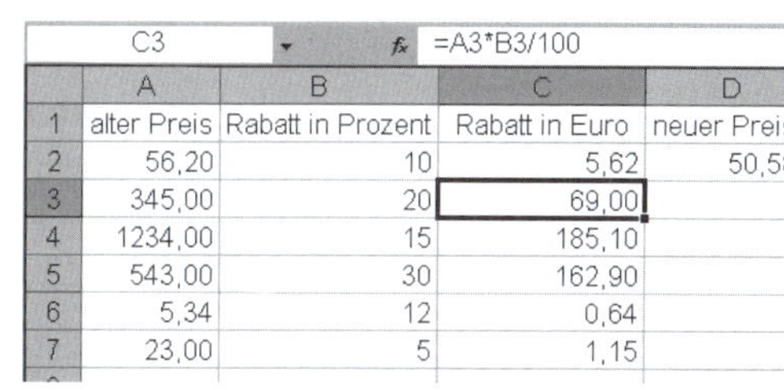

	A	B	C	D
1	alter Preis	Rabatt in Prozent	Rabatt in Euro	neuer Preis
2	56,20	10	5,62	50,58
3	345,00	20	69,00	
4	1234,00	15	185,10	
5	543,00	30	162,90	
6	5,34	12	0,64	
7	23,00	5	1,15	

c) Welche Schritte sind nötig, um die Formel aus Zelle D2 in die Zellen D3 bis D7 zu kopieren?

d) Welcher Zahlenwert und welche Formel stehen nach dem Kopiervorgang in Zelle D7?

Absolute Zellbezüge

Soll ein Zellbezug beim Kopieren einer Formel **nicht** automatisch angepasst werden, so müssen vor der Spalten- bzw. Zeilenbezeichnung $-Zeichen eingefügt werden.

Beispiel

Alle Preise sollen um den gleichen Prozentsatz in Zelle **B1** reduziert werden.

Vor dem Kopiervorgang muss die Formel in der Eingabezeile wie unten abgebildet verändert werden. Der Zellbezug auf B1 (15) wird hier durch eingefügte $-Zeichen gewissermaßen „fixiert“ und deshalb beim Kopieren oder Verschieben nicht verändert.

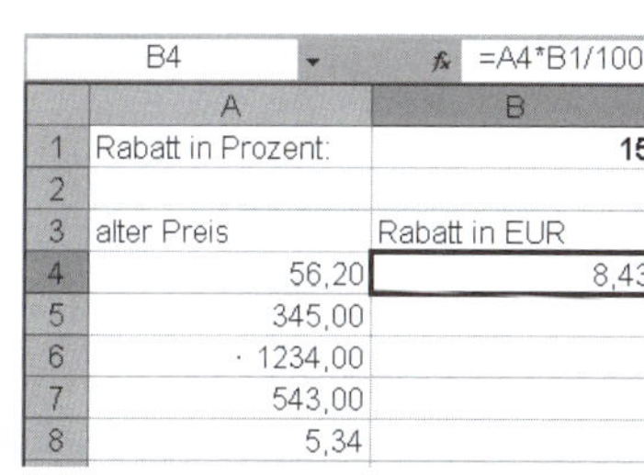

	A	B
1	Rabatt in Prozent:	15
2		
3	alter Preis	Rabatt in EUR
4	56,20	8,43
5	345,00	
6	1234,00	
7	543,00	
8	5,34	

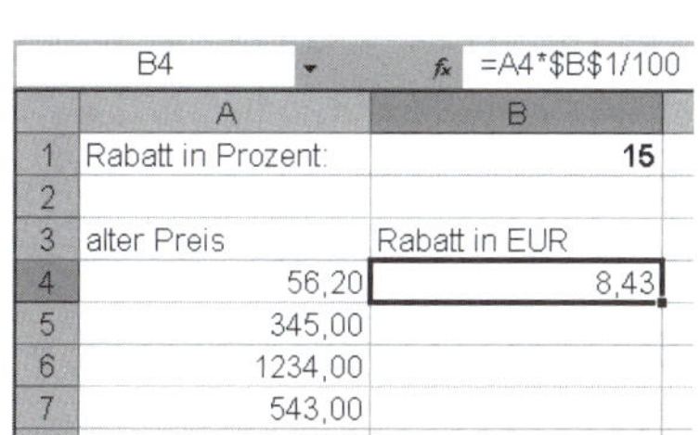

	A	B
1	Rabatt in Prozent:	15
2		
3	alter Preis	Rabatt in EUR
4	56,20	8,43
5	345,00	
6	1234,00	
7	543,00	
8	5,34	

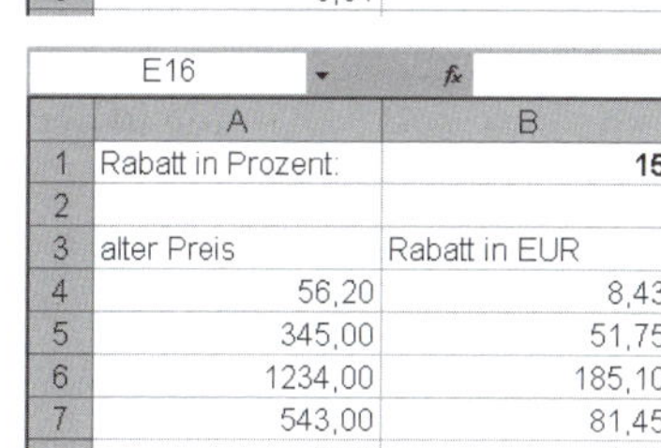

	A	B
1	Rabatt in Prozent:	15
2		
3	alter Preis	Rabatt in EUR
4	56,20	8,43
5	345,00	51,75
6	1234,00	185,10
7	543,00	81,45
8	5,34	0,80

Aufgabe 330

In obigem Beispiel wurden die Zellen B5 bis B8 durch Kopieren ausgefüllt. Wie lautet die Formel, die in Zelle B6 steht?

4 Tabellen grafisch darstellen

Bei statistischen Erhebungen und Präsentationen im Geschäftsleben werden Tabellenkalkulationen zur Veranschaulichung von Daten eingesetzt.

Beispiel

Bei einer Umfrage unter 100 Schülern, welches Verkehrsmittel sie für ihren Schulweg benutzen, wurde folgende Tabelle erstellt:

	A	B
1	Verkehrsmittel	Anzahl Schüler
2	Bus	64
3	Auto	10
4	Fahrrad	14
5	zu Fuß	12

Die Werte sollen durch ein Kreisdiagramm dargestellt werden.

Vorgehensweise:

- Der darzustellende Bereich wird in der Tabelle markiert.
- Über Menüpunkt Einfügen/Diagramm wird das Diagrammfenster geöffnet.
- Der Diagrammtyp wird gewählt.
- Bei „Datenbeschriftungen“ ein Häkchen bei „Wert“ einfügen und dann die Grafik fertig stellen.

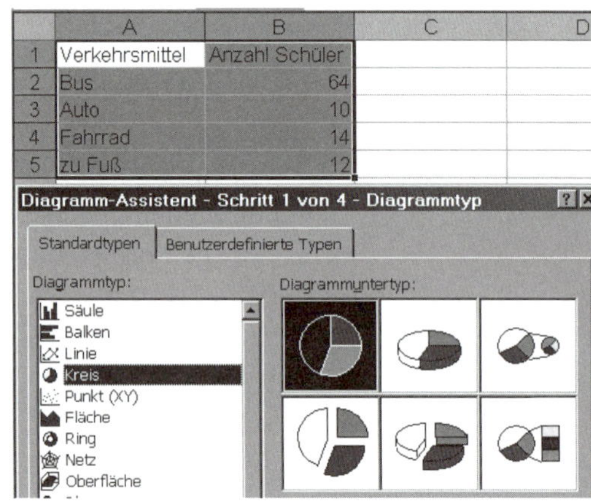

	A	B
1	Verkehrsmittel	Anzahl Schüler
2	Bus	64
3	Auto	10
4	Fahrrad	14
5	zu Fuß	12
6		
7		
8		
9		
10		
11		
12		
13		

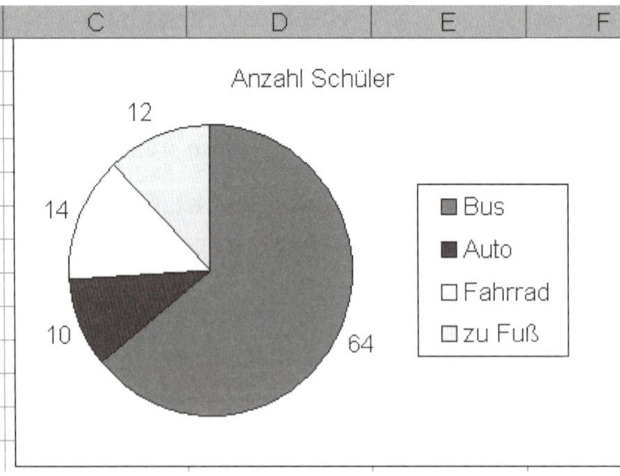

Werden in der Tabelle Zahlenwerte verändert, wird die Grafik sofort aktualisiert.

Aufgaben

331 Bei einer Umfrage in einer Klasse nach dem Lieblingstier der einzelnen Schüler wurde folgende Grafik angefertigt.

a) Wie viele Schüler wurden befragt?

b) Erstelle eine Tabelle, aus der diese Grafik hervorgegangen sein könnte.

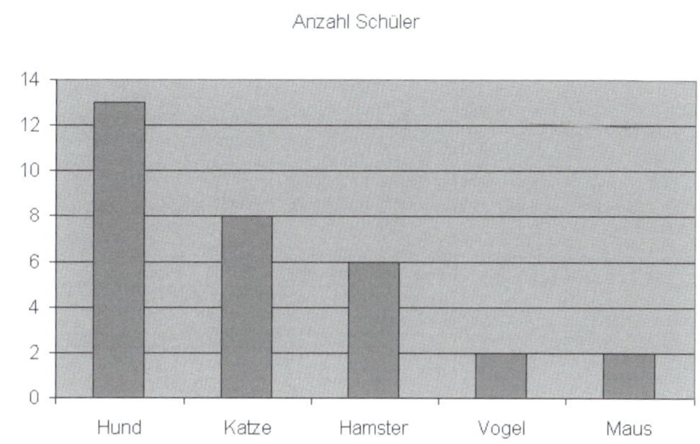

332 Bei einer Umfrage in fünf Klassen eines zehnten Jahrgangs nach der Lieblingssportart ist die abgebildete Tabelle erstellt worden. Spalte C wurde auf eine Nachkommastelle formatiert.

	A	B	C
1	Lieblingssportart	absolute Häufigkeit	relative Häufigkeit in %
2	Fußball	45	31,9
3	Basketball	32	
4	Handball	27	
5	Schwimmen	12	
6	Tennis	14	
7	Sonstige	11	
8			
9	Summe	141	

a) Welche Formel verbirgt sich hinter der Zahl 141 in Zelle B9?

b) In Zelle C2 ist die relative Häufigkeit für Fußball berechnet worden. Nenne die Formel, die in Zelle C2 eingetragen wurde.

c) Wenn man die Formel aus C2 in die Zellen C3 bis C7 kopieren möchte, muss die Formel in C2 einen absoluten Zellbezug enthalten. Wie muss die Formel vor dem Kopieren verändert werden?

d) Welche Zahl und welche Formel befinden sich in Zelle C9, wenn die Tabelle fertig gestellt ist?

e) Das abgebildete Säulendiagramm veranschaulicht die Tabelle. Erläutere das Diagramm.

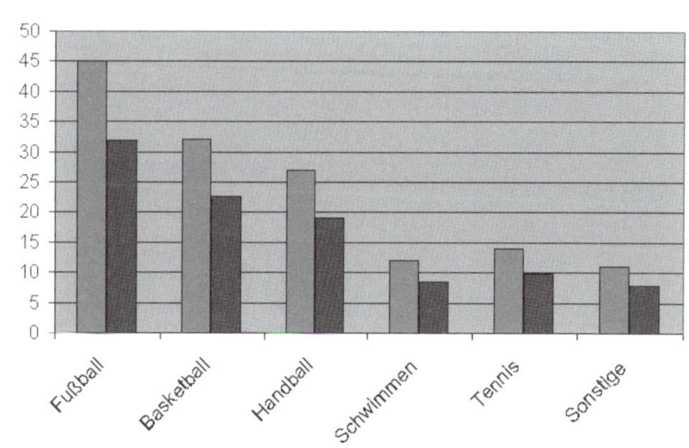

333 Bei einer Umfrage unter 40 Schülern sind Daten verloren gegangen.

a) Ergänze die abgebildete Tabelle.

b) Fertige ein Säulendiagramm an.

	A	B	C
1	Lieblingssportart	absolute Häufigkeit	relative Häufigkeit in %
2	Fußball		50,0
3	Basketball		
4	Handball	12	

334 Im Sommer soll ein großes Schulfest gefeiert werden. Die Klasse 10A plant einen Imbissstand zu betreiben. Um die Kosten und den Gewinn möglichst gut abschätzen zu können, soll mithilfe eines Computer-Tabellenblattes eine vorläufige Kalkulation erstellt werden.

	A	B	C	D	E	F	G
1							
2		Schulfest 2008					
3	Menge	Posten	Einzelpreis (Einkauf)	Gesamtpreis (Einkauf)	Einzelpreis (Verkauf)	Gesamtpreis (Verkauf)	Gewinn
4	320	Portion Pommes frites	0,30 €	96,00 €	1,20 €	384,00 €	288,00 €
5	220	Bratwurst	0,40 €	88,00 €	1,00 €	220,00 €	132,00 €
6	450	Getränk (0,33 l)	0,50 €	225,00 €		360,00 €	
7						Gesamtgewinn:	555,00 €

a) Der Gewinn in Zelle G6 wird durch eine Formel berechnet. Wie lautet diese Formel?

b) Der Einzelpreis (Verkauf) in Zelle E6 ist nicht angegeben. Bestimme den Preis mithilfe des Taschenrechners.

c) Der mögliche Gesamtgewinn wird mit 555,00 € angegeben.
Wie müsste der Verkaufspreis der Produkte geändert werden, um möglichst einen Gewinn von 600,00 € zu erzielen? Es gibt mehrere Möglichkeiten.
Hinweis: Erstelle die Tabelle selbst und löse durch Probieren.

Abschluss-Prüfungsaufgaben

Realschulabschluss 2011 Sachsen
Mathematik

Teil A (30 Minuten, ohne Taschenrechner und Formelsammlung)

1. Berechnen Sie.

   a) 1 6 , 4 · 0 , 3 2

   b) $\left(\frac{1}{2}+\frac{1}{4}\right)\cdot\left(\frac{1}{2}-\frac{1}{4}\right)=$

   c) $1\,\text{ha} - 500\,\text{m}^2 =$

   d) 5 % von 3 000 g sind ________ .

2. Pauls Schwester hat für ihre gleich großen Spielwürfel eine quaderförmige Kiste zur Aufbewahrung. Einige Spielwürfel hat sie schon eingeschichtet. Wie viele Würfel haben in der Kiste maximal noch Platz? ____________________

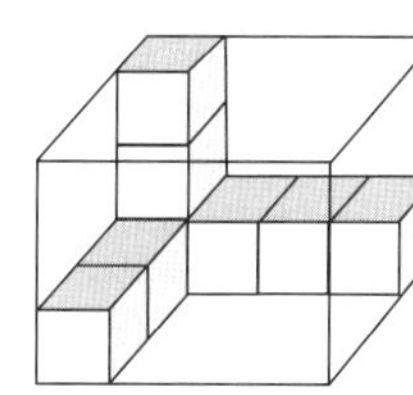

3. Formen Sie das Produkt in eine Summe um.

   $4y \cdot (3x+15)$

4. Geben Sie näherungsweise den Flächeninhalt des Schlaubitzer Sees in Quadratkilometern an.

   ____

5. Konstruieren Sie ein Parallelogramm ABCD mit $a=5{,}0$ cm, $b=4{,}0$ cm und $\alpha=110°$.

6. Geben Sie die Größe des Winkels β an.

$\beta =$ ______________________

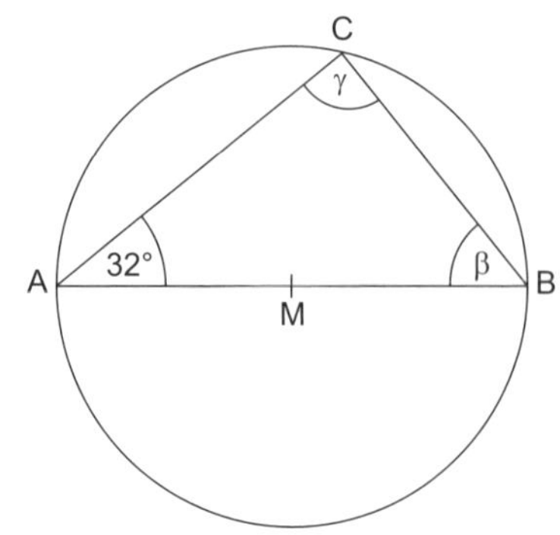

Abbildung (nicht maßstäblich)

7. Gegeben ist die Funktion f mit der Gleichung $y = f(x) = (x-4)^2$.

Wahr oder falsch? Kreuzen Sie an.	wahr	falsch
Der Graph der Funktion f ist eine Gerade.	☐	☐
Die Funktion f hat eine Nullstelle bei $x_0 = 4$.	☐	☐

8. Zeichnen Sie das Bild $A_1B_1C_1$ des Dreiecks ABC bei der Verschiebung mit dem Verschiebungspfeil $\overrightarrow{PQ}$.

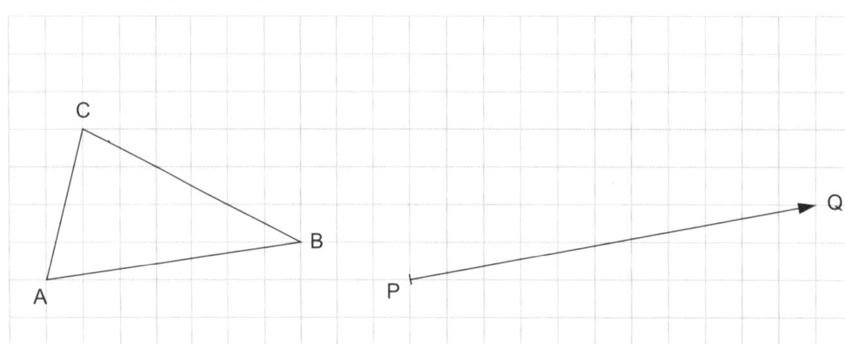

9. Die erste und die zweite Waage befinden sich im Gleichgewicht.
Wie viele Karos ◆ müssen anstelle des Fragezeichens stehen, damit auch die dritte Waage im Gleichgewicht ist?

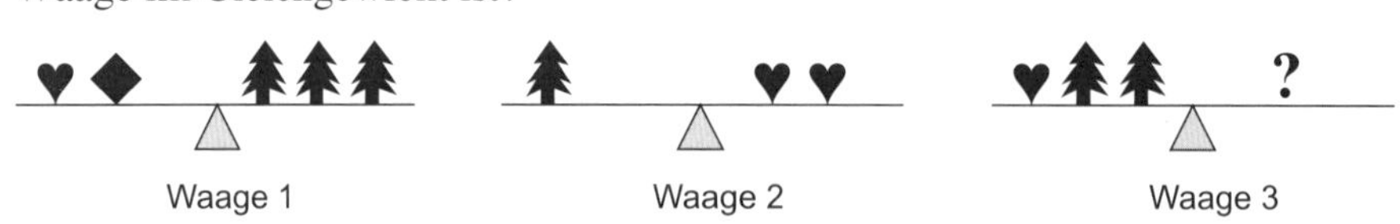

Anzahl der Karos ________

Teil A: 12 BE

Teil B (210 Minuten)

5 BE

Pflichtaufgabe 1

In einer Tageszeitung wurde nach Angaben des statistischen Landesamtes des Freistaates Sachsen die abgebildete Darstellung veröffentlicht.

Auszubildende im Freistaat Sachsen

Jahr	Auszubildende aller Lehrjahre insgesamt	männlich	weiblich
2000	106 977	65 613	41 364
2003	89 996	55 692	34 304
2006	86 742	55 422	31 320
2009	71 749	44 928	26 821

Bildungsabschlüsse der Jugendlichen mit neu abgeschlossenem Ausbildungsvertrag im Jahr 2009

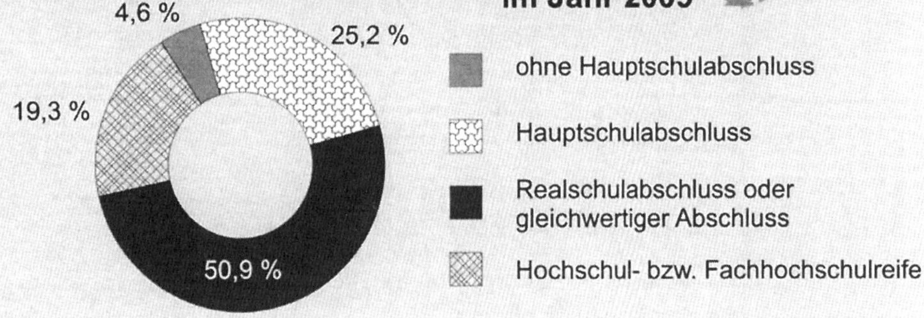

Quelle: www.statistik.sachsen.de

a) Geben Sie an, wie viele weibliche Auszubildende es im Jahr 2009 weniger gab als im Jahr 2000.

b) Berechnen Sie, um wie viel Prozent die Anzahl der männlichen Auszubildenden im Jahr 2009 gegenüber 2006 gesunken ist.

c) Im Jahr 2009 schlossen 23 782 Jugendliche einen neuen Ausbildungsvertrag ab. Berechnen Sie, wie viele dieser Jugendlichen einen Realschulabschluss oder gleichwertigen Abschluss erreicht hatten.

6 BE

Pflichtaufgabe 2

Gegeben sind die Funktionen f und g mit den Gleichungen

$y = f(x) = 2{,}5 \sin x$ und

$y = g(x) = \sin(2 \cdot x)$.

a) Zeichnen Sie die Graphen der Funktionen f und g mindestens im Intervall $0 \le x \le 2\pi$ in ein und dasselbe Koordinatensystem.

b) Geben Sie die kleinste Periode der Funktion g an.

c) Der Punkt $P_1\left(\frac{3}{4}\pi;\, y_1\right)$ gehört zum Graphen der Funktion f. Berechnen Sie den Wert der fehlenden Koordinate.

7 BE

Pflichtaufgabe 3

Einige Schüler der Klasse 10a hatten zu einer Spendensammlung zugunsten der Aktion „Hilfe für Afrika“ aufgerufen. Ein Schüler hat die gespendeten Geldbeträge in der abgebildeten Strichliste erfasst.

gespendete Geldbeträge	
Spendenbetrag	Anzahl
3,- €	||||
5,- €	𝍸 |
7,50 €	||
2,- €	𝍸 |||
4,- €	𝍸 |
100,- €	|
10,- €	|

a) Stellen Sie die absoluten Häufigkeiten der Spendenbeträge in einem geeigneten Diagramm dar.

b) Berechnen Sie das arithmetische Mittel der gespendeten Geldbeträge.

c) Geben Sie den Zentralwert, den Modalwert und die Spannweite der gespendeten Geldbeträge an.

d) Begründen Sie, warum es nicht sinnvoll ist, den mittleren gespendeten Geldbetrag dieser Spendensammlung mit dem arithmetischen Mittel zu beschreiben.

6 BE

Pflichtaufgabe 4

In der Abbildung ist ein prismenförmiges Werkstück dargestellt. Das Werkstück wurde durch das Ausfräsen zweier gleicher quaderförmiger Nuten aus einem quaderförmigen Profilstahl hergestellt.

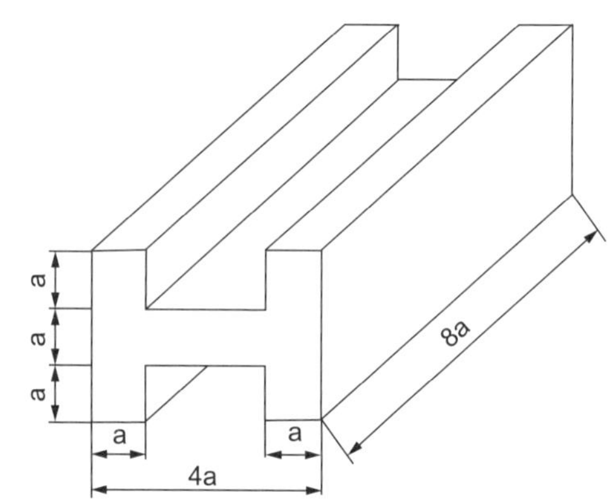

Abbildung (nicht maßstäblich)

a) Stellen Sie das Werkstück für a = 12 mm in einem senkrechten Zweitafelbild dar.

b) Berechnen Sie das Volumen des Werkstücks für a = 12 mm.

c) Geben Sie eine Formel zur Berechnung des Volumens solcher Werkstücke (siehe Abbildung) in Abhängigkeit von a an.

6 BE

Pflichtaufgabe 5

Südöstlich von Bitterfeld lag einst ein großes Auenwaldgebiet, die Goitzsche. Viele Orte mussten bis 1992 dem Braunkohleabbau weichen. Mit der Sanierung des Tagebaugeländes entsteht eine neue Landschaft mit vielen Seen, Wanderwegen und Kunstobjekten. Die Skizze zeigt vereinfacht einen beliebten Rundweg.

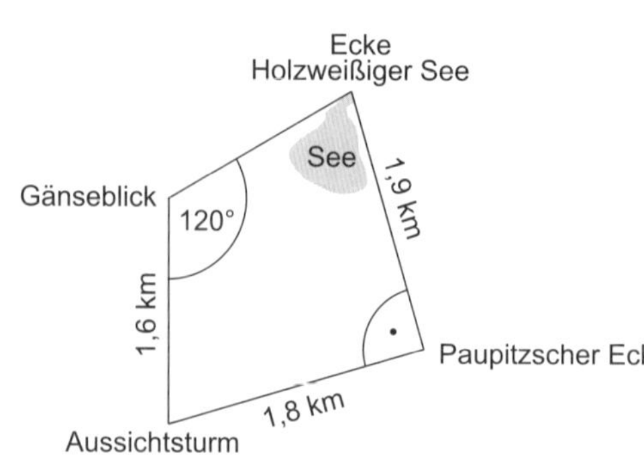

Abbildung (nicht maßstäblich)

a) Vom Aussichtsturm kann man bis zum Ausgangspunkt des Rundweges, Ecke Holzweißiger See, sehen.
Berechnen Sie diese Entfernung.

b) Berechnen Sie die Gesamtlänge des Rundweges Ecke Holzweißiger See – Gänseblick – Aussichtsturm – Paupitzscher Eck – Ecke Holzweißiger See.

Wahlaufgabe 1

8 BE Ein Schausteller hat sein Angebot um ein attraktives Würfelspiel erweitert. Die Spielgeräte sind zwei Spielwürfel unterschiedlicher Größe, auf deren Seiten lustige Gesichter (☺) oder traurige Gesichter (☹) abgebildet sind.

SUPER-WÜRFELN Bei nur einem Spielausgang verlieren Sie Ihren Einsatz. Bei allen anderen Spielausgängen gewinnen Sie. **SPIELEINSATZ** nur **1 €** je Spiel.

kleiner Würfel

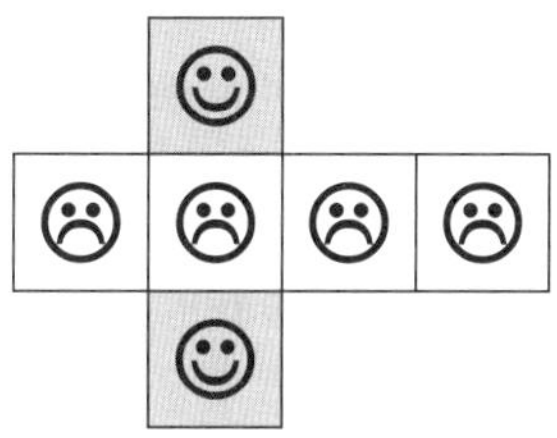

großer Würfel

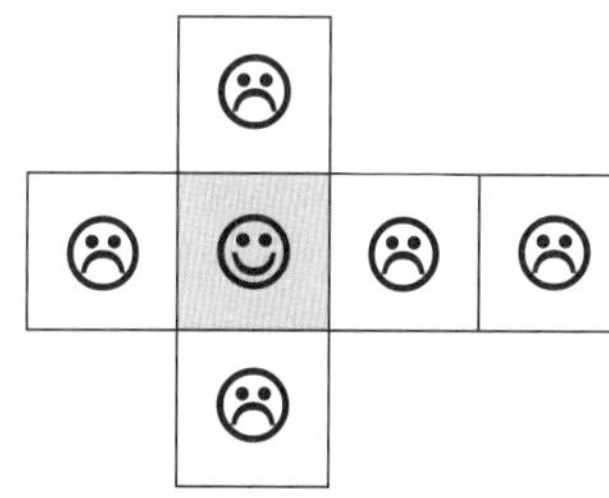

Beide Spielwürfel werden nacheinander geworfen, zuerst der kleine und dann der große. Für den Spielausgang sind die jeweils oben liegenden Gesichter entscheidend. Bei beiden Spielwürfeln sind die Eintrittschancen für jede Seitenfläche gleich.

a) Zeichnen Sie für dieses zweistufige Zufallsexperiment ein Baumdiagramm und geben Sie alle Ergebnisse an.

b)

Spielausgang	Bei beiden Würfeln liegt ☺ oben.	Bei nur einem Würfel liegt ☺ oben.	Bei keinem Würfel liegt ☺ oben.
Auszahlungsbetrag	3 Euro	2 Euro	0 Euro

Die Zufallsgröße X ordnet jedem Ergebnis des Zufallsexperiments den jeweiligen Auszahlungsbetrag zu.
- Ermitteln Sie für jeden Wert der Zufallsgröße X die zugehörige Wahrscheinlichkeit.
- Berechnen Sie den Erwartungswert der Zufallsgröße X.
- Bringt dieses Würfelspiel für den Schausteller tatsächlich langfristig einen Gewinn? Begründen Sie Ihre Entscheidung.

8 BE

Wahlaufgabe 2

Ein Firmenlogo hat die Form eines gleichseitigen Dreiecks. In diesem Dreieck sind drei zueinander kongruente gleichschenklige Trapeze angeordnet (siehe Abbildung).
Vom Trapez sind die folgenden Größen bekannt.
- Die längere der parallelen Seiten ist 360 cm lang.
- Die Schenkel sind jeweils 120 cm lang.

In dem gleichseitigen Dreieck ist eine Seite $4\frac{1}{2}$-mal so lang wie ein Schenkel des Trapezes.

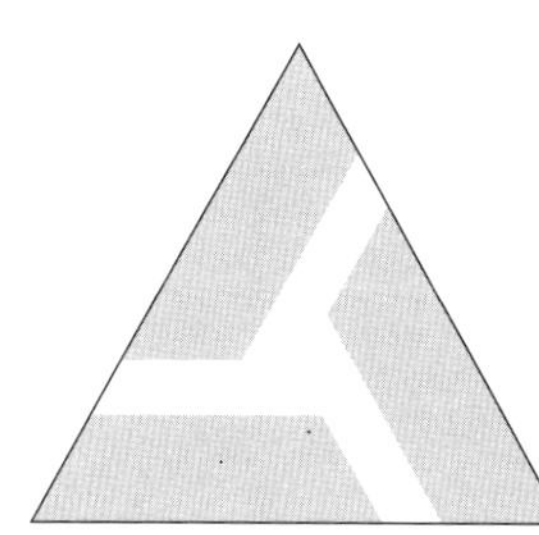

Abbildung (nicht maßstäblich)

a) Geben Sie an, wie lang eine Seite des Dreiecks ist.

b) Zeichnen Sie das Firmenlogo im Maßstab 1 : 50.

c) Die Trapeze sollen rot und der Rest des Logos weiß gestrichen werden.
- Berechnen Sie den Flächeninhalt eines Trapezes.
- Berechnen Sie, für wie viel Quadratmeter weiße Farbe benötigt wird.

Wahlaufgabe 3

8 BE Familie Klein ist im Herbst 2010 nach Dresden gezogen. Sie musste sich beim zuständigen Trinkwasserversorger anmelden.

Tarifübersicht Trinkwasser (Stand ab 01. Juli 2010)	
	Bruttopreis
Wasserpreis pro m^3	2,14 €
Grundgebühr pro Monat	8,19 €

a) Der Trinkwasserversorger verlangt eine vierteljährliche Vorauszahlung, die sich aus dem Wasserpreis pro Kubikmeter verbrauchtem Trinkwasser und der Grundgebühr zusammensetzt. Für Familie Klein rechnet der Trinkwasserversorger mit einem durchschnittlichen monatlichen Verbrauch von 9 m^3 Trinkwasser.
Berechnen Sie den Betrag der vierteljährlichen gleich hohen Vorauszahlungen, den Familie Klein an den Trinkwasserversorger zahlen muss.

b) Ab 1. Juli 2010 gab es eine Preiserhöhung. Die Grundgebühr ist gleich geblieben. Der nun zu zahlende Wasserpreis pro Kubikmeter ist um 10 % höher als der bis dahin geltende Wasserpreis.
– Berechnen Sie den Wasserpreis pro Kubikmeter Wasser vor der Preiserhöhung.
– Die Nachbarfamilie hat regelmäßig ihre Zählerstände abgelesen und notiert.

Datum	Zählerstand
30. September 2009	207 m^3
31. Dezember 2009	225 m^3
31. März 2010	246 m^3
30. Juni 2010	270 m^3
30. September 2010	297 m^3
31. Dezember 2010	319 m^3

Berechnen Sie, welche Kosten für Trinkwasser der Nachbarfamilie insgesamt für den in der Tabelle erfassten Zeitraum entstanden sind.

c) Für 2007 wird der durchschnittliche Trinkwasserverbrauch je Einwohner mit 89,3 Liter pro Tag im Bereich Dresden angegeben. Der Dresdner Stadtteil Klotzsche hatte 13 518 Einwohner.
Würde das an einem Tag verbrauchte Trinkwasser aller Einwohner von Klotzsche in ein würfelförmiges Behältnis mit einer Kantenlänge von 10 m passen?
Begründen Sie Ihre Entscheidung rechnerisch.

Notizen

Notizen

Original-Prüfungsaufgaben und Training für die Prüfung

- Ideal zur selbstständigen Vorbereitung: Vom Kultusministerium in Sachsen zentral gestellte Abschluss-Prüfungsaufgaben an Mittelschulen.
- Mit klar strukturiertem Trainingsteil bzw. abwechslungsreichen Übungsaufgaben zu prüfungsrelevanten Themen.
- Mit schülergerechten, ausführlichen Lösungen zur selbstständigen Kontrolle.

Training Abschlussprüfung

Training Realschulabschluss Mathematik Mittelschule Sachsen
Umfangreicher Trainingsteil mit vielen Übungsaufgaben zum prüfungsrelevanten Grundwissen. Inklusive Original-Prüfung 2011. Separates Lösungsheft mit vollständigen, schülergerechten Lösungen mit Hinweisen und Tipps. Zur langfristigen Vorbereitung. Im Format A4.
■ .... Best.-Nr. 1415001

Training Realschulabschluss Deutsch Mittelschule Sachsen
Umfassendes Training zu allen Aufgaben und Kompetenzbereichen der Abschlussprüfung, mit dem die Schüler ihr Textverständnis und ihre eigene Textproduktion gezielt üben können. Mit Übungen zu Goethes „Faust", Schillers „Die Räuber" und Schlinks „Der Vorleser". Enthält die Original-Prüfung 2011. Mit ausführlichen Lösungen. Im Format A4.
■ .... Best.-Nr. 1415401

Training Realschulabschluss Englisch Mittelschule Sachsen (mp3)
Training zu allen Fertigkeitsbereichen der schriftlichen Abschlussprüfung: *Listening*, *Reading*, *Writing*. Mit Strategien und Tipps zum Lösen typischer Aufgabenstellungen, Kurzgrammatik, Übungsaufgaben zum Bereich *Language* sowie der Original-Prüfungsaufgabe 2011. Mit ausführlichen Lösungen und MP3-CD. Im Format A4.
■ .... Best.-Nr. 1415501

Abschlussprüfungen 2012

Realschulabschluss Mathematik Mittelschule Sachsen
Enthält die Original-Prüfungsaufgaben 2008 bis 2011 sowie zahlreiche Aufgaben im Stil der Prüfung zum Üben. Mit vollständigen und schülergerechten Lösungen. Im Format A5.
■ .... Best.-Nr. 141500

Realschulabschluss Deutsch Mittelschule Sachsen
Mit der Erprobungsarbeit 2007, den Original-Prüfungen 2008–2011 und vielfältigen Übungsaufgaben im Stil der Prüfung. Dazu grundlegende Hinweise zu den Anforderungen der Prüfung. Alle Aufgaben mit Lösungen. Im Format A5.
■ .... Best.-Nr. 141540

Realschulabschluss Englisch Mittelschule Sachsen (mp3)
Enthält die Jahrgänge 2008 bis 2011, die Erprobungsarbeiten, eine Kurzgrammatik und vielfältige Übungsaufgaben. Im Format A5 mit MP3-CD.
■ .... Best.-Nr. 141550

Realschulabschluss Chemie Mittelschule Sachsen
Sammlung der Original-Prüfungsaufgaben der Jahrgänge 2000 bis 2011 mit ausführlichen Lösungen; übersichtlicher Anhang mit Formeln zum stöchiometrischen Rechnen, prüfungsrelevanten Begriffen und Tipps zum Aufstellen von Reaktionsgleichungen. Im Format A5.
■ .... Best.-Nr. 141573

Realschulabschluss Physik Mittelschule Sachsen
Sammlung der Original-Prüfungsaufgaben 2008 bis 2011 mit Tipps zum Lösungsansatz und kompletten, schülergerechten Lösungen. Dazu umfassende Übungsaufgaben im Stil der Abschlussprüfung zu allen relevanten Themen des Physik-Lehrplans in Sachsen. Im Format A5.
■ .... Best.-Nr. 141530

Realschulabschluss Biologie Mittelschule Sachsen
Enthält die zentral gestellten Abschluss-Prüfungsaufgaben der Jahrgänge 2001 bis 2011. Mit Tipps zum Lösungsweg, ausführlichen Lösungen sowie aktuellen Hinweisen zu Ablauf und Anforderung der Prüfung. Im Format A5.
■ .... Best.-Nr. 141570

Sammelband

Qualifizierender Hauptschulabschluss Mathematik · Deutsch Mittelschule Sachsen
Gezielte Vorbereitung auf den Qualifizierenden Hauptschulabschluss in den Fächern Mathematik und Deutsch. Jeweils mit den Originalaufgaben der besonderen Leistungsfeststellungen 2007 bis 2011 sowie der Erprobungsarbeit 2006. Enthält zusätzliche Aufgaben zum Üben und hilfreiche Tipps zur Vorbereitung. Mit ausführlichen und schülergerechten Lösungen. Im Format A4.
■ .... Best.-Nr. 143410

Sämtliche Informationen zu unserem Gesamtprogramm und zum Verlag finden Sie unter www.stark-verlag.de!

- Umfassende Produktinformationen
- Aussagekräftige Musterseiten
- Inhaltsverzeichnisse zu allen Produkten
- Selbstverständlich können Sie auch im Internet bestellen.

Bestellungen bitte direkt an: STARK Verlagsgesellschaft mbH & Co. KG · Postfach 1852 · 85318 Freising
Tel. 0180 3 179000* · Fax 0180 3 179001* · www.stark-verlag.de · info@stark-verlag.de
*9 Cent pro Min. aus dem deutschen Festnetz, Mobilfunk bis 42 Cent pro Min. Aus dem Mobilfunknetz wählen Sie die Festnetznummer: 08167 9573-0

Lernen • Wissen • Zukunft
STARK

21-V214